本书由国家社会科学基金和深圳市宣传文化发展专项资金资助

深圳学派建设丛书（第十辑）

当代西方生态正义理论研究

田启波 等著

中国社会科学出版社

图书在版编目（CIP）数据

当代西方生态正义理论研究 / 田启波等著 . —北京：中国社会科学出版社，2023.10

（深圳学派建设丛书 . 第 10 辑）
ISBN 978 - 7 - 5227 - 1592 - 6

Ⅰ.①当… Ⅱ.①田… Ⅲ.①生态伦理学—研究—西方国家 Ⅳ.①B82 - 058

中国国家版本馆 CIP 数据核字 (2023) 第 186400 号

出 版 人	赵剑英	
责任编辑	李凯凯	
责任校对	胡新芳	
责任印制	王　超	

出　　版	中国社会科学出版社
社　　址	北京鼓楼西大街甲 158 号
邮　　编	100720
网　　址	http://www.csspw.cn
发 行 部	010 - 84083685
门 市 部	010 - 84029450
经　　销	新华书店及其他书店
印　　刷	北京君升印刷有限公司
装　　订	廊坊市广阳区广增装订厂
版　　次	2023 年 10 月第 1 版
印　　次	2023 年 10 月第 1 次印刷
开　　本	710×1000　1/16
印　　张	16
字　　数	238 千字
定　　价	88.00 元

凡购买中国社会科学出版社图书，如有质量问题请与本社营销中心联系调换
电话：010 - 84083683
版权所有　侵权必究

《深圳学派建设丛书》
编委会

顾　　问：王京生　李小甘　王　强

主　　任：张　玲　张　华

执行主任：陈金海　吴定海

主　　编：吴定海

总序　学派的魅力

王京生

学派的星空

在世界学术思想史上，曾经出现过浩如繁星的学派，它们的光芒都不同程度地照亮人类思想的天空，像米利都学派、弗莱堡学派、法兰克福学派等，其人格精神、道德风范一直为后世所景仰，其学识与思想一直成为后人引以为据的经典。就中国学术史而言，不断崛起的学派连绵而成群山之势，并标志着不同时代的思想所能达到的高度。自晚明至晚清，是中国学术尤为昌盛的时代，而正是在这个时代，学派的存在也尤为活跃，像陆王学派、吴学、皖学、扬州学派等。但是，学派辈出的时期还应该首推古希腊和中国的春秋战国时期，古希腊出现的主要学派就有米利都学派、毕达哥拉斯学派、埃利亚学派、犬儒学派；而儒家学派、黄老学派、法家学派、墨家学派、稷下学派等，则是中国春秋战国时代学派鼎盛的表现，百家之中几乎每家就是一个学派。

综观世界学术思想史，学派一般都具有如下的特征：

其一，有核心的代表人物，以及围绕着这些核心人物所形成的特定时空的学术思想群体。德国19世纪著名的历史学家兰克既是影响深远的兰克学派的创立者，也是该学派的精神领袖，他在柏林大学长期任教期间培养了大量的杰出学者，形成了声势浩大的学术势力，兰克本人也一度被尊为欧洲史学界的泰斗。

其二，拥有近似的学术精神与信仰，在此基础上形成某种特定的学术风气。清代的吴学、皖学、扬学等乾嘉诸派学术，以考据为治学方法，继承古文经学的训诂方法而加以条理发明，用于古籍整理和语言文字研究，以客观求证、科学求真为旨归，这一学术风气也因此成为清代朴学最为基本的精神特征。

其三，由学术精神衍生出相应的学术方法，给人们提供了观照世界的新的视野和新的认知可能。产生于20世纪60年代、代表着一种新型文化研究范式的英国伯明翰学派，对当代文化、边缘文化、青年亚文化的关注，尤其是对影视、广告、报刊等大众文化的有力分析，对意识形态、阶级、种族、性别等关键词的深入阐释，无不为我们认识瞬息万变的世界提供了丰富的分析手段与观照角度。

其四，由上述三点所产生的经典理论文献，体现其核心主张的著作是一个学派所必需的构成因素。作为精神分析学派的创始人，弗洛伊德所写的《梦的解析》等，不仅成为精神分析理论的经典著作，而且影响广泛并波及人文社科研究的众多领域。

其五，学派一般都有一定的依托空间，或是某个地域，或是像大学这样的研究机构，甚至是有着自身学术传统的家族。

学派的历史呈现出交替嬗变的特征，形成了自身发展规律：

其一，学派出现往往暗合了一定时代的历史语境及其"要求"，其学术思想主张因而也具有非常明显的时代特征。一旦历史条件发生变化，学派的内部分化甚至衰落将不可避免，尽管其思想遗产的影响还会存在相当长的时间。

其二，学派出现与不同学术群体的争论、抗衡及其所形成的思想张力紧密相关，它们之间的"势力"此消彼长，共同勾勒出人类思想史波澜壮阔的画面。某一学派在某一历史时段"得势"，完全可能在另一历史时段"失势"。各领风骚若干年，既是学派本身的宿命，也是人类思想史发展的"大幸"：只有新的学派不断涌现，人类思想才会不断获得更为丰富、多元的发展。

其三，某一学派的形成，其思想主张都不是空穴来风，而有其内在理路。例如，宋明时期陆王心学的出现是对程朱理学的反动，但其思想来源却正是后者；清代乾嘉学派主张朴学，是为了反对陆王心学的空疏无物，但二者之间也建立了内在关联。古希腊思想作为欧洲思想发展的源头，使后来西方思想史的演进，几乎都可看作是对它的解释与演绎，"西方哲学史都是对柏拉图思想的演绎"的极端说法，却也说出了部分的真实。

其四，强调内在理路，并不意味着对学派出现的外部条件重要性的否定；恰恰相反，外部条件有时对于学派的出现是至关重要的。政治的开明、社会经济的发展、科学技术的进步、交通的发达、移民的汇聚等，都是促成学派产生的重要因素。名震一时的扬州学派，就直接得益于富甲一方的扬州经济与悠久而发达的文化传统。综观中国学派出现最多的明清时期，无论是程朱理学、陆王心学，还是清代的吴学、皖学、扬州学派、浙东学派，无一例外都是地处江南（尤其是江浙地区）经济、文化、交通异常发达之地，这构成了学术流派得以出现的外部环境。

学派有大小之分，一些大学派又分为许多派别。学派影响越大分支也就越多，使得派中有派，形成一个学派内部、学派之间相互切磋与抗衡的学术群落，这可以说是纷纭繁复的学派现象的一个基本特点。尽管学派有大小之分，但在人类文明进程中发挥的作用却各不相同，有积极作用，也有消极作用。如，法国百科全书派破除中世纪以来的宗教迷信和教会黑暗势力的统治，成为启蒙主义的前沿阵地与坚强堡垒；罗马俱乐部提出的"增长的极限""零增长"等理论，对后来的可持续发展、协调发展、绿色发展等理论与实践，以及联合国通过的一些决议，都产生了积极影响；而德国人文地理学家弗里德里希·拉采尔所创立的人类地理学理论，宣称国家为了生存必须不断扩充地域、争夺生存空间，后来为法西斯主义所利用，起了相当大的消极作用。

学派的出现与繁荣，预示着一个国家进入思想活跃的文化大发展时期。被司马迁盛赞为"盛处士之游，壮学者之居"的稷下学宫，之所以能成为著名的稷下学派之诞生地、战国时期百家争鸣的主要场所与最负盛名的文化中心，重要原因就是众多学术流派都活跃在稷门之下，各自的理论背景和学术主张尽管各有不同，却相映成趣，从而造就了稷下学派思想多元化的格局。这种"百氏争鸣、九流并列、各尊所闻、各行所知"的包容、宽松、自由的学术气氛，不仅推动了社会文化的进步，而且也引发了后世学者争论不休的话题，中国古代思想在这里得到了极大发展，迎来了中国思想文化史上的黄金时代。而从秦朝的"焚书坑儒"到汉代的"独尊儒术",百家争鸣局面便不复存在,思想禁锢必然导致学派衰落,国家文化发展也必将受到极大的制约与影响。

深圳的追求

在中国打破思想的禁锢和改革开放40多年,面对百年未有之大变局的历史背景下,随着中国经济的高速发展以及在国际上的和平崛起,中华民族伟大复兴的中国梦正在实现。文化是立国之根本,伟大的复兴需要伟大的文化。树立高度的文化自觉,促进文化大发展大繁荣,加快建设文化强国,中华文化的伟大复兴梦想正在逐步实现。可以预期的是,中国的学术文化走向进一步繁荣的过程中,将逐步构建起中国特色哲学社会科学学科体系、学术体系和话语体系,在世界舞台上展现"学术中的中国"。

从20世纪70年代末真理标准问题的大讨论,到人生观、文化观的大讨论,再到90年代以来的人文精神大讨论,以及近年来各种思潮的争论,凡此种种新思想、新文化,已然展现出这个时代在百家争鸣中的思想解放历程。在与日俱新的文化转型中,探索与矫正的交替进行和反复推进,使学风日盛、文化昌明,在很多学科领域都出现了彼此论争和公开对话,促成着各有特色的学术阵营的形成与发展。

一个文化强国的崛起离不开学术文化建设,一座高品位文化城市的打造同样也离不开学术文化发展。学术文化是一座城市最内在的精神生活,是城市智慧的积淀,是城市理性发展的向导,是文化创造力的基础和源泉。学术是不是昌明和发达,决定了城市的定位、影响力和辐射力,甚至决定了城市的发展走向和后劲。城市因文化而有内涵,文化因学术而有品位,学术文化已成为现代城市智慧、思想和精神高度的标志和"灯塔"。

凡工商发达之处,必文化兴盛之地。深圳作为我国改革开放的"窗口"和"排头兵",是一个商业极为发达、市场化程度很高的城市,移民社会特征突出、创新包容氛围浓厚、民主平等思想活跃、信息交流的"桥头堡"地位明显,形成了开放多元、兼容并蓄、创新创意、现代时尚的城市文化特征，具备形成学派的社会条件。在创造工业化、城市化、现代化发展奇迹的同时，深圳也创造了文化跨越式发展的奇迹。文化的发展既引领着深圳的改革开放和现代化进程，激励着特区建设者艰苦创业，也丰富了广大市民的生活，提升了城市品位。

如果说之前的城市文化还处于自发性的积累期，那么进入新世纪以来，深圳文化发展则日益进入文化自觉的新阶段：创新文化发展理念，实施"文化立市"战略，推动"文化强市"建设，提升文化软实力，争当全国文化改革发展"领头羊"。自2003年以来，深圳文化发展亮点纷呈、硕果累累：荣获联合国教科文组织"设计之都""全球全民阅读典范城市"称号，被国际知识界评为"杰出的发展中的知识城市"，连续多次荣获"全国文明城市"称号，屡次被评为"全国文化体制改革先进地区"，"深圳十大观念""新时代深圳精神"影响全国，《走向复兴》《我们的信念》《中国之梦》《永远的小平》《迎风飘扬的旗》《命运》等精品走向全国，深圳读书月、市民文化大讲堂、关爱行动、创意十二月、文化惠民等品牌引导市民追求真善美，图书馆之城、钢琴之城、设计之都等"两城一都"高品位文化城市正成为现实。

城市的最终意义在于文化。在特区发展中，"文化"的地位正发生着巨大而悄然的变化。这种变化不仅在于大批文化设施的兴建、各类文化活动的开展与文化消费市场的繁荣，还在于整个城市文化地理和文化态度的改变，城市发展思路由"经济深圳"向"文化深圳"转变。这一切都源于文化自觉意识的逐渐苏醒与复活。文化自觉意味着文化上的成熟，未来深圳的发展，将因文化自觉意识的强化而获得新的发展路径与可能。

与国内外一些城市比起来，历史文化底蕴不够深厚、文化生态不够完善等仍是深圳文化发展中的弱点，特别是学术文化的滞后。近年来，深圳在学术文化上的反思与追求，从另一个层面构成了文化自觉的逻辑起点与外在表征。显然，文化自觉是学术反思的扩展与深化，从学术反思到文化自觉，再到文化自信、自强，无疑是文化主体意识不断深化乃至确立的过程。大到一个国家和小到一座城市的文化发展皆是如此。

　　从世界范围看，伦敦、巴黎、纽约等先进城市不仅云集大师级的学术人才，而且有活跃的学术机构、富有影响的学术成果和浓烈的学术氛围，正是学术文化的繁盛才使它们成为世界性文化中心。可以说，学术文化发达与否，是国际化城市不可或缺的指标，并将最终决定一个城市在全球化浪潮中的文化地位。城市发展必须在学术文化层面有所积累和突破，否则就缺少根基，缺少理念层面的影响，缺少自我反省的能力，就不会有强大的辐射力，即使有一定的辐射力，其影响也只是停留于表面。强大而繁荣的学术文化，将最终确立一种文化类型的主导地位和城市的文化声誉。

　　深圳正在抢抓粤港澳大湾区和先行示范区"双区"驱动，经济特区和先行示范区"双区"叠加的历史机遇，努力塑造社会主义文化繁荣兴盛的现代城市文明。近年来，深圳在实施"文化立市"战略、建设"文化强市"过程中鲜明提出：大力倡导和建设创新型、智慧型、包容型城市主流文化，并将其作为城市精神的主轴以及未来文化发展的明确导向和基本定位。其中，智慧型城市文化就是以追求知识和理性为旨归，人文气息浓郁，学术文化繁荣，智慧产出能力较强，学习型、知识型城市建设成效卓著。深圳要大力弘扬粤港澳大湾区人文精神，建设区域文化中心城市和彰显国家文化软实力的现代文明之城，建成有国际影响力的智慧之城，学术文化建设是其最坚硬的内核。

　　经过40多年的积累，深圳学术文化建设初具气象，一批重要学科确立，大批学术成果问世，众多学科带头人涌现。在中国特色社会主义理论、先行示范区和经济特区研究、粤港澳大湾区、文化发展、城市化等研究领域产生了一定影响；学术文化氛围已然形成，在国内较早创办以城市命名的"深圳学术年会"，举办了"世界知识城市峰会"等一系列理论研讨会。尤其是《深圳十大观念》等著作的出版，更是对城市人文精神的高度总结和提升，彰显和深化了深圳学术文化和理论创新的价值意义。这些创新成果为坚定文化自信贡献了学术力量。

　　而"深圳学派"的鲜明提出，更是寄托了深圳学人的学术理想和学术追求。1996年最早提出"深圳学派"的构想；2010年《深圳市委市政府关于全面提升文化软实力的意见》将"推动'深圳学派'建设"载入官方文件；2012年《关于深入实施文化立市战略建设文化强市的决定》明确提出"积极打造'深圳学派'"；2013年出台实施《"深圳学派"建设推进方案》。一个开风气之先、引领思想潮流的"深圳学派"正在酝酿、构建之中，学术文化的春天正向这座城市走来。

"深圳学派"概念的提出，是中华文化伟大复兴和深圳高质量发展的重要组成部分。树起这面旗帜，目的是激励深圳学人为自己的学术梦想而努力，昭示这座城市尊重学人、尊重学术创作的成果、尊重所有的文化创意。这是深圳40多年发展文化自觉和文化自信的表现，更是深圳文化流动的结果。因为只有各种文化充分流动碰撞，形成争鸣局面，才能形成丰富的思想土壤，为"深圳学派"形成创造条件。

深圳学派的宗旨

构建"深圳学派"，表明深圳不甘于成为一般性城市，也不甘于仅在世俗文化层面上做点影响，而是要面向未来中华文明复兴的伟大理想，提升对中国文化转型的理论阐释能力。"深圳学派"从名称上看，是地域性的，体现城市个性和地缘特征；从内涵上看，是问题性的，反映深圳在前沿探索中遇到的主要问题；从来源上看，"深圳学派"没有明确的师承关系，易形成兼容并蓄、开放择优的学术风格。因而，"深圳学派"建设的宗旨是"全球视野，民族立场，时代精神，深圳表达"。它浓缩了深圳学术文化建设的时空定位，反映了对学界自身经纬坐标的全面审视和深入理解，体现了城市学术文化建设的总体要求和基本特色。

一是"全球视野"：反映了文化流动、文化选择的内在要求，体现了深圳学术文化的开放、流动、包容特色。它强调要树立世界眼光，尊重学术文化发展内在规律，贯彻学术文化转型、流动与选择辩证统一的内在要求，坚持"走出去"与"请进来"相结合，推动深圳与国内外先进学术文化不断交流、碰撞、融合，保持旺盛活力，构建开放、包容、创新的深圳学术文化。

　　文化的生命力在于流动，任何兴旺发达的城市和地区一定是流动文化最活跃、最激烈碰撞的地区，而没有流动文化或流动文化很少光顾的地区，一定是落后的地区。文化的流动不断催生着文化的分解和融合，推动着文化新旧形式的转换。在文化探索过程中，唯一需要坚持的就是敞开眼界、兼容并蓄、海纳百川，尊重不同文化的存在和发展，推动多元文化的融合发展。中国近现代史的经验反复证明，闭关锁国的文化是窒息的文化，对外开放的文化才是充满生机活力的文化。学术文化也是如此，只有体现"全球视野"，才能融入全球思想和话语体系。因此，"深圳学派"的研究对象不是局限于一国、一城、一地，而是在全球化背景下，密切关注国际学术前沿问题，并把中国尤其是深圳的改革发展置于人类社会变革和文化变迁的大背景下加以研究，具有宽广的国际视野和鲜明的民族特色，体现开放性甚至是国际化特色，融合跨学科的交叉和开放，提高深圳改革创新思想的国际影响力，向世界传播中国思想。

　　二是"民族立场"：反映了深圳学术文化的代表性，体现了深圳在国家战略中的重要地位。它强调要从国家和民族未来发展的战略出发，树立深圳维护国家和民族文化主权的高度责任感、使命感、紧迫感。加快发展和繁荣学术文化，融通马克思主义、中华优秀传统文化和国外学术文化资源，尽快使深圳在学术文化领域跻身全球先进城市行列，早日占领学术文化制高点。推动国家民族文化昌盛，助力中华民族早日实现伟大复兴。

　　任何一个大国的崛起，不仅伴随经济的强盛，而且伴随文化的昌盛。文化昌盛的一个核心就是学术思想的精彩绽放。学术的制高点，是民族尊严的标杆，是国家文化主权的脊梁骨；只有占领学术制高点，才能有效抵抗文化霸权。当前，中国的和平崛起已成为世界的最热门话题之一，中国已经成为世界第二大经济体，发展速度为世界刮目相看。但我们必须清醒地看到，在学术上，我们还远未进入世界前列，特别是还没有实现与第二大经济体相称的世界文化强国的地位。这样的学术境地不禁使我们扪心自问，如果思想学术得不到世界仰慕，中华民族何以实现伟大复兴？在这个意义上，深圳和全国其他地方一样,学术都是短板,理论研究不能很好地解读实践、总结经验。而深圳作为"全国改革开放的一面旗帜",肩负着为国家、为民族文化发展探路的光荣使命,尤感责任重大。深圳这块沃土孕育了许多前沿、新生事物,为学术研究提供了丰富的现实素材,但是学派的学术立场不能仅限于一隅,而应站在全国、全民族的高度,探索新理论解读这些新实践、新经验,为繁荣中国学术、发展中国理论贡献深圳篇章。

三是"时代精神":反映了深圳学术文化的基本品格,体现了深圳学术发展的主要优势。它强调要发扬深圳一贯的"敢为天下先"的精神,突出创新性,强化学术攻关意识,按照解放思想、实事求是、求真务实、开拓创新的总要求,着眼人类发展重大前沿问题,聚焦新时代新发展阶段的重大理论和实践问题,特别是重大战略问题、复杂问题、疑难问题,着力创造学术文化新成果,以新思想、新观点、新理论、新方法、新体系引领时代学术文化思潮,打造具有深圳风格的理论学派。

党的十八大提出了完整的社会主义核心价值观,这是当今中国时代精神的最权威、最凝练表达,是中华民族走向复兴的兴国之魂,是中国梦的核心和鲜明底色,也应该成为"深圳学派"进行研究和探索的价值准则和奋斗方向。其所熔铸的中华民族生生不息的家国情怀,无数仁人志士为之奋斗的伟大目标和每个中国人对幸福生活的向往,是"深圳学派"的思想之源和动力之源。

创新,是时代精神的集中表现,也是深圳这座先锋城市的第一标志。深圳的文化创新包含了观念创新,利用移民城市的优势,激发思想的力量,产生了一批引领时代发展的深圳观念;手段创新,通过技术手段创新文化发展模式,形成了"文化+科技""文化+金融""文化+旅游""文化+创意"等新型文化业态;内容创新,以"内容为王"提升文化产品和服务的价值,诞生了华强文化科技、腾讯、华侨城等一大批具有强大生命力的文化企业,形成了文博会、读书月等一大批文化品牌;制度创新,充分发挥市场的作用,不断创新体制机制,激发全社会的文化创造活力,从根本上提升城市文化的竞争力。"深圳学派"建设也应体现出强烈的时代精神，在学术课题、学术群体、学术资源、学术机制、学术环境方面迸发出崇尚创新、提倡包容、敢于担当的活力。"深圳学派"需要阐述和回答的是中国改革发展的现实问题，要为改革开放的伟大实践立论、立言，对时代发展作出富有特色的理论阐述。它以弘扬和表达时代精神为己任，以理论创新、知识创新、方法创新为基本追求，有着明确的文化理念和价值追求，不局限于某一学科领域的考据和论证，而要充分发挥深圳创新文化的客观优势，多视角、多维度、全方位地研究改革发展中的现实问题。

四是"深圳表达"：反映了深圳学术文化的个性和原创性，体现了深圳使命的文化担当。它强调关注现实需要和问题，立足深圳实际，着眼思想解放、提倡学术争鸣，注重学术个性、鼓励学术原创，在坚持马克思主义的指导下，敢于并善于用深圳视角研究重大前沿问题，用深圳话语表达原创性学术思想，用深圳体系发表个性化学术理论，构建具有深圳风格和气派的话语体系，形成具有创造性、开放性和发展活力的理论。

称为"学派"就必然有自己的个性、原创性，成一家之言，勇于创新、大胆超越，切忌人云亦云、没有反响。一般来说，学派的诞生都伴随着论争，在论争中学派的观点才能凸显出来，才能划出自己的阵营和边际，形成独此一家、与众不同的影响。"深圳学派"依托的是改革开放前沿，有着得天独厚的文化环境和文化氛围，因此不是一般地标新立异，也不会跟在别人后面，重复别人的研究课题和学术话语，而是要以改革创新实践中的现实问题研究作为理论创新的立足点，作出特色鲜明的理论表述，发出与众不同的声音，充分展现深圳学者的理论勇气和思想活力。当然，"深圳学派"要把深圳的物质文明、精神文明和制度文明作为重要的研究对象，但不等于言必深圳，只囿于深圳的格局。思想无禁区、学术无边界，"深圳学派"应以开放心态面对所有学人，严谨执着，放胆争鸣，穷通真理。

狭义的"深圳学派"属于学术派别，当然要以学术研究为重要内容；而广义的"深圳学派"可看成"文化派别"，体现深圳作为改革开放前沿阵地的地域文化特色，因此除了学术研究，还包含文学、美术、音乐、设计创意等各种流派。从这个意义上说,"深圳学派"尊重所有的学术创作成果,尊重所有的文化创意,不仅是哲学社会科学,还包括自然科学、文学艺术等,应涵盖多种学科,形成丰富的学派学科体系,用学术续写更多"春天的故事"。

"寄言燕雀莫相唣,自有云霄万里高。"学术文化是文化的核心,决定着文化的质量、厚度和发言权。我们坚信,在建设文化强国、实现文化复兴的进程中,植根于中华文明深厚沃土、立足于特区改革开放伟大实践、融汇于时代潮流的"深圳学派",一定能早日结出硕果,绽放出盎然生机!

写于 2016 年 3 月
改于 2021 年 6 月

目　　录

导　论 …………………………………………………………（1）

第一章　当代西方生态正义理论产生的社会与思想背景 ……（13）
　第一节　社会背景：唯发展主义的困境与环保
　　　　　运动的诉求 ………………………………………（13）
　第二节　思想背景：当代西方生态正义理论的
　　　　　思想渊源 …………………………………………（30）

第二章　当代西方生态正义理论的主要流派 ………………（42）
　第一节　生态学马克思主义的生态正义理论 ……………（43）
　第二节　生态伦理学的生态正义理论 ……………………（62）
　第三节　生态经济学的生态正义理论 ……………………（81）
　第四节　法哲学的生态正义理论 …………………………（94）

第三章　当代西方生态正义理论的主要问题域 ……………（115）
　第一节　生态帝国主义与生态正义 ………………………（116）
　第二节　生态难民与生态正义 ……………………………（128）
　第三节　空间转向与生态正义 ……………………………（140）

第四章　当代西方生态正义理论的唯物史观审视与评析 …（155）
　第一节　当代西方生态正义理论的思想价值 ……………（155）
　第二节　当代西方生态正义理论的内在局限 ……………（168）
　第三节　当代西方生态正义理论的正确出路 ……………（174）

第五章　当代西方生态正义理论对中国社会主义生态文明建设的启示 ………………………………………（185）
  第一节　持续推进社会主义生态正义，引领全球生态
　　　　　文明建设 ……………………………………（186）
  第二节　以生态理性规约经济理性，实现经济发展和
　　　　　生态保护内在平衡 …………………………（199）
  第三节　明晰制度维度，构建生态正义保障体系 ………（204）

参考文献 ………………………………………………………（225）

后　记 …………………………………………………………（238）

导　　论

一　选题的意义

正义，是公民的最高美德、文明社会追求的重要价值。① 正义原则，既存在于人与人、人与社会之间，也应用于人与自然之间。生态正义，是正义原则在人与自然关系中的应用与拓展。基于对西方社会越来越突出的生态困境、生态危机的反思与研究，对人类与自然关系的深刻思考，当代西方生态正义理论应运而生。

当代西方生态正义理论，萌发于20世纪70年代，是在继承前人思想基础上不断揭露和评判西方资本主义社会生态危机、反思现代性发展理念及其后果而逐步形成的理论学说。这一理论学说，体现在当代西方生态学马克思主义、环境经济学、生态经济学和法哲学等多个理论派别之中。它强调把公平正义、权利平等与和谐共生原则贯彻到生态环境发展的过程中，把资本最大化增殖逻辑看作实现生态正义的最大障碍，把现代性发展过程中所出现的生态殖民和生态难民的权利等问题纳入考察视野，把生态正义的制度安排看作解决生态问题和实现生态正义的根本保障。

20世纪末，当代西方生态正义理论开始进入中国学者的视野。中国学界开始对当代西方生态学马克思主义、环境经济学等蕴含的生态正义思想进行介绍和研究。具体而言，主要体现在以下几个方面：（1）对西方生态正义理论相关流派的梳理和评价。有学者较为

---

① 列奥·施特劳斯、约瑟夫·克罗波西主编：《政治哲学史》，李天然等译，河北人民出版社1993年版，第127页。

系统地梳理了奥康纳的"生产性正义"提出的背景、具体内容，并考察了大卫·哈维的空间—地理生态正义思想，尤其突出强调资本、空间和正义是哈维空间思想的三大基石；有学者介绍和评价了当代西方生态女性主义对生态正义的诉求与建构。缺陷在于多属于对西方生态思想主要流派的介绍和梳理，尚待深化研究，且对当代中国的生态正义建构的事实关注不够。（2）借助于西方生态正义思想资源对生态正义的具体化建构。有学者基于"人—自然—社会"动态的三维坐标系，认为生态正义涉及"人际正义""国际正义"和"种际正义"三个层次；有学者则对生态正义建设的原则、制度保障等问题进行了研究。缺陷在于，其思想史和理论依据仍显单薄。（3）对当代中国社会主义生态文明建设中所涉及的生态正义问题的研究。有学者认为社会主义生态正义建设的具体内容包括生态权利的保护、购买和生态补偿，实现生态正义应从健全制度上下功夫，切实保护人们的生态权利、维护全社会的生态公平和生态正义；有学者则认为政府应该真正承担起守护生态正义的监管责任。缺陷在于，其研究有待系统化和深入化。总体而言，国内的研究刚刚起步，已有研究主要以零散地对西方生态正义理论流派的梳理为主，且多限于不同学科的各自为战，尚待对其进行系统性和整体性的深化研究。因此，深入研究当代西方生态正义理论，并从马克思主义的立场和高度来审视与评析，具有重要的理论与实践意义。

其理论意义具体体现在三个方面：第一，系统地梳理当代西方生态正义理论的主要流派及其观点，深入地剖析和阐释当代西方生态正义理论的思想渊源、主要内涵、基本流派、理论特征和内在矛盾，厘清其理论贡献与局限及其理论出路。揭示当代西方生态正义与现代性反思、生态正义与资本逻辑、生态正义与生态殖民、生态正义与生态难民、生态正义与生态公民和全球正义的内在关系。第二，这一研究将进一步拓展生态哲学、生态伦理学、生态学的研究领域。也有利于深化交叉学科研究，发现新的问题，扩展新的研究方法，拓展新的研究范式，使生态正义研究更加系统化。第三，这一研究将有助于推动建构中国生态正义理论。目前我国生态正义理论处于初步探索阶段，理论界需要立足中国国情、以马克思主义为指导，逐步建构中国生态正义话语体系与理论体系。"他山之石，可以攻玉"，批判地分析和借鉴当代西方生态正义理论，无疑将对建构中国生态正义理论具有重要的价值。

同时，深入研究当代西方生态正义理论也具有重要的实践意义。第一，有利于更好地认识和把握西方生态危机的根源所在及其解决路径。关于西方生态危机的根本原因，当代西方生态正义理论的重要流派——生态学马克思主义吸收马克思恩格斯关于人与自然关系的思想，将西方生态危机的根源归结为资本主义制度及其生产方式，这一看法很深刻，有助于人们正确认识全球性生态危机的实质，也为人们认识和了解当代资本主义社会提供了一个独特的理论视角。与马克思主义将消灭资本主义私有制、建立共产主义社会作为真正解决生态危机、实现人与自然和谐发展的根本出路不同，生态学马克思主义提出要以生态社会主义代替资本主义。如何实现生态社会主义？它提出要以无政府主义的内容改造科学社会主义，主张非暴力原则的社会变革方式，认为新的生态经济必然产生于现存的资本经济结构，社会主义并不是与资本主义彻底决裂，无须彻底变革资本主义生产资料私有制，应以和平方式实现社会主义。这一论点正是马克思和恩格斯曾在《共产党宣言》中所批判的"小资产阶级社会主义"。所以，当代西方生态正义理论最终无法找到一条解决全球性生态危机、达至人与自然和谐共生的有效路径。这从反面为我们提供了启示。如何破解当代西方生态正义理论的这一困境，本书第四章将给予详细论述。

第二，研究当代西方生态正义理论将为建构维护中国社会主义生态正义、推进新时代中国社会主义生态文明建设提供有益借鉴和启示。基于资本逻辑症结所在，资本主义制度在其本性上是反生态的，生态危机与资本主义生产方式或资本主义制度具有内在同构性，绿色资本主义社会缺乏任何可能性与现实性。而生态正义则是社会主义制度的内在价值。社会主义社会坚持以人民为中心，从制度规约上彻底摒弃资本逻辑的消极影响，人与自然的和谐共生与社会主义制度在目标追求、价值观遵循等方面具有内在统一性。因此，深入研究当代西方生态正义理论，剖析生态文明建设与资本主义制度的内在冲突，将促使我们更加坚信社会主义制度在生态文明建设方面的巨大优势，同时，也将推动中国生态文明建设体制机制改革创新，进一步推进社会主义生态正义和人与自然和谐共生的现代化建设。

进入新时代，我国生态环境质量持续改善，生态文明建设取得重大成就，但"我国环境容量有限，生态系统脆弱，污染重、损失大、风险高的生态环境状况还没有根本扭转"[①]。不断扩大的东、中、西部地区的经济社会差距，独特的地理环境加剧了地区间的不平衡，对区域经济协调发展造成严重影响。研究当代西方生态正义理论，比较研究中西方生态正义问题，将有助于更加清晰、准确地理解和把握我国生态非正义的表现、形成原因及其对策。本书第五章将对此进行具体分析。

第三，研究当代西方生态正义理论，分析批判西方发达国家实施的"生态殖民主义""生态帝国主义"行为，有助于推进全球生态正义，共建全球生态文明。

在当代全球化时代，生态问题是全球性问题，保护生态环境是各国家、各民族的共同责任。但在当代全球生态治理过程中，因为国际关系民主化程度不充分、制度建设不健全等原因，一些西方大国在生态治理领域牢牢地掌控着全球生态治理制度的话语权与主导权，对发展中国家实施"生态殖民主义"行为。对此，当代西方生态正义理论均给予批判。生态帝国主义或生态殖民主义，其背后的根本动因与传统帝国主义的做法是一致的，即都是由资本逻辑驱动——资本逻辑就是使资本实现最大化利润增殖的逻辑。它们不再像传统帝国主义那样主要靠采用军事暴力征服，而是采取非暴力的乃至变相的掠夺资源的方式。它们以到发展中国家开发投资的名义，竭尽可能地拓展对包括石油储备在内的资源的掌控力，从而以最大限度地开掘和榨取他国资源（包括石油掠夺在内）的方式，延长帝国主义国家资本利益集团对发展中国家的统治；或者采用非法和不人道的方式，把极少数贫穷国家和广大发展中国家，变成它们

---

① 习近平：《推动我国生态文明建设迈上新台阶》，《求是》2019年第3期。

转嫁国内环境污染和转移有毒废料的"输出场"和"垃圾排放地"。生态殖民主义、生态帝国主义行为内在地蕴含着地区与地区、国与国、民族与民族之间,以及代际之间和代际之内的生态权利、生态公平正义问题。共谋全球生态文明、建设地球美好家园,必须破除生态殖民主义、生态帝国主义,构建全球生态治理新秩序,推动实现全球生态正义。

二 论题相关概念的界定

本书涉及环境正义与生态正义两个概念,需要加以界定与明晰。生态正义概念的提出与环境正义概念的形成和发展密不可分。两者既有联系,也有区别。

(一) 西方学术界环境正义概念的提出过程

环境正义问题受到社会与学界的关注始于西方社会环境问题的爆发和环境保护运动、现代民权运动的开展。20世纪是生态环境问题凸显、世界生态环境灾难频发的世纪。自工业革命以来,伴随着科学技术的飞速发展,人类利用自然、改造自然的规模空前扩大,物质财富急剧增长,但同时也产生了严重的生态环境问题。"自上个世纪30年代开始,发生在西方国家的'世界八大公害事件'对全球生态环境和公众生活造成了巨大破坏和影响。其中,洛杉矶光化学烟雾事件先后导致近千人死亡、75%以上市民患上红眼病。1952年至1962年,十年之内先后发生12次严重烟雾事件,导致一万多人死亡。"[①]

西方社会不断出现的生态灾难引发了人们对生态环境问题的关注与反思,继而在美国率先爆发了环境保护运动。1970年4月22日,在美国哈佛大学学生丹尼斯·海斯的倡导下,美国发动了一场规模空前的环境保护运动,10000所中小学、2000所高等院校以及各大团体共2000多万人,高呼"保护人类生存环境"等口号示威游行。这场运动是人类有史以来规模最大、影响最广的环境保护运动。

---

① 《习近平谈治国理政》第2卷,外文出版社2017年版,第208页。

如果说，上述环保运动的主角主要是白人，其重心在于提高美国人民，特别是白色人种的环境质量，那么，从 20 世纪 80 年代开始，以"沃伦抗议"环保运动为代表，则是黑人、印第安人、亚洲人、南美人等有色人种充当主角，有色人种和社会底层人群正式登上了环保运动的历史舞台。沃伦是地处美国北卡罗来纳州的一个县，以非裔美国黑人和低收入白人为主要居民。1982 年，美国政府将其设为国家垃圾填埋场，计划用于掩埋从该州其他 14 个地区大量的含有致癌性物质聚氧联苯（PCBs）的工业有毒垃圾。这一计划遭到当地居民的反对和抵制。该县居民在联合基督教会的支持下，举行示威游行，由几百名非裔妇女和孩子以及少数白人组成的人墙封锁了装载着有毒垃圾的卡车的通道，抗议美国国家环境保护局和"环境种族主义"行为，要求在生态环境领域实现人权、民主和种族平等。①"这次抗议示威活动第一次把种族、贫困和工业废弃物的生态环境后果联系在一起，从而在社会上引起了强烈反响，并引发了美国国内有色人种和社会底层人群的类似行动……环境正义运动的序幕由此正式拉开。"②

1987 年，同样受到"沃伦抗议"的影响，美国联合基督教会种族正义委员会（United Church of Christ Commission for Racial Justice）发布一篇关于《美国的有毒废弃物和种族》的研究报告（*Toxic Wastes and Race: A National Report on the Racial and Socio-Economic Characteristics of Communities with Hazardous Waste Sites*），将长期隐藏于美国社会底层的环境正义问题推到了生态环境保护关注的前沿。该报告表明，有毒垃圾掩埋点的选址与该选址周围社区的种族、社会经济状况存在着密切的关系，美国境内的有色人种和社会底层人群居住的社区长期以来不成比例地被选为有毒废弃物的填埋点。③同年，一本名为《必由之路：为环境正义而战》的书籍出版，书中

---

① Troy W. Hartley, "Environmental Justice: An Environmental Civil Rights Value Acceptable to All World Views", *Environmental Ethics*, Vol. 17, Fall 1995, pp. 277-278.
② 曾建平：《环境公正：中国视角》，社会科学文献出版社 2013 年版，第 20 页。
③ Troy W. Hartley, "Environmental Justice: An Environmental Civil Rights Value Acceptable to All World Views", *Environmental Ethics*, Vol. 17, Fall 1995, p. 279.

详细介绍了1982年美国沃伦县居民抗议示威活动情况，并首次使用了"环境正义"（environmental justice）一词来称谓生态环境保护运动。从此，"环境正义"概念逐步被更多学者使用，从而成为通用词语。

1988年，伊利诺伊州大学的彼得·S.温茨博士的出版学术著作《环境正义论》。该书直接以"环境正义"为主题，提出了分配正义及其应用问题，具有开拓性。"美国第一届'全国有色人种环境领袖会议'在1991年10月通过了一份包括17条'环境正义基本原则'的报告。这些原则主要包括下列内容：第一，环境正义强力主张应尊重我们赖以生存的地球、生态系统以及所有物种间的相互依存关系，不容有任何生态破坏。对土地及可再生资源进行合乎伦理道德的，以及平衡的、负责任的利用，以维持地球的可持续发展。第二，环境正义要求所有公共政策应以所有人类的互相尊重和平等为基础，不允许有任何歧视或差别待遇，所有人类在政治、经济、文化及环境上均享有基本的自主权。第三，环境正义强力主张停止生产有毒物质、放射物质及有害废弃物，呼吁全面反对核试验，反对生产任何危害空气、水、土地和食物的产品。第四，环境正义认为所有工作者均有权享受安全及健康的工作环境，并认为环境非正义是违反国际规范的行为，因此要保障环境非正义的受害者能够得到完全的赔偿、伤害的修缮以及好的医疗服务。第五，环境正义主张应建立城市和乡村的生态政策，以净化并重建与自然和谐的城乡；尊重所有社区的纯洁文化，使所有人类都有平等的接近大自然的机会。第六，环境正义主张对我们这一代及下一代人类，以文化多样性为基础，加强社会及环境议题的全民教育。"① 这些原则不仅涉及生态环境种族歧视问题，也关注到全球范围内的生态环境问题，还包括"我们这一代及下一代人类"关于生态环境问题之间的关联。

随着生态环境保护运动的不断深入，无论是社会大众还是学界

---

① 曾建平：《环境公正：中国视角》，社会科学文献出版社2013年版，第22—23页。

对"环境正义"的关注,已由美国逐渐扩展到全球①;"环境正义"的问题域,已由民族或种族环境歧视拓展为众多领域:发达国家对发展中国家和地区的生态殖民与环境危机转嫁、发展中国家和地区的生存困境与生态环境保护的悖论、跨国公司对全球资源的掠夺及其性别歧视与环境关联等,均纳入了环境正义的研究范畴,环境正义的议题逐步丰富和拓展。

(二) 西方学术界环境正义的内涵

对于环境正义的内涵,美国国家环保局曾提出,在环境法律、法规,政策的制定、遵守和执行等方面,全体人民,不论其种族、民族、收入、原始国籍和教育程度,应得到公平对待并卓有成效地参与。温茨在《环境正义论》中提出,环境正义的实质是社会分配正义,以罗尔斯的正义理论为思想基础,运用反思平衡的方法论,揭示了环境正义与社会正义之间的内在关联。"1997 年,澳大利亚墨尔本大学召开环境正义问题国际研讨会,将环境正义定义为:减少在国家、国际与世代之间,因不平等关系而导致的不平等环境影响。"②

罗伯特·D. 布拉德、希拉·卡佩克(Sheila Capek)和日本学者户田清等学者均对环境正义的内涵做出了论述。综合而言,他们认为环境正义包括程序正义、地理正义和社会正义等三种形式。"程序正义是指任何的人,不分种族、民族、收入、原始国籍和教育程度等差异,都享有平等地参与环境事务,进行环境决策的权利;地理正义是涉及弱势群体和有色人种所在社区与危险废物处置场所的关联;社会正义,是关于种族、民族、阶级、政治权力怎样影响和反映到环境决策。"③

---

① 印度生态主义者 R. 古哈(Ramachandra Guha)表达了欠发达国家要求实现环境正义的呼声,并基于第三世界的立场,对代表美国文化和发达国家立场的环境正义论提出了批评。参见 Ramachandra Guha, "Radical Americ in Environmentalism and Wilderness Preservatian: A Third World Critique", in Andrew Brennan, ed. , *The Ethics of the Environment*, Aldershot, Hants: Dartmouth, 1995, pp. 239 – 251。

② 田启波:《生态正义研究》,中国社会科学出版社 2016 年版,第 99 页。

③ Robert D. Bullard, "Environmental justice challenges at home and abroad", in Low, Nicholas, ed. , *Global Ethics and Environment*, London: NewYork: Routledge, 1999, p. 35. Sheila Capek, "The Environmental Justice Frame: A Conceptual Discussion and an Application", *Social Problems*, Vol. 40, No. 1, 1993, pp. 5 – 24.

（三）生态正义及其内涵

随着环境正义研究的深入，生态正义也随之被提出。尽管生态正义与环境正义密切相关，但生态正义并不完全等同于环境正义。生态正义与环境正义的不同也体现在"生态"与"环境"词义上的区别。

"生态学"（Ecology）的概念最早由德国学者恩斯特·海克尔（Ernst Haeckel）提出，是一门研究生物有机体与外部世界关系的学科，而"生态"则是体现生物有机体与外部世界关系的核心范畴，其中，外部世界包括与生物有机体密切相关的自然环境。"环境是指影响生物机体生命、发展与生存的所有外部条件的总体，它既包括物质因素即以空气、水、土地、植物和动物等为内容，也包括非物质因素即以观念、制度和行为准则等为内容。"①

相比而言，生态的概念比环境的概念外延更明确，意蕴更深刻，主要表现在三个方面②：一是生态强调关联性。生态系统各部分是有机联系的，个体的人以及人类社会都是宏观生态系统的一部分，人的活动必然会对生态系统产生影响，生态系统的改变反过来会影响人类活动。二是生态意味着整体性。生态系统具有普遍联系的特点，生态系统内部的某一局部变化，都会导致全局性的后果，出现"多米诺骨牌效应"与"蝴蝶效应"。在对待生态问题时，人们既要立足当下从每个人、每个地区、每个国家的具体行为开始，又要具有战略眼光和全球视野。③ 三是生态蕴含着动态性。"生态系统的平衡是一种动态的平衡，始终按照其自身固有的规律即生态规律，周而复始地进行着物质与能量的转换。"④ 尼古拉斯·洛（Nicholas Low）和布伦丹·格利森（Brendan Gleeson）用"环境中的正义"（justice in envir or ment)）（人们之间的环境的分配正义，也即在人们中间对环境进行分配的正义）与"对环境的正义"（justice toenvironment)（人类与自然界其他物质关系上的正义）来区分环境正

---

① 田启波：《生态正义研究》，中国社会科学出版社2016年版，第101页。
② 田启波：《生态正义研究》，中国社会科学出版社2016年版，第101页。
③ 张剑：《生态殖民主义批判》，《马克思主义研究》2009年第3期。
④ 田启波：《生态正义研究》，中国社会科学出版社2016年版，第101页。

义与生态正义。①

生态正义是正义原则在生态环境领域的拓展与延伸。究竟什么是生态正义呢？生态正义（Eco-justice）的内涵十分丰富，仁者见仁，智者见智，理解的角度多样，所持的观点亦不同。《美国环境百科全书》提出，生态正义包括两方面的内涵：一是指对传统的平等理论不满的非人类中心论有关平等与环境的总体态度；二是指对环境的关切与多种社会平等的连接。②有的学者从人与自然界的关系出发，把生态正义界定为人对自然界的责任与义务。这一观点以澳大利亚学者彼得·辛格、美国学者汤姆·雷根、霍尔姆斯·罗尔斯顿为代表。罗尔斯顿指出："人类由于掌握了技术文化而拥有巨大的破坏性力量，为了保护生态环境，人类应当遵循自然界的规律，尽可能地避免生态系统的毁坏或物种的灭绝。"③

综合当代西方生态正义理论主要流派的观点，概括而言，生态正义的内涵主要包括两个方面。一是人类与自然之间实施正义的可能性问题。作为自然进化的产物，人是自然的有机组成部分。自然界的每一个物种既具有基本的工具价值，也具有独特的内在价值。二是全体人类正当合理地开发利用生态环境和生态资源，在对待自然、生态和环境问题上，不同国家、地区、群体之间（包括当代人与子孙后代之间）拥有的权利与承担的义务必须公平对等，或者说，人们在利用和保护自然、生态和环境的过程中，期求享有的权利和承担的义务、所得与投入上的公正结果。

三 逻辑顺序与理论架构

（一）逻辑顺序

本书首先对当代西方生态正义理论产生的社会背景和思想背景进行全面分析，揭示该理论提出的必然性。其次，考察当代西方生

---

① Nicholas Low and Brendan Gleeson, *Justice, Society and Nature: An Exploration of Political Ecology*, London; NewYork: Routledge, 1998, p. 2.
② [美] 坎宁安：《美国环境百科全书》，张坤民等译，湖南科学技术出版社2003年版，第181页。
③ [美] 霍尔姆斯·罗尔斯：《环境伦理学：大自然的价值以及人对大自然的义务》，杨通进译，中国社会科学出版社2000年版，第313—315页。

态正义理论的重要流派（主要包括生态学马克思主义、生态伦理学、生态经济学、生态法哲学等思想流派的生态正义理论），分析其主要观点和理论特征；接着对当代西方生态正义理论所涉及的主要问题展开讨论，主要涉及生态正义与资本逻辑的关系、生态正义与生态殖民、生态难民与生态正义、空间转向与生态正义等。再次，从马克思主义唯物史观的角度对当代西方生态正义理论进行审视与评析，剖析其理论贡献、理论困境及其出路所在。最后，从现实的角度探讨当代西方生态正义理论对中国社会主义生态文明建设的借鉴与启示意义。

（二）理论架构

本书的正文分为五章。

第一章：当代西方生态正义理论产生的社会背景与思想背景。其社会背景主要从"唯发展主义的负面效应""西方环境保护运动的出现和蓬勃发展"和"资本逻辑与唯发展主义共谋所带来的社会异化"等三方面进行考察。思想背景方面，罗尔斯的正义论，西方生态中心论，马克思、恩格斯关于人与自然关系的思想，对其影响最大，为主要代表。它们从不同角度和逻辑对生态环境、正义问题进行理性反思和价值分析，成为当代西方生态正义理论孕育和发展的丰厚思想土壤和学理基础。

第二章：当代西方生态正义理论的主要流派。主要对生态学马克思主义、生态伦理学、生态经济学和法哲学视域下的生态正义理论进行梳理，分析其主要观点和理论特征。综合不同学科视角下的生态正义理论，其不仅深刻揭示了生态正义与政治正义、经济正义、道德正义、法律正义之间的辩证关系，同时也为生态正义的实践出路提供多元模式。

第三章：当代西方生态正义理论的主要问题域。本章对其主要问题域进行系统性的梳理和较为深入的阐发。对生态帝国主义与生态正义进行了探讨，论述其产生的历程、本质和主要表现形式，并由此阐明生态帝国主义所可能引发的一系列生态正义问题。对生态难民产生的主要原因进行了分析，探讨了生态难民被剥夺和应享有的权利问题，以及关于生态难民所涉及的公平与正义问题。从"资本逻辑的空间拓殖及其生态后果"和由资本推动的空间转向及其背后所引发的生态非正义问题两个方面对"空间转向与生态正义"问题展开讨论。

第四章：从马克思主义唯物史观的角度对当代西方生态正义理论进行审视与评析，剖析其理论价值、理论困境及其出路所在。其理论价值在于：一是在生态非正义的根源上，批判资本主义制度及其生产方式；二是在生态正义论域上，从环境正义拓展到生态正义，建构生态共同体的主体思维；三是在生态正义本质上，提出将生态正义与社会正义相融合；四是在生态正义标准上，坚持可持续发展的价值指标。理论局限在于：一是缺乏对人类与自然生态命运共同体和全球生态正义问题的深度思考；二是缺乏科学、有效的生态正义实践路径，改良主义革命策略未能突破经济主义窠臼；三是无法找到实现生态变革的主体力量，生态正义目标构想陷入乌托邦幻象。理论出路在于：一是坚持唯物史观理论根基，厘清生态社会主义与科学社会主义的本质区别；二是摒弃资本主义生产方式和生活方式，建构社会主义生态文明；三是破解资本逻辑与权力逻辑的联合驱动，确立以人民为中心的生态正义动力机制。

第五章：从现实的角度探讨当代西方生态正义理论对中国社会主义生态文明建设的借鉴与启示意义。一是要坚持生态正义原则，持续推进社会主义生态正义；二是以生态理性规约经济理性，实现经济发展和生态保护双赢；三是构建和完善社会主义生态正义保障制度，从而建构起更加成熟、更加定型的生态文明制度体系。

第一章

当代西方生态正义理论产生的社会与思想背景

随着世界工业革命主题和内容的不断变换升级,以资本主义制度为主导的现代化发展愈来愈深入。但同时,社会发展的深层次问题,尤其是人类社会发展与自然资源、生态环境之间的矛盾所引发的生态危机逐渐显现出来。如何反思并解决这一难题,成为当今世界各国社会发展所面临的重大挑战,也是学术界极为关注的问题。任何一种理论都是时代的产物,当代西方生态正义理论应运而生。如何分析和研究这一理论,需要从其出场逻辑的源头开启,以当代西方社会现实发展和理论演变的背景来深入把握。

第一节 社会背景:唯发展主义的困境与环保运动的诉求

正如马克思所说:"一切划时代的体系的真正内容都是由于产生这些体系的那个时期的需要而形成起来的。"[1] 社会现实是促使理论产生和发展的最初动因,实践是催生理论转变和完善的鲜活源泉。二战之后,世界各国都进入了恢复生产和竞相发展的黄金期,经济发展成为世界各国的中心任务。和平与发展成为时代最为鲜明的主题。具体而言,发展是当今世界国际社会共同关注的重大理论问题和实践问题,也是人类追求的永恒主题。一时间发达国家和发

---

[1] 《马克思恩格斯选集》第3卷,人民出版社1995年版,第544页。

展中国家都把工作重心转移和聚焦在经济发展上,渴望在短时间内摆脱战争带来的生产力停滞与社会贫困。正是在这种形势下,西方发达国家经济学家提出了以单纯的经济增长为目标的社会发展观,将社会发展归为经济发展,将经济发展归为经济增长,把经济总量的增长、规模的扩大、国民生产总值的增长速度作为衡量发展的唯一指标。这极大地推进了经济的飞速发展,但也逐步陷入片面追求高速度、高增长、高积累的"为发展而发展"的唯发展主义困境。这也成为当代西方生态正义理论产生和发展的社会背景。本节具体从"唯发展主义的负面效应""西方环境保护运动的出现和蓬勃发展"和"资本逻辑与唯发展主义共谋所带来的社会异化"等方面给予分析。

一 唯发展主义的负面效应

发展本身是一个随着时间的推移而不断变化着的历史范畴,在不同的历史时期呈现出不同的存在形态,因此,人们对发展的认识也会随着社会历史演进而不断变化。深入反思唯发展主义"为发展而发展"的理念,可以看出,它在两个维度上给社会发展带来负面效应:一是生态危机,二是人的危机。

(一)生态危机

所谓生态危机,主要是指由于人类违背自然规律而进行的盲目和过度的生产和生活活动所导致的生态系统的结构性和功能性失调、环境质量下降、生态循环秩序紊乱、自然修复系统瓦解,从而威胁自然生物和人类生存与发展的现象。西方社会工业革命以来,人们疯狂掠夺自然、攫取财富,肆无忌惮地摧毁人类赖以生存的自然环境,破坏了全球生态有机体系统的良性循环,生态环境不堪重负,人与自然之间的关系急剧恶化,出现了前所未有的尖锐矛盾,并引发全球性的生态危机。

1. 资源短缺

一是耕地资源不足,土地荒漠化日趋严重。统计数据表明,"地球上可耕地仅占陆地表面积的8%,由于土地沙漠化和非农业占地日趋增大,全世界每年有500万—700万公顷土地变为沙漠。"① 联合国粮农组织发布的《世界土壤资源状况》报告显示，世界上大多数土地资源状况仅为一般、较差或很差。全球目前33%的土地因侵蚀、盐碱化、板结、酸化和化学污染而出现中度到高度退化。② 综合来看，导致耕地退化的原因主要有人口的增长、城市化进程的推进以及气候变化的影响。城市建设、工业废料以及极端气候现象造成了土壤营养被破坏、流失、侵蚀，最终走向荒漠化。"据统计，世界上约有1/5的土地正在失去肥沃的表土，世界耕地表土过度流失总量达227亿吨。"③ 目前，全世界受荒漠化影响的国家有100多个，人口增加与土地资源减少之间的矛盾越来越尖锐，土地荒漠化对社会经济发展的影响日益明显且深远。

二是森林面积暴减。森林资源是地球上生物多样性的基础，为人类的生产和生活提供原材料。然而，世界人口规模的锐增对粮食、木材等自然资源的需求量日益增加，毁林造田、毁林盖房等活动加剧了对森林的采伐和开垦，导致全球森林资源受到破坏、面积锐减。"特别是进入20世纪以后，世界每年减少1800万—2000万公顷森林，1958年，森林占陆地面积的1/4，1978年，森林占陆地面积减为1/5。"④ 据统计，截至20世纪80年代，地球上的森林覆盖面积已由原来的77亿公顷减少到26亿公顷，并且还在以每年100多万公顷的速度不断减少。⑤

三是淡水资源短缺。水是维持人类乃至整个地球生命系统的最重要的自然资源之一。全球水资源分布极不平衡，其中有三分之一的土地少雨干旱，60%的淡水资源分布在巴西、俄罗斯等少数几个国家，全球约有80个国家和地区的15亿人口淡水不足，其中26个国家的约3亿人口极度缺水，预计到2025年，世界上将有35亿人

---

① 王木林：《生态伦理问题及其对策》，《理论探索》2008年第2期。
② http://www.xinhuanet.com/world/2015-12/05/c_1117365761.htm，2015年12月5日。
③ 周鸿：《绿色文化——文明的生态学透视》，安徽科学技术出版社1997年版，第168页。
④ 周鸿：《绿色文化——文明的生态学透视》，安徽科学技术出版社1997年版，第164页。
⑤ 《世纪末的生态危机》，《中国环境报》1999年6月5日。

面临缺水。① 总之，在淡水资源如此紧缺的情况下，水资源却被大量滥用、浪费和污染，工业、生活废水又以一定的比例和速度加剧污染本就稀少的淡水资源，以致淡水更加短缺。"世界上有22个国家的人均可再生水资源拥有量不到1000立方米。另外有18个国家的人均可再生水资源拥有量不到2000立方米，在雨水较少的年份就更显得缺水严重。"②

2. 能源吃紧

20世纪70年代，世界范围内爆发了两次石油危机，进而诱发了两次大的经济危机，凸显了能源的稀缺性、不均衡性和不可持续性。国际能源署在《2010世界能源展望》报告中预测，到2035年全球能源需求量将达到167.4亿吨石油当量。③"三百年来不足人类总数20%的发展人群，消费了地球用几亿年储存的化石能源，据有关资料统计，石油、天然气还可以用40年。"④能源告急日趋严重，能源危机近在眼前。据美国石油业协会估计，在2050年到来之前，世界经济的发展将越来越多地依赖煤炭。其后在2250年到2500年之间，煤炭也将消耗殆尽，矿物燃料供应枯竭。⑤

3. 环境污染严重

环境污染是指人类活动所引起的环境质量下降，而对人类及其他生物的正常生存和发展产生不良影响的现象。粗放型传统发展模式，大量消耗资源，大量排放废物，严重污染了生态环境。环境污染按照环境要素具体分为大气污染、水体污染、土壤污染等三类。

一是大气污染。人们心向往之的宜居环境是空气清新、蓝天白云和绿水青山。然而，随着欧美发达国家工业化的迅猛发展，其居民生产活动和日常生活向大气中持续排放的物质数量和种类越来

---

① http://www.china.com.cn/chinese/huanjing/294668.htm.
② 周鸿：《绿色文化——文明的生态学透视》，安徽科学技术出版社1997年版，第158页。
③ 张芳：《当前能源形势及解决能源问题的对策》，《科技传播》2013年第3期。
④ 马学禄：《绿色能源技术是应对全球经济危机支撑人类发展的核心动力》，2009节能减排和新能源论坛，北京，2009年3月。
⑤ https://zhidao.baidu.com/question/941881580608479812.html，2017年11月7日。

多，引起大气循环功能失调，物质浓度增加。废气中的烟尘、二氧化硫、氮氧化合物等以及各种废气对大气环境造成严重污染。1930年比利时的马斯河谷事件、1943年美国的洛杉矶光化学烟雾事件、1952年英国伦敦的烟雾事件、1961年日本四日市事件、1984年印度的博帕尔事件等因大气污染危害人体健康甚至致死的震惊世界的污染事件层出不穷。"据全球环境监测系统对全球约50个城市大气颗粒物抽样取得的数据推断，80年代中期，全世界有25万以上人口的城市总数约13亿人口生活在污染的空气中。"① 而且，大气中的CO、SO_x、NO_x、碳氢化合物以及含卤素化合物等气体状态污染物与粉尘、飘尘、悬浮物等气溶胶状态污染物经一系列复杂的化学反应和物理输送过程后，所产生的有害化合物随着雨、雪降落到地面，致使大片湖泊污染、生物死亡、植物枯萎、土壤贫瘠化。大气污染带来了严重后果，越来越多的城市大气质量不达标。工业生产、交通工具、家庭炉灶等大量使用煤、石油作为燃料，向大气中排放大量的二氧化碳，导致植被破坏，气温升高，全球变暖，"温室效应"越发严重，气候日益反常，自然灾害增加。臭氧层破坏会使大气层吸收紫外线辐射的能力大大降低，导致地表生物接受紫外辐射的概率大大增加，打乱地表生物的免疫系统，各种传染性疾病扩散，导致许多生物物种灭绝，引起生物多样性数量、品质以及遗传基因等方面的变化。有研究者对此曾有调查："据资料统计，1910年以来，全球平均温度上升了0.6℃，历史同期温度最高值多发生在20世纪80年代之后，全球变暖趋势日益明显。在此情况下，全球海平面将出现一定程度的上升，南北极地区冰川部分融化后的温度调节能力将明显下降，如不加以控制，将对人类造成灾难性的后果。"②

二是土壤污染。二战之后，西方发达国家为了追求物质财富而过度地发展大工业以及大规模开垦、采伐土地资源，导致水土严重流失，土地沙漠化日益严重。随着化工农药、洗涤剂、盐类、重金

---

① 周鸿：《绿色文化——文明的生态学透视》，安徽科学技术出版社1997年版，第171页。

② 程雨菲：《浅析温室气体与全球环境变化》，《资源节约与环保》2018年第8期。

属、放射性元素、病原菌、有害废水等污染物持续进入土壤，超过了土壤的自我净化能力，引起污染物不断在土壤中富集。当其含量达到一定数量时，便引起土壤结构和功能性变化失调，土壤质量恶化，并进而威胁粮食安全。20世纪五六十年代发生在日本的神东川骨痛病事件，正是由于三井矿业公司的废水污染了土壤，导致粮食镉污染，使得200多人患骨痛病，30多人死亡。1986年苏联切尔诺贝利核泄漏事件，致使苏联1万多平方公里的领土受污染，乌克兰1500平方公里的农田变为废地。第十二届土壤污染和修复国际会议上，原国际土壤修复专业委员会主席史蒂芬·麦克唐纳教授强调，全球的土壤污染在增加。有些污染物移动性很差，会停留在土壤中，并随时间不断积累，另外一种污染物移动性很强，会在全球迁移，因此，土壤污染应是一个全球性的问题。土壤污染因其隐蔽性和潜伏性，不易被人们觉察；但是一旦遭受污染，就极难恢复，其具有不可逆性和长期性。①

三是水体污染。作为全球生命系统的源泉，水是唯一不可替代的自然资源。然而，水体污染成为全球当前面临的主要环境问题之一，其中工业废水污染最为严重。1986年，欧洲因大量工业废水排入莱茵河，造成严重的水污染，直接造成居民患白血病、肿瘤的概率增加。第四届联合国《水资源评估报告》显示，全世界平均每天约有数百万吨垃圾倒进河流、湖泊和小溪，每升废水会污染8升淡水；所有流经亚洲城市的河流均被污染；美国40%的水资源流域被加工食品废料、金属、肥料和杀虫剂污染；欧洲55条河流中仅有5条水质勉强能用。②并且，水污染使得原本就不富裕的淡水资源越发紧缺，"据统计，世界每年约有4200多亿立方米污水排入江河湖海，污染了5.5万亿立方米的海水，约占全球径流量的14%以上"③。总之，水是人类的生命之源，水污染会对人类的生存和健康造成巨大的威胁。

---

① 杜晓帆、吴应珍：《透视地球的创伤》，《生态经济》2015年第6期。
② https://www.gwp.org/zh-CN/CHN/31/42/，2018年3月30日。
③ 周鸿：《绿色文化——文明的生态学透视》，安徽科学技术出版社1997年版，第160页。

4. 生物多样性减少

生物多样性是指地球上形式各样、相互作用的生命的多样性，是生命演化的必要条件，是人类赖以生存的生态条件，是社会可持续发展的基础。人类活动的失衡是生物多样性减少的主要原因，乱砍滥伐、掠夺式开发、生活垃圾以及生产废物的大量排放破坏生物栖息地；非法交易、狂捕滥杀野生动物等致使生物环境失去平衡；滥用农药对生态环境肆意地污染破坏，使得动物灭绝的速度已超过自然灭绝速度的1000倍。"在美国，合成杀虫剂的生产从1940年的一亿二千四百二十五万九千磅猛增至1960年的六亿三千七百六十六万六千磅，比原来增加了五倍多。"① 调查显示，全球生物多样性总体情况令人担忧，"由于生态环境破坏、化学污染和入侵物种造成的生物多样性丧失率已经很高，而且在未来30年内还将因为气候变化和人口增长而继续加速。到2050年，非洲预计将失去50%的鸟类和哺乳动物，亚洲渔业将彻底崩溃。植物和海洋生物的丧失会降低地球吸收碳的能力，造成恶性循环"②。"据世界野生动物基金会报道，全世界每年有1100万—1500万公顷热带森林遭到破坏，全世界已经失去了40%的热带雨林，由于热带雨林的破坏，世界上热带雨林中3/4的树木种类将濒于灭绝。"③ 正如当代西方生态正义理论代表人物蕾切尔·卡逊所描述的那样，"由于化学杀虫剂不加区别地向大地喷洒，致使鸟类、哺乳动物、鱼类，事实上使各种类型的野生物直接受害"④。更令人担忧的是，一旦进入这种恶性循环就很难通过外力干预来改善，生态系统日益失衡，灭亡的物种不可再生，那么人类自己今后的命运也会与之相同。

（二）人的危机显现

当代西方唯发展主义观念和生产、生活方式引发的生态危机，

---

① ［美］雷切尔·卡逊：《寂静的春天》，吕瑞兰、李长生译，上海译文出版社2007年版，第18页。

② 博衍：《生物多样性丧失：危及人类存亡的无形杀手》，《世界科学》2019年第1期。

③ 周鸿：《绿色文化——文明的生态学透视》，安徽科学技术出版社1997年版，第164页。

④ ［美］雷切尔·卡逊：《寂静的春天》，吕瑞兰、李长生译，上海译文出版社2007年版，第52页。

已经成为全球性的危机，直接影响和威胁人类的生存与发展。自然的任何发展变化和生物适应性都是一种无意识的过程，自然是无意识的，其兴旺与毁灭、存在与发展对其本身而言并无本质区别。因此，真正的危机不仅在于自然生态的失稳和毁灭，更在于人类存在及其意义的削弱、否定和丧失。从这种意义上讲，生态危机不仅意味着生态的退化，而且意味着人类自身的退化。生态危机作为人类危机表明，"那些曾经标志人类主体性的东西现在已经越来越走向人类主体性的反面，人与自然之间原有的主体和客体关系，已经到了必须重新建立和规定的时候了。因此，生态危机在本质上是人类的危机，是文明的危机"①。人是自然和文化的统一体，经济增长等同于发展的传统发展观只关注物质条件的改善，牺牲掉了人自身的健康和精神层面的需求，人异化为经济发展系统中的一个部件，致使人的生存状况恶化、社会人文价值的失落成为普遍性的社会问题，当代西方社会"豁出去生存求发展"、欲望掩盖了真实的合理性需求，这将导致人的存在失去了基本保障、丰富性和价值意义，身心发展均存在严重的危机。唯发展主义在给人带来丰富物质的同时，也把人抛入了生命与精神的荒原。

一方面，环境污染的危害不仅会影响到生活的质量，还会危害到人的身体健康和生存环境。人的健康的保障、生活的改善需要一个洁净、安宁、卫生的生活环境，但随着西方工业化的加速以及现代化生活节奏的加快，生产废弃物和生活垃圾排放量的急速增大，远远超出了环境净化系统对有害有毒物质的降解能力，这种超负荷排放的废物，加剧了土壤、空气和水质污染，人们生存和生活的基础条件被破坏，健康免疫系统受损，各种传染性疾病和癌症发病率越来越高。20世纪，西方国家爆发的"世界八大公害事件"对民众生活造成巨大影响。"其中，洛杉矶光化学烟雾事件，先后导致近千人死亡、75%以上市民患上红眼病。伦敦烟雾事件，1952年12月首次爆发的短短几天内，致死人数高达4000，随后2个月内又有近8000人死于呼吸系统疾病，此后1956年、1957年、1962年又

---

① 巨乃岐：《试论生态危机的实质和根源》，《科学技术与辩证法》1997年第6期。

连续发生多达12次严重的烟雾事件。日本水俣病事件,因工厂把含有甲基汞的废水直接排放到水俣湾中,人食用受污染的鱼和贝类后患上极为痛苦的汞中毒病,患者近千人,受威胁者多达2万人。"① 城市的空气污染造成人们的呼吸系统、心血管系统、免疫系统、神经系统、癌症等疾患的发病率攀升等;土壤污染造成了粮食生产产量和品质的下降,带给人类饥饿和病痛等;水污染致使生命之源的质量恶化,造成血液疾病、器官病变甚至影响人类的生育繁衍能力等;臭氧层的破坏使人体的免疫系统发生功能性病变,致使皮肤病和眼疾的发病率提升等。"在农药盛行的现代时期中,白血病的发病率一直在稳步上升。其死亡率由1950年的11.1/10万增长到1960年的14.1/10万。这种情况不仅在美国,其他所有国家已登记的各种年龄的白血病死亡人数每年都在以4%—5%的比例在增长。"② 研究表明,环境污染成了人类多种疾病的重要诱因之一,人类25%的疾病是与环境污染相关的,全球每年死亡人数的三分之一,与环境恶化有关。

另一方面,唯发展主义的发展理念所带来的自然景观的破坏影响了人类的审美情趣,减少了人的舒适感和快乐,减损了人文精神的滋养。当代西方社会资本逻辑主导下的唯发展主义只关注物质的增长和丰富,忽视了人的生命样态发展和多样性需求,造成了人的片面化和单向度的异化状况。美感的获得前提是美的客观存在物,自然景观作为人类获得美感的第一性的存在,它的状态直接决定着人类美感的状态。那些因过度开垦而裸露的土地,因乱采滥挖而满目疮痍的矿山,因超载泄漏漂浮在江河上的油污,因过度包装堆积在大地上的垃圾,已经野蛮地践踏了自然的美,严重破坏了自己的生存环境和审美对象,人的美好情感和道德观也受到了破坏。人文价值缺席,物质欲望膨胀。在以追求物质丰裕为终极目标的工具理性的迅猛扩张和冲击之下,人们的审美情趣和其他精神需求日渐显得模糊而遥远。在唯发展是尊的高速运转状态下生活的现代人,时

---

① 《习近平谈治国理政》第2卷,外文出版社2017年版,第208页。
② [美]雷切尔·卡逊:《寂静的春天》,吕瑞兰、李长生译,上海译文出版社2007年版,第120页。

常感到压抑和窒息,需要从大自然中获得美的慰藉和治愈,但当这一途径被堵塞时,人的精神就会出现损伤,舒适感和快乐被剥夺,抑郁症、自杀就会占领阵地成为另一个精神压抑缓解的出口。

再者,唯发展主义搭上资本增殖欲望的快车,从生产到消费整个经济运行系统的各个环节无不加剧着人的异化程度。人们为商品拜物教所支配,贪婪地汲取各种自然资源,成为物的奴隶而日趋丧失主体性。人们把对外在物质享乐的追求当作生活的全部内容和人生的终极目标,正如西方生态学马克思主义理论先驱马尔库塞总结的那样:"人们用钱买来的物品设施控制了人的需求,并造成了人的功能的僵化","人们似乎是为商品而生活,小轿车、高清晰度的传真装置、错落式家庭住宅,以及厨房设备成了人们生活的灵魂"①。在疯狂的物质贪欲中"人成了物""变成被用于高级目的的材料",人本身的存在"仅仅是一种材料、物质的存在,它自身没有自己支配自己运动的规则"②,它破坏了人的物质需求与精神需求的平衡,导致了人的肉体的畸形和精神的奴役,形成了人服务于物、受制于物的异化状态。资本逻辑催生经济高速发展,带来了物质财富的空前丰盈,唯利是图成为唯一遵循的运行规则。对物的无限追求与崇拜,促使人把一切物质的、精神的因素都纳入价值增殖的循环系统,成为追求超额利润的重要推动力。由此,人只不过是以赚钱为目的的扩大再生产链条上的一种人力物质,是生产产品的消费者。人越来越只被当作劳动力来使用,从而逐渐形成把人蜕变为本能欲望支配的动物。人之所以为人的本质存在在于,其可以控制本能情感的理性和摆脱动物性的人文精神,这一点却被资本逻辑激发出来的物欲完全遮蔽和吞噬。在对物欲的满足而不断努力的征程上,人沦为工具和奴隶。人与物、手段和目的的关系完全被颠倒,为了满足人的需要被生产出来的物,反过来把人变为奴隶,自己则成为主人。正如福柯所揭露的那样:"如果不把肉体有控制地纳

---

① [美]马尔库塞:《单向度的人》,刘继译,上海译文出版社1989年版,第10页。
② 汪天骥主编:《法兰克福学派:批判的理论》,上海人民出版社1981年版,第116页。

入生产机器之中,如果不对经济过程中的人口现象进行调整,那么资本主义的发展就得不到保证。但是资本主义的发展要求得更多。它要求增大对肉体的规训和人口的调节,让他们变得更加有用和驯服。"① 西方资本主义生产方式所形成的权力控制系统殖民化人的生活世界,使人全方位地服从于资本的主宰。人们自己建造起了金碧辉煌的物质大厦,人却无法以主人的身份入住。人在造物的过程中丧失了自身和自心,异化得面目全非。作为人的内在本质的需要蜕变成单纯的物欲。哈贝马斯同样指出:"作为现代文明系统的市场经济体制和官僚政治体制,借助于金钱和权力这两个媒介侵蚀原本属于非市场和非商品化的私人领域和公共领域,从而用金钱和权力控制了人们之间的交往关系。"② 生命目的和意义的物化和异化直接导致人的存在意义和精神价值的贬值。

二 西方环境保护运动的出现和蓬勃发展

从18世纪中叶西方发达国家陆续进入现代化以来,社会发展经历了蒸汽时代、电气时代、信息时代三个不断推进的工业化过程,也是对自然不断征服和改造的过程。然而,以唯利是图为本质和目的的资本化扩大再生产给人类带来物质富庶的同时,也对自然资源进行无节制的掠夺和索取,造成自然环境和生态系统的严重破坏,并把人类自身置于危险的生存困境中。生态危机先后从现代化较早的英、美、法等国逐渐蔓延到全球,直接威胁到经济发展和人类的生存,迫使人们对社会的生产方式、生活方式和发展观念进行反思,引发了社会的广泛关注和强烈反响,并催生了西方生态环境保护运动,这也成为当代西方生态正义理论产生和发展的直接推动力和社会土壤。

自20世纪50年代开始,在西方发达国家,人们以游行、示威、抗议的方式不断走上街头,揭露生态环境污染的危害,促使国会、

---

① [法]福柯:《性经验史》,刘余碧平译,上海人民出版社2005年版,第91页。
② J. Habermas, *The Theory of Communicative Action*, trans. McCarthy, Boston: Beason Press, 1984 (Vol. I) and (Vol. II); and *The Philosophical Discourse of Modernity*: trans. Lawernce, Cambridge: Polity Press, 1987.

政府、企业重视环境问题并采取积极有效的治理措施。美国民众率先爆发了一次规模空前的群众性环境保护运动。这场西方绿色环保运动以 1962 年美国生物学家、当代西方生态正义理论代表人物蕾切尔·卡逊的著作《寂静的春天》的出版为标志拉开了序幕，并夹杂着民权运动、反核反战运动、新左派运动、反主流文化运动以及女权运动等社会思潮的涌现，形成了形式多样和合力推动的态势。1968 年 4 月，意大利、美国、日本等十多个国家的学者参与了第一次以人类生态危机为议题的国际会议，并成立了以研究全球问题和人类困境问题为重心的学术团体——"罗马俱乐部"。同年还出版了警示人口过度增长灾难的《人口爆炸》。美国于 1967 年成立了环保协会，于 1970 年建立了自然资源保护委员会。1970 年 4 月 22 日，由学生、科学家、政治家、学者、普通市民、失业者等来自美国社会各阶层的人士大约 2000 万人走上街头，举行声势浩大的游行示威和抗议活动，这一天便成为全世界的"地球日"。随后美国相继颁布了《大气污染控制援助法》《空气污染防治法》《联邦水质法》《安全饮用水法案》《环境杀虫剂控制法》和《国家环境政策法》，并接续成立了环境保护局、环保基金会、自然资源保护委员会、"地球之友"等环保组织和环保执法部门，各州也颁布了环保法，加大了环保立法和执法的力度，并在大中小学和社区开展生态教育。生态环境保护成为美国政府工作的重心之一，环保举措和政策也相继出台，环保意识也越来越深入国家机构、法律和民众的日常生活与价值观念之中。环保运动的动员水平和组织水准在这一时期进入了一个高潮，正如尼克松在联邦咨文中所说："20 世纪 70 年代是美国替以前还债的 10 年，也将会是环保的十年，我们需要恢复清洁的水和空气，改善生活环境，这已到了刻不容缓的地步。"[①]随后美国出台《国家环境政策法》。1871 年，以"保护地球、环境以及各种生物的安全及持续性发展，并以行动做出积极改变"为使命的非政府组织——西方绿色和平组织在加拿大成立，并在全球 40 多个国家设立办事处。1972 年 6 月 5 日，第一次联合国人类环境会

---

① Quoted in Congressional Quarterly, 1970, p. 2728.

议在瑞典召开，来自117个国家的1300多名代表参加并通过了《人类环境宣言》，向世界发出了"人类只有一个地球，人们必须共同关心和爱护它"的号召。同年，联合国又发表了向全人类敲响生态危机警钟的研究报告——《增长的极限》，引发了持续至今的人类命运与前途的国际大论战，将全球环境保护运动推向了新高潮。

20世纪70—80年代，欧美国家围绕全球变暖和气候变化问题开展了"公众辩论"，使得环保观念和意识深入人心，群众基础愈加广泛，再加上注重男女平等、扩大基层民主、倾听民意，环保组织成为公民政治社团组织中吸引力和号召力比较强的特殊组织，一时间加入环保组织、参与环保运动成为新风尚，基层环保运动逐渐发展成群众性的生态政治运动。其中，发生在美国的爱河事件和Time Beach事件引发了两场反毒物运动，标志着"草根环保运动"的兴起，促使美国政府在1976年颁布了《有毒物质控制法》《资源保护和回收法》。1972年第一个绿党在新西兰成立，随后，德、意、比、奥、英、法等欧美各国相继建立绿党组织，并在政党选举中取得了一定的席位和政治权力。具有政治游说和施压性质的诸如"自然之友""地球卫士"等环保组织蓬勃兴起，以绿色政治理论为指导的环保运动的政治性逐渐增强，生态问题进入政治领域。这些环保组织通过游行示威、街头抗议、集会演说等多种途径，力争使环保问题进入政府的立法和决策的视野，使环保理念转变为政治实践。1982年10月28日，联合国大会第37届会议通过了《世界大自然宪章》，以"统一和规范人类对待大自然的行为"为目的，比较全面系统地制定了世界各国在利用、保护和尊重大自然方面应该遵守的原则。这一时期环保运动已从欧美国家和地区逐渐波及发展中国家和地区，形成全球性的环保运动浪潮。值得注意的是，由现代环保思想与社会正义运动相结合的环境正义运动在美国兴起，民权思想融入环保运动成为这一时期的主要特征，不仅关注自然环境而且关注"建成环境"，关怀低收入人群、少数族裔的生存、生活工作环境和经济正义，强调整体人类社会的道德责任感和长远利益，构建人与自然、人与人、民族之间的平等关系。环境正义运动蓬勃发展，如1979年，发生了首个利用民权法案挑战有害废弃物设施选址的案件即"比恩诉西南废弃物管理公司案"、1982年在北卡罗来纳州因垃圾填埋爆发了一场大规模的民众抗议即著名的标志环境正义拉开序幕的"沃伦事件",1989年路易斯安那州当地居民联合环保组织成功阻止建立铀浓缩设施等,这些反对阶级、地区、种族差别对待的环境正义运动卓有成效地促使联邦政府通过了《清洁空气法》《美国工业污染控制法》《水污染控制法》《濒危物种法》等一系列环保法,以及保护过多承担环境恶果的社区的环境和人类健康、加强社区改善自身环境健康,建立健康、可持续社区等一系列环境正义行动。1987年第八次世界环境与发展委员会以"可持续发展"为议题,通过了以代际发展为考量视域的报告——《我们共同的未来》。

臭氧空洞的发现引发了20世纪90年代新一轮的环保运动高潮,而且更加注重保护弱势群体的利益。1991年,美国首届有色人种环境领导人峰会在首都华盛顿召开,成为环境正义运动史上的标志性事件。其中发表的环境正义17条原则在欧美各地产生了广泛影响,大大拓宽了环保运动关注的范围和人们平等参与环保政策制定的权利,标志着环境正义运动从此摆脱局部、单一的面貌发展为多角度、多种族和多地区的新型社会运动。1991年时任美国总统布什发起了建设"美丽美国"的倡议,并增加了政府在环境保护方面的资金支持。克林顿执政后明确强调"没有一个健康的环境就没有一个健康的经济",相继签署了《安全饮用水法》《水清洁法》《超级基金循环和平等法案》《关于针对少数族裔和低收入者环境公平的联邦政府行动法令》等一系列环保法案。1992年美国环保局建立了环境公平办公室,简化了环保部门办公的程序和步骤,并发布了世界范围内最早的研究环境风险和社会公平的综合政府报告——《环境公平:降低所有社区风险》。随后,出台《里约环境与发展宣言》和《21世纪议程》等重要文件,世界多国共同签署了《生物多样性公约》,表明生态环境保护成为建立国际新秩序的重要因素。

三 资本逻辑与唯发展主义共谋所带来的社会异化

纵观人类社会的发展历史,生产力发展历来是推动社会发展的基础和主导力量，也是解决社会发展过程中诸多问题的关键。然而，随着西方资本主义时代的到来，以唯利是图为本性的资本逻辑成为贯穿以现代性为内核的时代发展的一条红线，社会发展呈现出异化的状态。在资本追求最大利润的逻辑裹挟下，获取高额利润成了资本主义生产的唯一动力和目的，经济发展从手段变换为目的，经济发展至上，资本内在效用原则、增殖原则和不断扩张的贪婪原则共同作用并"渗透到人与自己的劳动、消费品、国家和同胞以及自身的关系之中"①，使得异化成为整个社会关系扭曲性展开的常态。由此，英国学者西蒙·克拉克推断道："资本主义即使不被其社会和经济矛盾所拖垮，也会被环境的毁灭所拖垮，甚至人类本身也可能随之毁灭。"②

这种从20世纪50年代开始兴盛影响至今的传统社会发展观，以英国古典经济学家的经济增长论为代表，其特点是以物为本、以财富为中心，"人被生产手段渐进奴役"，"资本主义的进步法则寓于这样一个公式：技术进步＝社会财富的增长（即国民生产总值的增长）＝奴役的扩展"③，发展的目的是增加物质财富，坚信经济增长可以解决现代化进程中的一切问题，"在现实生活中表现为对国民生产总值和高速增长目标的强烈追求，甚至上升为发展的惟一目标和动力"④，并认为经济发展是一个国家或地区发展过程中的关键因素和中心内容；经济增长是一个国家或地区发展的"晴雨表"和"第一"标志；国内生产总值GDP的增长是衡量一个国家或地区经济发展的重要指标。生产力的突飞猛进，物质财富的日益丰盛，科学技术的迅猛发展，逐渐激发了人的主观能动性并主要体现在对自然从广度到深度上不断增长的控制欲和占有欲。人们为商品拜物教所支配，贪婪地汲取各种自然资源，成为物质的附庸而日趋畸形化。人的存在状态表现为畸形的片面性的存在，市场化的功利性原

---

① ［美］弗洛姆：《健全的社会》，欧阳谦译，中国文联出版公司1988年版，第124页。
② ［英］西蒙·克拉克：《经济危机理论：马克思的视角》，杨健生译，北京师范大学出版社2011年版，第77页。
③ Herbert Marcuse, *Counterrevolution and Revolt*, Beacon Press, 1972, p.4.
④ 刘啸霆：《现代科学技术概论》，高等教育出版社1999年版，第301页。

则侵蚀人的价值和意义世界，人的超越性和崇高性面相逐渐丧失。西方现代性所倡导的发展模式实质上本末倒置了发展的目标和手段之间的关系，与财富相关的一切视为发展的基本尺度。这一发展模式忽略了发展的前景、过程、目的与发展主体的价值选择、判断和追求密切相关，意识不到发展的主体因素及其真正的价值基础。对此，马克思曾批判指出："宿命的经济学家，在理论上对他们所谓的资产阶级生产的有害方面采取漠不关心的态度，正如资产者本身在实践中对他们赖以取得财富的无产阶级的疾苦漠不关心一样。"① 在"经济增长为第一要义"的发展观念下，把综合型的社会发展归结为单一的、片面的经济发展，把财富作为衡量发展程度的尺度，把功利作为发展的价值标准，崇尚拜物式的生产方式和生活方式，以物质财富增长、物质条件改善为中心，追求高投入、高积累、高消费，只注重经济增长而无视为之付出的资源环境成本，只注重当前利益而无视长远利益，从本质上把人与自然的关系推向了对立，必然引起人类对自然资源无限制地索取和掠夺以及对他人和后代生存利益的损害。资本逻辑主导下的粗放型现代化发展催生出一种生产主义，即"这个词指的是对经济增长的笃信，生产主义把付酬工作作为社会生活的核心特征"②，不考虑发展的有条件性和自然界的"生态阈限"，生产成为社会的至上目的，人和自然成为其工具和手段，将财富的增长视为社会发展的唯一尺度，"引起了极其严重的后果，一种未曾预见和预防的后果。其中对地球生物圈的破坏也许是无可挽救的。由于工业现实观基于征服自然的原则，由于它的人口的增长，它的残忍无情的技术，和它为了发展而持续不断的需求，彻底地破坏了周围环境，超过了早先任何年代的浩劫"③。经济发展狂欢的背后却是生态危机警钟的敲响，气候异常、灾害频繁、物种灭绝、资源枯竭等，人与自然的对立冲突不断升级。马尔库塞曾推论："随着资本主义的合理性的发展，非理性成了理性：理性表现为生产力的疯狂发展，表现为对自然的征服和大宗商品的扩大

---

① 《马克思恩格斯选集》第1卷，人民出版社1995年版，第153页。
② [英]安东尼·吉登斯：《失控的世界》，江西人民出版社2001年版，第117页。
③ 《马克思恩格斯全集》第46卷（上），人民出版社1979年版，第393页。

（及它们对人口中广大阶层的可接近性）。说它是非理性，乃是因为生活质量的提高、对自然的支配和社会的福利来说快成了破坏性的力量。"①

由此可见，在西方传统社会发展观支配下，人对物质的无限需求与生态系统的有限承载力之间产生了不可调和的矛盾。唯发展主义认为只要经济增长了，其他方面包括生态、政治、法律、道德、教育、文化等社会有机体发展问题，都可以自然而然地得到解决。因而，其片面强调经济中心作用，轻社会均衡发展；重经济总体规模扩大，轻结构质量优化发展；重物质财富的攫取，轻生态环境保护和人文素养的提高等偏向。传统发展观所秉持的经济发展论并没有带来社会的全面进步，反而走了一条先污染后治理的现代化道路，导致社会有机体结构发展不平衡，人们摆脱了宗教的束缚，却又沦入资本逻辑的枷锁之中，人与自然、人与人的关系日趋紧张。因而，当一切关系都变成金钱关系，当一切客体都变成赚钱的工具，当财产、财富成为世界的统治者，当一切"无限度地改善人的物质生活条件的欲望被看成是人的内在本性"，当"非人的力量统治一切"时，自然和人都被异化，发展也走向了歧途。唯经济论的畸形发展观导致环境、资源、生态问题日渐显现，引发大量新的社会矛盾，使一切人与自然的性质颠倒和混淆。弗洛姆总结道："资本主义的经济活动一切都是为了赚钱，为了获得物质利益，即以自身为目的。……个人就像大机器中的齿轮一样，其重要性决定于他的资本的多寡。"② 这是"一个风格丧失的时代，也是走向物的功能化时代，符号流行并主导了现代日常世界，日常性规定了我们的日常方式，我们已沦为符号世界的客体，而我们已经被资产阶级意识形态所俘虏并无法自觉。于是，日常生活成了资本主义统治与竞争的主战场，而不再是被遗忘的角落。现代社会成了一个'消费被控制的社会'"③。正如恩格斯曾经告诫人类那样："不要过分陶醉于我

---

① ［美］马尔库塞：《现代文明与人的困境》，上海三联书店1989年版，第83页。
② ［德］弗洛姆：《逃避自由》，陈学明译，工人出版社1987年版，第149页。
③ 刘怀玉：《现代性的神奇与平庸——列斐伏尔日常生活批判哲学的文本学解读》，中央编译出版社2006年版，第43页。

们对自然界的胜利。对于每一次这样的胜利，自然界都对我们进行了报复。每一次胜利，起初确实取得了我们预期的结果，但是往后却发生了完全不同、出乎意料的影响，常常把最初的结果又消除了。"[1]

理论来源于实践。"问题就是公开的、无畏的、左右一切个人的时代声音。问题就是时代的口号，是它表现自己精神状态的最实际的呼声。"[2] 当代西方社会发展所面临的生态困境、愈演愈烈的环保运动，无疑为思想与理论的创生提供了重要的社会土壤和现实依据，也迫切需要理论界做出回应，在此背景下，现代西方生态正义理论应运而生。

第二节 思想背景：当代西方生态正义理论的思想渊源

除了社会现实背景之外，当代西方生态正义理论也依托丰厚的思想资源与理论背景，其中罗尔斯的正义论，西方生态中心论，马克思、恩格斯关于人与自然关系的思想，对其影响最大，为主要代表。它们从不同角度和逻辑对生态环境、正义问题进行理性反思和价值分析，成为当代西方生态正义理论孕育和发展的丰厚思想土壤和学理基础。

一 罗尔斯的正义论

美国学者约翰·罗尔斯，是当代西方政治哲学领域的思想巨擘，西方社会正义理论的集大成者。他立足于社会契约论，提出"作为公平的正义""正义是社会制度的首要价值"等重要论断，为深入思考生态正义提供了重要的前提，其正义实践路径亦为生态正义的可行性提供了基本的分析框架。

罗尔斯的正义论，把正义与平等、自由等现代价值观念关联起来并放到了经济分配领域，推动了西方正义理论由功效主义的差异

---

[1] 《马克思恩格斯选集》第3卷，人民出版社1995年版，第383页。
[2] 《马克思恩格斯全集》第40卷，人民出版社1982年版，第289—290页。

性正义观向平等正义观、从关心社会利益的整体总量到关心社会利益的具体分配的转变，开启了政治哲学思考正义问题的新阶段。罗尔斯认为："作为公平的正义是一种政治的正义观念，而非一般的正义观念。""作为人类活动的首要价值，真理和正义是决不妥协的。"① 因此，权利、义务及其牵涉的利益分配问题即社会的基本结构问题是其首要关注的主题，而贯穿其中的首要价值原则是正义价值的优先性。"社会的主要政治制度和社会制度融合成为一种社会合作体系的方式，以及它们分派基本权利和义务，调节划分利益的方式"②，这种社会基本价值分配的制度，以正义在先的原则来合理分配有限的社会资源、权利和义务，最大限度地满足每个社会成员的利益，保障社会基本善的实现，当每个人的利益与全社会的利益相取舍时，基于正义优先原则都具有神圣不可侵犯性。这一思想摒弃掉功利主义为了整体利益牺牲掉局部和个人利益的观点，以及为了效率、利益牺牲正义的所有法律和制度，更加关注权利和义务分配是否合乎正义性原则，即"一个社会体系的正义，本质上依赖于如何分配基本的权利义务，依赖于在社会的不同阶层中存在着的经济机会和社会条件"③。

基于这样的目的性，罗尔斯提出了确保正义实现的两个原则。他认为，两个正义原则的"最新表述现在应该是这样的：（1）每一个人对于一种平等的基本自由之完全适当体制都拥有相同的不可剥夺的权利，而这种体制与适于所有人的同样自由体制是相容的；（2）社会和经济的不平等应该满足两个条件：第一，它们所从属的公职和职位应该在公平机会平等条件下对所有人开放；第二，它们有利于社会之最不利成员的最大利益（差别原则）。"④

---

① ［美］约翰·罗尔斯：《作为公平的正义》，姚大志译，中国社会科学出版社2011年版，第19页。
② ［美］约翰·罗尔斯：《作为公平的正义》，姚大志译，中国社会科学出版社2011年版，第17页。
③ ［美］约翰·罗尔斯：《正义论》，何怀宏、何包钢、廖申白译，中国社会科学出版社1998年版，第7页。
④ ［美］罗尔斯：《作为公平的正义——正义新论》，姚大志译，上海三联书店2002年版，第70页。

分析西方生态正义理论与罗尔斯正义论的关系，可以看出，前者诸多方面均继承、遵循了后者：前者尊重生态环境资源、利益的公平分配，与后者平等原则相一致；前者蕴含的生态环境代际正义思想，是以后者的"无知之幕"原初状态为逻辑起点，从而认为所有年代的人都应拥有平等的权利；前者提出的生态环境种际正义观点，实际上是对后者平等即为正义理论的拓展；前者关于尊重机会平等的原则、保障社会弱势群体拥有平等享有基本生态环境资源的权益等，亦符合后者关于机会公平平等原则与差别原则相结合的思想。罗尔斯的正义论无疑成为当代西方生态正义理论的重要思想基础和理论来源。

二　生态中心论

生态中心论，以霍尔姆斯·罗尔斯顿提出的自然价值论、奥尔多·利奥波德提出的大地伦理学和阿伦·奈斯创立的深层生态学为主要代表，也是当代西方生态正义理论的重要思想基础。

生态中心论对人类无限制的掠夺行为所造成的原生自然的消失抱有深重的危机感，不同意仅仅把自然归约为经济和实用价值，而应该从生命共同体的角度审视人与自然的关系，突破人类中心主义，重视自然的精神慰藉和美学价值，主张尊重并热爱自然，引导人们积极改变思维方式、价值概念、生产和生活方式乃至社会制度，达至与自然和谐相处的生活和生产模式，形成人与自然相依相生、血脉相通、共为一体，强调自然的整体性、系统性和有机性。罗尔斯顿等人从哲学的视角撰写大量论文，猛烈抨击人类对自然的征服和掠夺行为，呼吁重建人与自然的关系，从根本上改变人类主宰和蔑视自然的观念，树立起"生态意识"、"生态良心"、生态伦理价值观和生态道德责任感，建构顺应自然、保护自然、敬重自然、热爱自然的价值观念。上述认识无疑具有鲜明的生态正义价值取向。

罗尔斯顿强调，自然具有内在价值，"自然系统的创造性是价值之母，只有在它们是自然创造性的实现的意义上，才是有价值的……凡存在自发创造的地方，就存在着价值"①。"荒野是一个伟大的生命之源，我们都是由它产生出来的"②，"规律是有价值的，但荒野的野性也是有价值的"③。荒野蕴含着人类原始的体验、鸿蒙的感受以及最初的秩序、审美和价值，只有在荒野里人才能重新找回谦卑、理智、信仰和人性的光辉。人是天地之心，荒野是我们心灵的故乡。"人们需要做的，是对包含自身在内的大自然表示接纳，是融入自然并进行彻底的精神洗礼。"④ 自然价值论呼吁重估自然的内在价值，珍视荒野整体生命系统中的多种生命形式及其价值。随着文明的发展人类走进城市，远离了荒野，征服自然过程的节节胜利使人类的思想遗忘了自然，对大自然的过度掠夺导致地球生态系统的衰败和人类精神价值系统的沦落，然而健全的社会需要在文明与荒野之间达成一种平衡，荒野是一切自由生命形式的根源和人类的精神家园，文明不能离开荒野，文明需要荒野来弥补缺失，并予以警示。

大地伦理学的创立者利奥波德认为，生命关怀的范围必须扩展边界，应将生命体赖以生存的无生命的环境因素等也考虑进来，形成"大地共同体"。大地共同体由动物、植物、土壤、水和人共同组成，人只是大地共同体的成员之一。人类要承担起保护大地的责任和义务。"当一个事物有助于保护生物共同体的和谐、稳定和美丽的时候，它就是正确的，当它走向反面时，就是错误的，这是大地伦理的基本道德原则。"⑤ 大地伦理学将自然环境视为价值的中心，而不是将其只看作供人使用的资源。因此，人类必须把社会良

---

① ［美］罗尔斯顿：《环境伦理学》，杨通进译，中国社会科学出版社2000年版，第270页。
② ［美］霍尔姆斯·罗尔斯顿：《哲学走向荒野》，刘耳等译，吉林人民出版社2000年版，第214页。
③ ［美］霍尔姆斯·罗尔斯顿：《哲学走向荒野》，刘耳等译，吉林人民出版社2000年版，第28页。
④ Wallace Stegner, Wilderness Le Rer' in Lorraine Anderson, ScoR Slovic & John P. O'Grady eds., *Literature and the Environment: a Reader on Nature and Culture*, Addison: Wesley Educational Publisher Inc., 1999, p. 445.
⑤ ［美］利奥波德：《沙乡的沉思》，侯文蕙译，经济科学出版社1992年版，第149页。

知从人扩大到生态系统和大地,必须转变角色,从大地共同体的征服者,转变为一位平等的、善良的公民。

挪威哲学家奈斯提出了深层生态学,建构了"生态智慧"理论。"生态智慧"理论以"自我实现"和"生态中心平等主义"作为其最高准则。"人类自我意识的觉醒经历了从本能自我到社会自我,再到形而上'大自我'即'生态的自我'的过程。这种'大自我'或'生态的自我'才是人类真正的自我。'生态中心平等主义'准则则包括生物层次和生态系统层次。"[①] 奈斯认为:"当前的大多数环保运动都处于'浅生态'层面,它们背后的哲学立场是人类中心主义的,仅仅是为了人类的利益才去保护自然和环境。而深层生态学坚持生态中心主义立场,倡导从根本上改变文化及个人的意识形态结构,确立新的价值观念、消费模式、生活方式与社会制度,以保证人与自然的和谐相处。"[②]

三 马克思、恩格斯关于人与自然关系的思想

马克思、恩格斯并没有提出生态正义或者生态文明等概念,但对于人与自然之间的关系,无论是马克思早年的博士论文《德谟克利特的自然哲学和伊壁鸠鲁的自然哲学的差别》,还是《神圣家族》《1844年经济学哲学手稿》《德意志意识形态》《资本论》,以及晚年的《人类学笔记》《历史学笔记》《哥达纲领批判》,都给予了深入研究和重要论述。这一思想对当代西方生态正义理论产生了重要的影响。

马克思、恩格斯关于人与自然关系的思想包括如下内容:第一,人是自然界的一部分。从人类历史的起源及其发展来看,自然界的存在具有优先地位,是人类社会一切实践活动的前提。马克思指出:"人靠自然界生活。这就是说,自然界是人为了不致死亡而必须与之处于持续不断的交互作用过程的、人的身体。所谓人的肉体

[①] 王正平:《环境哲学——环境伦理的跨学科研究》,上海人民出版社2004年版,第248页。

[②] 刘海霞:《环境正义视阈下的环境弱势群体研究》,中国社会科学出版社2015年版,第47页。

生活和精神生活同自然界相联系，不外是说自然界同自身相联系，因为人是自然界的一部分。"① "全部人类历史的第一个前提无疑是有生命的个人的存在。因此，第一个需要确认的事实就是这些个人的肉体组织以及由此产生的个人对其他自然的关系。"② 在这些论断中，马克思、恩格斯认为人与自然界是密不可分的关系，在人类产生之前自然界就已经存在了，人类只是自然界的一部分，如果离开自然界，人类将无法生存。所以，人类要尊重自然、顺应自然、保护自然，更要学会与自然和谐相处。否则，就会遭到自然界无声的反抗。马克思、恩格斯总结了历史上美索不达米亚、希腊、小亚细亚等地毁坏森林带来的洪水泛滥、水土流失等深刻教训，告诫人们"不要过分陶醉于我们人类对自然界的胜利。对于每一次这样的胜利，自然界都对我们进行报复。每一次胜利，起初确实取得了我们预期的结果，但是往后和再往后却发生完全不同的、出乎预料的影响，常常把最初的结果又消除了"。③

第二，人类社会实践是人与自然辩证统一的中介与基础。马克思指出："环境的改变和人的活动或自我改变的一致，只能被看作是并合理地理解为革命的实践。"④ 人类通过社会生产实践不断地使自然"人化"。"劳动首先是人与自然之间的过程，是人以自身的活动来中介、调整和控制人与自然之间的物质变换的过程。"⑤ 社会实践是人与自然既对立又统一的中介，人在受自然决定的同时也在能动地反作用于自然。因此，自然界就包括了"自在的自然"和"人化的自然"，"人化自然"的过程就构成了人类历史。也就是说，人与自然的关系是一种受动与能动地改造的辩证统一关系。人类在人化自然的历史中提高了生产力，改善了自身的生存环境，也创造了文明，促进了自身的发展。马克思还分析了科学技术在人与自然实践关系中的重要作用："自然科学通过工业日益在实践上进入人的

---

① 《马克思恩格斯文集》第 1 卷，人民出版社 2009 年版，第 161 页。
② 《马克思恩格斯选集》第 1 卷，人民出版社 2012 年版，第 146 页。
③ 《马克思恩格斯选集》第 4 卷，人民出版社 1995 年版，第 383 页。
④ 《马克思恩格斯选集》第 1 卷，人民出版社 2012 年版，第 85 页。
⑤ 《马克思恩格斯文集》第 5 卷，人民出版社 2009 年版，第 207 页。

生活，改造人的生活，并为人的解放做准备。工业是自然界对人，因而也是自然科学对人的现实的、历史关系。"① 科学发明、科技进步，也是体现人与自然关系的重要实践活动。

第三，资本逻辑、资本主义生产方式是破坏生态环境的根源所在。随着资本主义的到来，资本主义生产方式提升了人类对自然界的支配和控制，无节制的开发掠夺造成了对环境的巨大压力，生态环境问题从此产生。资本逻辑、资本主义的生产方式使得人与自然的关系逐步走向了对立，自然界逐渐成为资本主义扩张的牺牲品。马克思在《1857—1858年经济学手稿》中指出："如果说以资本为基础的生产，一方面创造出普遍的产业劳动，即剩余劳动，创造价值的劳动，那么，另一方面也创造出一个普遍利用自然属性和人的属性的体系，创造出一个普遍有用性的体系，甚至科学也同一切物质的和精神的属性一样，表现为这个普遍有用性体系的体现者，而在这个社会生产和交换的范围之外，再也没有什么东西表现为自在的更高的东西，表现为自为的合理的东西。因此，只有资本才创造出资产阶级社会，并创造出社会成员对自然界和社会联系本身的普遍占有。由此产生了资本的伟大的文明作用：它创造了这样一个社会阶段，与这个社会阶段相比，一切以前的社会阶段都只表现为人类的地方性发展和对自然的崇拜。只有在资本主义制度下自然界才真正是人的对象，真正是有用物；它不再被认为是自为的力量；而对自然界的独立规律的理论认识本身不过表现为狡猾，其目的是使自然界（不管是作为消费品，还是作为生产资料）服从于人的需要。资本按照自己的这种趋势，既要克服把自然神化的现象，克服流传下来的、在一定界限内闭关自守地满足于现有需要和重复旧生活方式的状况，又要克服民族界限和民族偏见。资本破坏这一切并使之不断革命化，摧毁一切阻碍发展生产力、扩大需要、使生产多样化、利用和交换自然力量和精神力量的限制。"② 马克思在这里深刻揭示出，在资本的运行逻辑中，自然界的作用就是"服从于人的需要"，具有"普遍有用性"，成为人类的工具，成为"有用物"。

---

① 《马克思恩格斯文集》第1卷，人民出版社2009年版，第193页。
② 《马克思恩格斯全集》第30卷，人民出版社1995年版，第389—390页。

自然不再被认为是一种"自为的力量"。在资本眼中的"有用物"就是能赚钱,能使资本增殖;资本把世界上的一切都视为能赚钱的工具,自然界自身的价值已付诸阙如。这决定了资本的本性是反生态的,它是破坏自然、破坏生态环境的根源所在。

马克思指出,资本主义的生产"破坏着人和土地之间的物质变换,也就是使人以衣食形式消费掉的土地的组成部分不能回到土地,从而破坏土地持久肥力的永恒的自然条件"[①],资本"剥削土地,剥削空气,从而剥削生命的维持和发展的权利"[②]。基于资本主义生产方式,资本"破坏了土地的持久肥力",浪费了"有限的土地资源";"文明和产业的整个发展,对森林的破坏从来就起很大的作用,对比之下,对森林的护养和生产,简直不起作用"。[③] 如果长此以往下去,生态环境将遭到彻底破坏。因此,人类在发展的过程中不能把自然当作毫无意识的存在,更不能只把自然看成要彻底征服和战胜的对象。正如恩格斯所说:"我们决不像征服者统治异族人那样支配自然界,决不像站在自然界之外的人似的去支配自然界——相反,我们连同我们的肉、血和头脑都是属于自然界和存在于自然界之中的。"[④] 人与自然的关系应该是建立在实践基础上的辩证统一关系。否则,不是自然被人类破坏,就是人类遭受自然的报复的双输结果。

第四,人与自然相协调有赖于破除资本主义私有制,建立社会主义(共产主义)。马克思、恩格斯是把人与自然关系纳入社会中来理解的,人类出现后的自然界就不是一个没有人类活动"痕迹"的纯粹未开发的自然界,而是一个已经开发和未经开发的统一的自然界。人与自然的关系经历了崇拜自然、改造自然、征服自然的发展变化,资本主义对自然界进行掠夺式开发的生产方式已经导致了严重的全球性生态问题。如何才能实现"人类同自然的和解"、达到人与自然的和谐共生?马克思恩格斯认为,人与自然的和解依赖

---

① 《马克思恩格斯全集》第 25 卷,人民出版社 1974 年版,第 552 页。
② 《马克思恩格斯全集》第 25 卷,人民出版社 1974 年版,第 872 页。
③ 《马克思恩格斯全集》第 24 卷,人民出版社 1972 年版,第 272 页。
④ 《马克思恩格斯选集》第 3 卷,人民出版社 2012 年版,第 998 页。

于人与人之间的和解,自然的解放必然依赖于人的解放。"社会化的人,联合起来的生产者,将合理地调节他们和自然之间的物质变换,把它置于他们的共同控制之下,而不让它作为盲目的力量来统治自己;靠消耗最小的力量,在最无愧于和最适合于他们的人类本性的条件下来进行这种物质变换。"① 这只有社会主义、共产主义才能真正实现,只有改变人类社会关系、社会生产中人与人的关系,也就是彻底改变资本主义私有制、生产方式之后才能实现。

追求利润的最大化是资本的本性。这必然建构"大量生产—大量消费—大量废弃"的生产方式和生活方式,从而使人与自然之间正常的物质变换就被破坏到无以复加的地步。共产主义社会为人与自然的和谐发展提供了基本制度保障。马克思指出:"共产主义是私有财产即人的自我异化的积极的扬弃,因而也是通过人并且为了人而对人的本质的真正的占有;因此,它是人向作为社会的人即合乎人的本性的人的自身的复归,这种复归是彻底地、自觉地保存了以往的发展的全部丰富成果的。这种共产主义,作为完成了的自然主义,等于人本主义,而作为完成了的人本主义,等于自然主义;它是人和自然之间、人和人之间的矛盾的真正解决,是存在和本质、对象化和自我确立、自由和必然、个体和类之间的抗争的真正解决。"② 基于社会生产关系的根本转变、科学技术的发展和社会生产力水平的提高,人们可以自主地协调自己和自然的关系,最大限度地减少对自然环境的破坏,资本主义时代的人与自然之间的冲突将随着社会基本制度的创新而最终得到历史性解决。

马克思、恩格斯关于人与自然关系的思想,为当代西方生态正义理论特别是生态学马克思主义的生态正义观提供了重要的理论参照、借鉴和启发。大多数生态学马克思主义者都认为,马克思、恩格斯提出了丰富的生态思想,论及了生态环境问题以及人与自然的关系。生态学马克思主义强调自身与马克思、恩格斯自然观的渊源关系,并从方法和内容上吸收和借鉴了马克思、恩格斯关于人与自然关系的思想。

---

① 《马克思恩格斯全集》第 25 卷,人民出版社 1974 年版,第 926—927 页。
② 《马克思恩格斯文集》第 1 卷,人民出版社 2009 年版,第 185 页。

赫伯特·马尔库塞、威廉·莱斯、本·阿格尔、安德烈·高兹、瑞尼尔·格伦德曼、约翰·贝拉米·福斯特、戴维·佩珀、乔纳森·休斯等生态学马克思主义者，对资本主义条件下人与自然环境关系的紧张、异化等问题进行研究，进而深入探讨全球生态危机的缘由、现状及解决途径，在此基础上论证资本主义的生产方式在引发生态危机中的根源性、基础性的作用，以及资本主义全球化扩展所带来的生态殖民问题。生态学马克思主义理论先驱马尔库塞认为，马克思的《1844年经济学哲学手稿》"表达了最激进、最全面的社会主义思想，而且正是在这些文章中，'自然'占据了它在革命理论中应该有的地位"。① 加拿大学者威廉·莱斯分别在其著作《自然的控制》和《满足的极限》中强调，资本主义的工业化无节制生产对征服自然意识的助推作用，而征服自然的本质是对人与自然关系的控制，其后果导致人类的危机和自我毁灭。资本主义社会异化了人获得幸福的途径，人应该在劳动而不是消费中得到快乐；改变人们的日常消费方式，使精神文明和物质文明均衡发展，是解决生态危机的重要途径。安德烈·高兹在其代表作《作为政治的生态学》和《资本主义、社会主义、生态学》中强调，资本家对利润的疯狂追求刺激了生产对自然资源的疯狂掠夺，生态危机的根源在于资本主义的经济理性。他进而提出以"更少的生产，更好的生活"为特征的生态理性方能带领人们走向生态环境优良的先进的社会主义。瑞尼尔·格伦德曼在其代表性著作《马克思主义与生态学》中提出："马克思恩格斯确实已经建立一种解释和预言的主题的结构和动力机制，借以理解和避免资本主义产生这些生态问题的一般原因。"② 他认为，马克思主义的历史唯物主义为解决当今的生态问题提供了重要的方法论指导，无论是早期的哲学、政治研究，还是晚期的经济领域研究，马克思都延续了他对于生态问题关注和唯物主义理论。结合马克思的共产主义理论。格伦德曼最

---

① ［美］马尔库塞：《反革命和造反》，载《工业社会与新左派》，任立编译，商务印书馆1982年版，第131页。

② H. L. Parsons, *Marks and Engels on Ecology*, London: Greenwood Press, 1977, p. 12.

终推断出:"共产主义社会是一个以合理的方式同自然进行交换的社会。"① 乔纳森·休斯同样强调马克思的生态思想具有非常重要的理论价值,"历史唯物主义能为思考威胁当代社会的环境问题和作出政治反应提供一个解释性和规范性的框架。"② 他由此推论出资本主义陷入了狭义的人类中心主义———一种从物质、利润、短暂的眼前利益出发的价值观;因此,只有到了共产主义社会,人与自然的关系才能真正实现和谐统一。福斯特认为,生态思想并不是马克思著作的"说明性的旁白"③,而是马克思思想体系的主要思想和核心内容。他在其代表作《脆弱的星球》中指出:"资本主义在过去的几个世纪里对地球的'征服'是如此的成功,以致被资本主义破坏的领域已经从地区范围扩展至整个星球。"④ 他认为,伴随资本主义生产体系盛行起来的消费主义的泛滥,人们的占有欲和享乐欲被疯狂地刺激起来,资本主义发展模式所凸显的金钱至上、资本循环、市场万能、无偿索取四大反生态特征与生态环境形成了整体性、本质性的不可调和的矛盾,最终造成了生态危机。由此,生态危机的根源就在于资本主义对利润疯狂的追逐为目的的资本主义生产方式,"我们只能寄希望于改造体制本身,这意味着并不是简单地改变'制度的调节方式',而是从本质上超越现成的积累体制,能解决问题的不是技术,而是社会经济制度本身"⑤。英国学者戴维·佩珀受马克思对资本主义基本矛盾分析理论的启发,指出:"并不能简单地认为环境危机是'人口'与'工业化'的结果,因为环境问题是社会实践及其深刻的历史背景

---

① Reiner Grundmann, *Marxism and Ecology*, London and York: Oxford University Press, 1991, p. 232.

② Jonathan Hughers, *Ecology and Historical Materialism*, London: Cambridge University Press, 2000, p. 1.

③ [美] 约翰·贝拉米·福斯特:《马克思的生态学——唯物主义与自然》,刘仁胜等译,高等教育出版社 2006 年版,第 11 页。

④ J. B. Forster, *The Vulnerable Planet: A Short Economic History of the Environment*, New York: Monthly Review Press, 1999, p. 35.

⑤ J. B. Forster, *The Vulnerable Planet: A Short Economic History of the Environment*, New York: Monthly Review Press, 1999, p. 101.

组成的各种综合因素的结果。"① 佩珀从资本主义生产方式引发的不平等的全球化现象切入，认为资本主义社会内部有两大不可克服的矛盾即经济矛盾和生态矛盾。资本主义以逐利为目的的运行逻辑进一步强化它的扩张力，包含生态矛盾从国内转向发展中国家的新型剥削形式。正像他描述的那样，"需要不断扩大市场的资本主义""增长动力刺激着资源基础的持续扩大，以满足不断拓展的市场所提供的商品与服务的范围"②，对资源的掠夺日益增加，但地球的资源是有限的，这样必然引发人与自然矛盾的尖锐以及人与人之间围绕资源占有权的斗争，因此，生态环境的真正敌人是资本主义的生产方式，解决生态环境问题的最基本的途径就是要实现社会正义，即"社会正义或它在全球范围内的日益缺乏是所有环境问题中最为紧迫的。地球高峰会议清楚地表明，实现更多的社会公正正是与臭氧层耗尽、全球变暖以及其他全球难题做斗争的前提条件"③。

当代西方生态正义理论与马克思、恩格斯关于人与自然关系思想，固然有上述内在关联，但前者对马克思主义唯物史观的认识与解读并不完全正确，存在着误读、偏差甚至错误，它在如何真正把握人与自然之间辩证关系、人类社会历史进步的根本动力与本质、社会基本矛盾运动及其规律等问题上与马克思、恩格斯自然观，与马克思主义唯物史观存在着本质区别。对此，本书将在第四章进行详细论述。

---

① David Benton, *The Greening of Marxism*, New York: The Guilford Press, p.175.
② [英] 戴维·佩珀：《生态社会正义：从深生态学到社会正义》，刘颖译，山东大学出版社2012年版，第105页。
③ [英] 戴维·佩珀：《生态社会正义：从深生态学到社会正义》，刘颖译，山东大学出版社2012年版，第2页。

第二章

当代西方生态正义理论的主要流派

当代西方生态正义理论不仅从实践层面回应了生态危机的发生机制及其应对策略,也从学理层面拓展了生态学的多维学科视域。"西方学者早期的(生态正义)理论思考集中于生态学、伦理学等学科。后来,逐步扩展,形成了众多的理论流派。目前,并没有一个确切划分这些理论流派的标准。"① 实际上,不同的学科视角与立场观点可以成为当代西方生态正义理论的划分标准。比如"生态伦理学把生态正义理解为道德规范,环境正义论者把生态正义界定为分配正义,以奥康纳和科威尔为代表的生态社会主义把生态正义理解为生产性正义"②。这是对生态正义三种学科视角下的本质解读,有其理论的典型性和标准的澄明性,但这一概括显然不够。一方面,对于西方生态正义理论而言,其具有丰富多元的学科视角。比如马克思主义、伦理学、经济学、法哲学等学科与生态学的结合,分别形成了生态学马克思主义、生态伦理学、生态经济学、生态法哲学等思想流派。另一方面,综合不同学科视角下的生态正义理论,其不仅深刻揭示了生态正义与政治正义、经济正义、道德正义、法律正义之间的辩证关系,同时也为生态正义的实践出路提供了多元模式。

---

① 廖小明:《生态正义:基于马克思恩格斯生态思想的研究》,人民出版社2016年版,第94页。
② 郎廷建:《生态正义概念考辨》,《中国地质大学学报》(社会科学版)2019年第6期。

第一节　生态学马克思主义的生态正义理论

生态学马克思主义较早关注人类社会的生态问题，且对其理论阐释和现实回应也在不断系统化和深化。生态学马克思主义是马克思主义在西方发展的新阶段，其生态观点最早见于20世纪40年代《启蒙辩证法》一书，该书以马克思主义视角揭示了启蒙的辩证法过程，批判了人对自然的支配和统治，"可以说是开了生态马克思主义的先河"[①]。

生态学马克思主义经历了三个阶段：（1）20世纪60—70年代的形成阶段，主要代表人物为波兰哲学人文学派的沙夫、原东德共产党人鲁道夫·巴罗、法拉克福学派的马尔库塞与A.施密特。沙夫是"真正意义上的第一个生态学马克思主义者，他以一个共产党人和马克思主义者的身份参与了'罗马俱乐部'的工作"[②]。巴罗则最早谋求"生态运动与共产主义运动的结合"[③]。可以说，沙夫与巴罗是生态学马克思主义的实践先驱。法兰克福学派的马尔库塞和施密特堪称生态学马克思主义的理论先驱。马尔库塞的《论解放》与《反革命与造反》，施密特的博士论文《马克思的自然概念》则是生态学马克思主义的奠基之作。具体而言，马尔库塞的"自然解放"观点、施密特的"人化自然"的观点都成为生态学马克思主义的重要理论支点。（2）20世纪80—90年代的系统成熟阶段，主要代表人物包括本·阿格尔、莱纳·格伦德曼、威廉·莱斯、安德烈·高兹、戴维·佩珀、詹姆斯·奥康纳、约翰·贝拉米·福斯特等。本·阿格尔首次提出"生态马克思主义"的概念，指出"20世纪80年代的大规模的社会变革可能会表现为一种'生态学

[①] 陈学明、王凤才：《西方马克思主义前沿问题二十讲》，复旦大学出版社2008年版，第288页。

[②] 陈学明、王凤才：《西方马克思主义前沿问题二十讲》，复旦大学出版社2008年版，第289页。

[③] 陈学明、王凤才：《西方马克思主义前沿问题二十讲》，复旦大学出版社2008年版，第289页。

马克思主义'"①。莱斯的"控制自然"理论、阿格尔的生态危机理论、高兹的生态政治学理论都为生态学马克思主义做出了重大贡献，同时也成为生态运动与生态社会主义相结合的重要基石。这一阶段"无论在理论建树方面，还是在实际作用方面，其发展势头都超过了以往任何一个阶段"②。（3）21世纪至今的缓慢发展阶段，主要代表人物有西欧的德里克·沃尔、北美的福斯特和伯克特、布雷特·克拉克、理查德·约克、杰森·摩尔等。这一阶段"整体趋于平庸"③，"呈现出发展缓慢、内部对立凸显、偏重理论化的形态特征"④。

对生态学马克思主义的生态正义理论进行梳理和归纳，主要涉及生态正义的四个问题：谁之正义？为何正义？何种正义？如何正义？这几个问题分别回答了生态正义的问题、论域、标准、本质和路径。

一 谁之正义——生态还是环境？

生态学马克思主义者主张的究竟是哪一种正义？一些学者认为生态学马克思主义的正义主体是环境正义，这一理解并不完全准确。是生态正义而不是环境正义构成了生态学马克思主义的主体论域。这是因为，其一，相比环境正义这一主体论域而言，生态正义更为全面和广泛、多元和综合、深入和持续；其二，人与自然的辩证关系成为其生态正义的关系范畴；其三，生态学马克思主义的生态意蕴具有系统性、依赖性与完整性等理论特质。

（一）生态构成了生态正义的主体论域

一般而言，生态学马克思主义的生态危机、生态批判、生态殖

---

① ［加］本·阿格尔：《西方马克思主义概论》，慎之等译，中国人民大学出版社1991年版，第415页。
② 陈学明、王凤才：《西方马克思主义前沿问题二十讲》，复旦大学出版社2008年版，第290页。
③ 张晓：《21世纪以来西方生态马克思主义的发展格局、理论形态与当代反思》，《马克思主义与现实》2018年第4期。
④ 张晓：《21世纪以来西方生态马克思主义的发展格局、理论形态与当代反思》，《马克思主义与现实》2018年第4期。

民主义、生态社会主义等理论均是以"生态"为核心关键词。实际上，生态学马克思主义生态正义的主体论域指向的是生态，这是因为：（1）生态的主体论域更为全面和广泛。比如，生态学马克思主义关于生态危机论有两种表达：一种是生态危机论，一种是广义上的环境危机论。前一种典型代表就是马尔库塞的生态危机是一种社会总体异化的观点。他认为生态危机不仅仅是人与自然关系的异化、科技的异化、消费的异化，更是资本主义社会的总体异化，包括资本主义社会的政治、经济、教育、文化等各个领域的异化，生态危机与社会危机、人类生存危机并存。再如阿格尔明确将资本主义的主要矛盾置于资本主义生产和整个生态系统之间的基本矛盾，从而提出资本主义的生态危机替代了经济危机。另一种关于环境危机理论的典型代表是柏格特，他继承了马克思的环境危机理论，认为马克思的环境危机概念是广义的，包含了生态资料的短缺和人类发展的危机。柏格特认为广义环境危机的概念更加注重的不是前者，而是后者，即环境危机是人类发展条件自然财富的减少。

（2）生态的主体论域更为多元和综合。乔纳森·休斯（Jonathan Huges）在界定生态概念时，提出"生态"一词不能仅停留在自然科学的生物学领域，而是一个综合性的概念，应该包括自然因素、社会因素和技术因素。另外，休斯提出生态限制是指自然资源被人类耗尽时给人类生活各方面所带来的有害影响。生态限制表面上是自然对人类的作用结果，本质上是人类与自然相互作用的结果。因此生态限制在现实层面存在于人类知识与社会组织的交互作用之中，其一，体现在物质的自然先于人类的意识而产生，其制约着人类的知识和行为的产生；其二，体现在人类改造自然的同时可以促进自然潜力的实现；其三，人类改造自然的主观能动性具有客观局限性，受到自然资源和环境的限制与约束。从这个意义上看，生态以及生态限制作为一个综合性的概念，是环境所无法替代的。

（3）生态的主体论域更为深入和持续。生态学马克思主义的生态正义理论是对马克思主义理论生态意蕴的深入挖掘和持续阐释。比如佩珀阐释了历史唯物主义的生态内涵，"马克思的生产方式决定论的历史唯物主义间接地、总体地论述了生态问题，蕴含了丰富的生态思想，可以从中引申出一些生态结论"①。特德·本顿的生态中心主义理论揭示了生态危机不仅仅是资本主义社会的产物，社会主义社会也是存在的。"这使得生态问题不仅是一个政治上的问题，更重要的是一个理论上的问题。"② 为此，本顿基于生态中心主义的立场，批判了马克思主义传统历史唯物主义与生态学之间存在某种理论上的裂缝，为弥补这一裂缝，试图构建一种"生态历史唯物主义"。值得注意的是，英国生态学马克思主义并不都赞成本顿这一观点，认为从根本上需要深入挖掘历史唯物主义所蕴含的生态学价值与生态学意蕴。柏格特则从劳动价值论、共产主义以及可持续发展与人的自由全面发展等多方面深刻阐释了马克思主义的生态内涵。

（二）生态正义的关系范畴是人与自然的辩证关系

生态学马克思主义揭示了人与自然的辩证关系，提出自然的自为目的性、人类控制自然、人与自然的辩证关系等核心观点。

首先，生态学马克思主义基于自然的视角，诠释了自然本身的主体性与目的性，以此将自然的意蕴拓展到生态系统这一更为广阔的范畴。赫伯特·马尔库塞基于马克思主义的自然观，主张把自然看作主体，即"自然是没有目的论的，没有'计划'，没有'目标'的主体"③，是"为了人而存在着"④。同时，他也认为资本主义社会存在的生态危机在于人与自然关系的异化。"商业化的、受污染的、军事化的自然不仅从生态的意义上，而且也从生存的意义上缩小了人的生活世界，妨碍着人对他的环境世界的爱欲式的占有；它使人不可能在自然中重新发现自己，无论是在异化的彼岸，还是此岸；它使人不可能承认自然是自主的主体——人和这一主体一起生活在一个共同的人的世界里。"⑤ 詹姆斯·奥康纳（James

---

① 吴宁编著：《生态学马克思主义思想简论》，中国环境出版社2015年版，第102页。
② 倪瑞华：《英国生态学马克思主义研究》，人民出版社2011年版，第43页。
③ ［美］马尔库塞：《工业社会和新左派》，任立译，商务印书馆1982年版，第133页。
④ ［美］马尔库塞：《工业社会和新左派》，任立译，商务印书馆1982年版，第133页。
⑤ ［美］马尔库塞：《工业社会和新左派》，任立译，商务印书馆1982年版，第128页。

O'Connor）对自然的概念进行了新的阐释，提出"自然之本真地自主运作性"和"自然的终极目的性"。前者是指自然界被人类改造的同时，自身也在不断重构中；后者是指自然界本身就是目的。奥康纳认为马克思主义只是关注人类系统中的自然，而忽视了自然生态系统本身。其基于生态学的视域重新阐释了自然的深刻意蕴，以此弥补了马克思主义所存在的生态学理论空场。

其次，生态学马克思主义从人类的视角，看到人类对待自然的应然态度，这一点证实了自然不是孤立存在的，而是与人发生关系的生态范畴。莱斯和格伦德曼都强调人类的控制自然观，但对马克思的控制自然观的态度完全不同。莱斯认为控制自然观是解决生态难题的根本原因，其批判马克思的控制自然观，提出控制自然包括对内部自然和外部自然的控制，对自然控制的强化必然导致对人的控制强化，为此，需要实现从控制自然到尊重自然的转变。格伦德曼则与之不同，否认控制自然是生态问题的根本原因，认为马克思的控制自然观并不完全意味着对自然的索取无度，而是对自然有意识、有计划和有目的的支配，是尊重自然规律的体现。为此，格伦德曼提出重返人类中心主义的口号。可以说，这两种观点都在尝试从人的主体性角度反思人类对待自然的方式。

最后，生态学马克思主义强调人与自然的互动关系，这成为其生态正义的关系范畴。马尔库塞、格伦德曼、佩珀、福斯特都强调人与自然之间的辩证关系。马尔库塞强调人与自然的关系不再是主客体之间的关系，而是一个主体同另一个主体之间的关系。但自然的主体地位与人的主体地位不同，自然不具有目的性和计划性。格伦德曼强调人与自然是在历史过程中的辩证关系。人类是自然存在物，同时又高于并外在于自然。自然的本质是社会历史存在，是具有工具性价值和非工具性价值的主体。人和自然作为对方的一部分，相互规定并相互作用，人类必须承认第一自然的优先性，同时又可以作用于自然并产生第二自然。故此，人与自然的辩证关系就体现为自然的人化和人化的相互作用和统一的历史过程。佩珀和福斯特都看到了马克思关于社会和自然的辩证统一关系，佩珀以此（社会—自然辩证法）作为解决人与自然辩证关系的方法。福斯特则坚持生态历史唯物主义的哲学立场，将马克思的生态观和自然观、历史观与自然观、人类史与自然史等结合起来。

（三）系统性、依赖性与完整性揭示了生态正义的理论属性

生态学马克思主义以生态系统、生态系统文化、生态联合体等观点，揭示了生态所具有的系统性、依赖性与完整性等特质。首先，乔尔·克沃尔（Joel Kowel）认为生态作为一个整体的系统存在且具有系统功能价值。他认为生态系统是一个完整的和谐整体，既包括从家庭、社区、民族、国家、世界、地球、宇宙在内的层层递进与相互分享的完整体系，也包含人与自然、人与人、人与社会的关系整体。同时，他还提出生态系统还具有系统功能与服务功能，前者反映了生态的自然属性，后者反映了生态的社会属性，在他看来，自然属性是生态系统的本质，不依赖于人类的需求和偏好而存在。其次，福斯特以生态帝国主义理论证明了人不能缺失对自然的依赖，人与自然之间只有和谐共处，才能形成良好的生态系统文化。福斯特认为生态帝国主义是资本主义强国对弱国的生态掠夺，其本质是"生物圈文化"对"生态系统文化"的替代。所谓"生态系统文化"，就是某些特定生态系统或几个生态系统构成了人类的生活条件，"可能以狩猎、捕鱼和食物收集为基础或者以移动和永久农业为基础，也可能以游牧田园式的生活方式为基础。但所有这些生活方式都涉及文化与自然紧密而又复杂的关系"[①]。"生态系统文化"揭示了人与自然之间的和谐关系，但伴随着资本主义的生态掠夺，人类不再完全依赖某些特定的生态系统时，"生物圈文化"就出现了。最后，克沃尔提出生态联合体的概念，认为生态联合体比生态系统更为具体和丰富。生态联合体是生态社会主义社会一经联合起来，共同构成了生态社会的整体。故此，"当联合体被赋予生态内涵而成为生态联合体，则是社会革命产生的标志，这场社会革命将发生在资本主义与追求生态系统完整性的联合体及社区之间。联合体并不是地点而是发生在人类生态系统中的事件，因此生态系统的完整性至关重要"[②]。

[①] [美] 约翰·贝拉米·福斯特：《生态危机与资本主义》，耿建新、宋兴无译，上海译文出版社 2006 年版，第 77—78 页。

[②] 吴宁编著：《生态学马克思主义思想简论》，中国环境出版社 2015 年版，第 286 页。

二 为何正义？——生态的可持续性

对生态学马克思主义正义的主体论域的澄清成为理解其生态意蕴的前提，接下来，需要阐释生态学马克思主义关于生态正义的判断标准。

（一）生态危机是生态非正义的直接表现

生态学马克思主义认为资本主义社会及其制度本身就是非正义的，资本主义社会的非正义通过经济危机与生态危机等形式表现出来。阿格尔论证了资本主义从经济危机到生态危机的变化，认为生产力的困境引发了经济危机，而经济危机又引来了生态危机。奥康纳认为"资本主义是充满危机的制度"①，并提出双重危机理论，认为资本主义经济危机与生态危机二者并存且对立统一，经济危机会带来生态危机，生态危机会加重经济危机。生态学马克思主义者认为资本主义制度下追求生态正义是绝对不可能的。尽管佩珀基于乌托邦的幻想提出"一个人道的、社会公正的和有利于环境的资本主义实际上是可能的"②，但奥康纳认为："如果对过去的两个世纪能够作出理性和民主的生态和经济规划的话，那么现在所知道的这种资本主义说不定就根本不存在了。"③ "除非资本改变了其面貌，银行家、资本经营者、风险投资家以及 CEO 们在镜子中看到的将不再是他们现在的这副尊容，否则，生态上可持续性的资本主义绝无可能。"④

（二）生态种族主义和生态帝国主义是生态非正义的典型表现

生态马克思主义揭示了资本主义社会生态非正义的两种典型表现，一种是国内的生态非正义（生态种族主义），一种是国际的生态非正义（生态帝国主义）。

---

① James O'Connor, *Natural Causes：Essays in Ecological Marxism*, New York：The Guilford Press, 2003, p.182.
② 陈培永：《论生态学马克思主义生态正义论的建构》，《华中科技大学学报》2010年第1期。
③ ［美］詹姆斯·奥康纳：《自然的理由——生态学马克思主义研究》，唐正东、臧佩洪译，南京大学出版社 2003 年版，第 52 页。
④ James O'Connor, *Natural Causes：Essays in Ecological Marxism*, New York：The Guilford Press, 2003, p.239.

所谓生态种族主义，是指发达国家和发展中国家国内不同群体之间生态资源分配、生态利益享有、生态责任担当等方面存在不平等的现象。生态种族主义的实质是强势群体与弱势群体在资源分配上的不公平，比如富人与穷人的不平等、男女性别的不平等。佩珀就曾探讨过穷人和富人之间的非正义，认为中心区的富人比穷人更容易逃避生态危机的直接危害，因为他们可以更加快速地对生态危机采取缓解的策略以保障自己的生存。所谓生态帝国主义，是发达国家对其他国家进行生态掠夺的一种表现。福斯特将生态帝国主义称为"中心国家"对"边缘国家"的生态剥夺。即"正是从15世纪末期到16世纪末期，资本主义已经把世界划分为中心地区和边缘地区。这种等级的存在意味着边缘地区的人民和生态系统已经成为发达资本主义中心增长要求的附属部分。资本主义的每一阶段——重商主义，早期工业资本主义和垄断资本主义都可以看到帝国主义在全球的扩张"①。

福斯特提出生态帝国主义的三种方式：人口和劳动力的流动、利用欠发达社会的生态脆弱性强化殖民控制、制造生态垃圾。他认为生态帝国主义的实质就是新殖民主义——生态殖民主义。他还认为生态帝国主义导致了全球生态危机。可以说，生态帝国主义是发达国家对欠发达国家采用殖民式的掠夺，通过掠夺资源、转嫁污染以及环境斗争等扩张形式促使自身得以发展。生态帝国主义是全球性生态危机的罪魁祸首。

（三）资本逻辑是资本主义生态非正义的本质根源

自马尔库塞开始，生态学马克思主义者主张资本主义生态危机与资本主义制度以及生产方式、生产关系有着密切关联，资本主义的生态危机根源于资本逻辑的存在。所谓资本逻辑，马尔库塞以三个法则来说明其内容，即资本积累的法则、剩余价值与利润的法则、异化劳动与剥削的法则。② 福斯特在生态逻辑的基础上阐释了资本逻辑。他引用康芒纳在《封闭的循环——自然、人和技术》一

---

① John Bellamy Foster, *The Vulnerable Planet*: *A Short Economic History of the Environment*, New York: Monthly Review Press, 1999, p. 85.

② Herbert Marcuse. *The New Left and the 1960s*——Collected Papers of Herbert Marcuse (Volume Three), Douglas Kellner (ed.), Routledge, 2004, p. 175.

书中提出的四条"生态学法则":"每一种事物都与别的事物相关……一切事物都必然要有其去向……自然界懂得什么最好……没有免费午餐。"① 与之相反,资本主义的发展法则恰恰与生态法则相对立。首先,"资本主义把复杂多样的生态系统简化为金钱关系"②。"每一种事物都与别的事物相关"的原则说明:生物圈是一个密切联系的生态系统,这一系统的内在联系必须要求保持其内在的平衡性,一旦失衡就会影响生态循环的正常运行。而资本主义生产方式则将自然简化为金钱转化的唯一要素,"从相互联系的整体中分离出来并极度简化是资本主义发展的内在趋势"③。金钱成为资本主义生产的唯一追求,自然的系统性、多样性、复杂性与功能性都被完全漠视了。其次,"资本主义生产不在乎万物的走向而只关注它们是否进入资本的循环"④。"一切事物都必然要有其去向"原则说明自然的发展结果不是偶然的,而是必然的,这一必然也与万物之间的联系密切相关,比如"废物"的排放是因人而起,最终会通过自然的循环再次回归到人类。再次,"资本主义生产总是迎合市场而漠视自然循环系统"⑤。"自然界懂得什么最好"这一原则说明自然是经过漫长的过程形成的,每一个自然变化的过程都有其合理性,人为地改变自然必然会给自然系统本身造成一定的损害。资本主义的发展完全无视人类对自然的破坏,使得资本逻辑替代了生态逻辑,从而导致了生态危机。最后,"资本主义生产把自然当作免费的午餐"⑥。"天下没有免费午餐"这一原则说明收获就要有代价。

---

① 吴宁编著:《生态学马克思主义思想简论》,中国环境出版社2015年版,第217页。

② 吴宁编著:《生态学马克思主义思想简论》,中国环境出版社2015年版,第217页。

③ John Bellamy Foster, *The Vulnerable Planet: A Short Economic History of the Environment*, New York: Monthly Review Press, 1999, p. 121. 转引自吴宁编著《生态学马克思主义思想简论》,中国环境出版社2015年版,第218页。

④ 吴宁编著:《生态学马克思主义思想简论》,中国环境出版社2015年版,第218页。

⑤ 吴宁编著:《生态学马克思主义思想简论》,中国环境出版社2015年版,第218页。

⑥ 吴宁编著:《生态学马克思主义思想简论》,中国环境出版社2015年版,第218页。

生态系统作为一个相互联系的整体，任何一部分的缺失都将诉求主体，人类对自然的改变也一定会让人类付出一定的代价。资本主义的生产毫不顾忌自然的代价，认为自然就是免费的午餐，对其毫无底线地攫取和破坏，故此生态危机正是人类需要向自然付出的代价。

生态学马克思主义者都认为资本逻辑与生态逻辑是对立的、无法协调的。马尔库塞认为当前资本主义进行环境正义运动是治标不治本的，这是因为其没有厘清资本逻辑与生态逻辑之间的对立。福斯特也强调资本主义的反生态性，认为资本逻辑与生态逻辑是对立的、无法协调的。福斯特认为，资本与生态的对立是资本主义生态危机的根本原因，具体表现在两个方面："资本的无止境扩张与生态系统的固有平衡和资源有限性难以协调……资本的短期回报预期与环境保护的长期性无法协调。"[①] 安德烈·高兹则用资本主义的生产逻辑替代了资本逻辑，提出了资本主义生产逻辑的核心在于理性的危机，这种理性是选择性的、片面的、准宗教的理性，也或者就是非理性的危机。高兹认为生态非理性是资本主义生态危机的根本原因。资本主义社会存在经济理性与生态理性的矛盾，生态理性追求价值最大化，属于价值理性；经济理性追求利润最大化，属于工具理性；生态理性约束和限制着经济理性，最终目的在于人的自由全面的发展。经济理性是资本主义生产逻辑的核心，在追求利润最大化的同时，就出现了生态非理性，从而导致了生态危机。日本学者岩佐茂也曾主张资本主义和生态社会主义的对立就是资本的逻辑与生活的逻辑的对立，提出用生活的逻辑取代资本的逻辑，所谓资本逻辑，即以利润为目的的生产逻辑。所谓生活的逻辑，就是指在人类的劳动和消费等各类生活中，以更好地生存为价值标准的生活态度和方法。

（四）生态的不可持续性是资本主义生态非正义的价值指标

生态学马克思主义者并没有直接提出生态正义的价值标准，但其批判了资本主义的反生态性本质，并构建了生态社会主义的理想

[①] 吴宁编著：《生态学马克思主义思想简论》，中国环境出版社2015年版，第219页。

路径，这实质上明确了生态非正义的评价标准在于生态的不可持续性。

首先，生态的不可持续性是资本主义反生态性的必然结果。奥康纳提出资本主义生态具有不可持续性，其根源是资本主义的双重矛盾。"资本主义生产在生态上不可能具有持续性……资本主义第一重矛盾（资本主义生产力与生产关系的矛盾）必然会带来以需求危机为特征的经济危机，这是由资本追求利润的本性和资本主义生存的需要所决定的……资本主义的第二重矛盾（资本主义生产力、生产关系与资本主义生产条件之间的矛盾）必然会带来以成本危机为特征的经济危机。"[①] 具体而言，资本主义生态的不可持续性根源于两对矛盾，一是无限的人类需求与有限的生态系统之间的矛盾，二是无限的资本主义生产与有限的生态系统之间的矛盾。

关于无限的人类需求与有限的生态系统之间的矛盾，生态学马克思主义者用"生物圈的极限""自然限制""生态限制"等概念来加以说明。莱斯较早指出资本主义生产已经超出了"生物圈的极限"，资本主义生产加剧了资源和能源的日益缺乏，所形成的大量的废品也超过了自然环境所能承受的限度。本顿则提出人的解放与自然极限之间并不是完全对立的，认为"自然限制"是人类他律性的一种表现，将自然限制归属于人的意向性的领域，人类的进步通过生产力的发展不断超越自然限制。他主张建立生态历史唯物主义，认为实现人的解放不仅仅是超越自然极限，更是在自然限制之中适应自然并最终实现自由。休斯则用大量的话语阐释了生态限制的概念，提出生态限制是人与自然相互作用的结果，生态限制并不是绝对的，在人类知识和社会实践中，生态限制是相对的，包含了人类的被动约束和主动创造。

关于无限的资本主义生产与有限的生态系统之间的矛盾，生态学马克思主义用"稳态经济""增长的极限"等理论来证明。前期的生态学马克思主义主张实行"稳态经济"来限制经济的增长。"稳态经济"最早是由英国经济学家约翰·穆勒提出，莱斯、阿格

[①] 吴宁编著：《生态学马克思主义思想简论》，中国环境出版社2015年版，第175—176页。

尔与佩珀等继承了"稳态经济"理论，并认为"稳态"社会主义经济模式是解决资本主义生产体系和生态系统之间矛盾的有效手段。佩珀提出了"经济适度增长"理论，即通过经济的合理增长，既满足个人合理的需求和人类长期的发展，也促进生态环境的保护和改善。关于奥康纳认为"增长的极限"表现为生产资料的绝对性短缺和劳动力的相对性不足。奥康纳认为资本主义经济目标在于通过生产的不断扩张追求利润的无限增长，而生态系统的有限性无法满足这种生产的自我扩张系统。"追求无限扩张的资本主义生产受到生态系统的制约，将导致生产不足的经济危机，表现为成本危机。"[1]

其次，生态可持续性是生态社会主义的价值旨归。生态学马克思主义者批判资本主义社会的反生态性，提出生态社会主义社会的理想构建，认为生态社会主义社会的核心和关键是生态的可持续性。克沃尔提出地球资源的有限性，认为生态危机的根源就在于资本主义的工业化打破了地球的限度，提出未来社会要从根本上破除生态危机，必须推翻资本主义社会的生产及其制度，建立生态社会主义社会。保罗·柏格特（Paul Burkett）批判了生态经济学所提出的可持续发展策略的局限性，阐释了共产主义的可持续发展模式。生态经济学主张可持续发展模式的三个维度："公共池塘""协同进化""共同所有"。所谓公共池塘，"就是人们可以共同享有使用资源的权利，可以从公共的资源中获取一定量的资源，但个人在获取时要从整体上考虑公共资源的稀缺性和不可再生性，不能过度开发自然资源、损害其现在和未来的可用性"[2]。所谓协同进化，就是强调人与自然在发展过程中彼此适应和共同进化，其强调"生态系统进化与人的进化是相互作用的，摒弃市场、通过有计划的集体实现可持续发展"[3]。共同所有是指大众可以平等享有获得自然资源的机会，对整个社会发展有利。伯格特认为只有共产主义的自由联合体

---

[1] 吴宁编著：《生态学马克思主义思想简论》，中国环境出版社2015年版，第169页。

[2] 吴宁编著：《生态学马克思主义思想简论》，中国环境出版社2015年版，第307页。

[3] 吴宁编著：《生态学马克思主义思想简论》，中国环境出版社2015年版，第307页。

才能真正实现可持续发展，这是因为共产主义具备丰富的生态内涵，包括"承担管理自然的责任""生态科学高度发展并获得广泛传播""合理地控制自然并规避生态风险""用合作的方式调节人类对生态的影响""倡导生活方式的多样性和差异性""共享的生态伦理""建立新的财富观和消费观"①等七个方面的生态内涵。印度学者萨拉·萨卡（Saral Sarkar）在批判了生态资本主义战略行不通之后，提出"唯一正确的框架应该被称作'生态社会主义'"②。萨卡认为生态社会主义是可持续社会的唯一正确路径。日本学者岩佐茂认为"可持续发展"这个概念虽然已被广泛接受，但存在一些难以解决的问题，比如"可持续开发"这一概念不够明确，实现路径也未展开论证。他提出将能够实现可持续开发的社会称为"可持续社会"（sustainable society），这一社会必须具备三个条件："环境优先；决策过程民主化；明确环境容量的有限性。"③

故此，"可持续性"构成了生态学马克思主义生态正义的评价标准，正如学者郇庆治将社会公正、环境公正和经济公正分别看作社会可持续性、生态可持续性和经济可持续性。

三 何种正义——社会正义

生态学马克思主义如何回应生态正义的本质，正如国内学者陈培永提出"从强调自然内在价值的生物平等主义走向社会公平正义"④，这就是对生态学马克思主义者对生态正义的本质回应。

（一）社会正义成为生态正义的理论基点

社会正义一直是生态学马克思主义所关注的重要内容，其也成为考察资本主义生态非正义的根本出发点。"社会公平或社会可持

---

① 吴宁编著：《生态学马克思主义思想简论》，中国环境出版社2015年版，第304—307页。
② [印]萨拉·萨卡：《生态社会主义还是生态资本主义》，张淑兰译，山东大学出版社2008年版，第241页。
③ 吴宁编著：《生态学马克思主义思想简论》，中国环境出版社2015年版，第323—324页。
④ 陈培永：《论生态学马克思主义生态正义论的建构》，《华中科技大学学报》2010年第1期。

续性无疑是生态马克思主义所特别关注的。"① 生态学马克思主义者从社会正义出发,认为生态正义就是社会正义,只有坚持历史唯物主义的立场和运用阶级分析的方法,才能深刻认识资本主义社会生态非正义的根源在于资本主义的生产方式,才能通过社会正义真正实现生态正义。佩珀明确提出:"我们应当从社会正义推进到生态学而不是相反。"② "社会正义或它在全球范围内的日益缺乏是所有环境问题中最为紧迫的。"③ 奥康纳也指出:"社会经济的和生态的正义问题史无前例地浮现在人们的眼前:事实已越来越清晰地表明,他们是同一历史过程的两个侧面。"④ 福斯特更是明确指出:"只有承认所谓'环境公平'(结合环境关注和社会公平),环境运动才能避免与那些从社会角度坚决反对资本主义生产方式的个人阶层相脱离。"⑤ 可见,生态学马克思主义对资本主义生态非正义的反思,正是基于社会正义,把生态正义和社会正义结合起来。

(二)社会正义是生态正义的现实表达

社会正义,"既包括社会物质财富生产及其分配的更民主掌控与更彻底实现,比如在世界各国之间以及社会各阶层族群性别之间,也包括生态环境难题治理过程中经济社会成本的更公正分担,尤其不能以牺牲社会底层或弱势群体的基本权益来换取公共生态环境质量的改善"⑥。

佩珀提出,生态正义是社会正义在生态领域的拓展,社会正义

---

① 郇庆治:《生态马克思主义的中国化:意涵、进路及其限度》,《中国地质大学学报》(社会科学版) 2019 年第 7 期。
② [英] 戴维·佩珀:《生态社会主义:从深层生态学到社会正义》,刘颖译,山东大学出版社 2005 年版,第 4 页。
③ [英] 戴维·佩珀:《生态社会主义:从深层生态学到社会正义》,刘颖译,山东大学出版社 2005 年版,第 2 页。
④ [美] 詹姆斯·奥康纳:《自然的理由——生态学马克思主义研究》,唐正东、臧佩洪译,南京大学出版社 2003 年版,第 431 页。
⑤ [美] 约翰·贝拉米·福斯特:《生态危机与资本主义》,耿建新、宋兴无译,上海译文出版社 2006 年版,第 94 页。
⑥ 郇庆治:《生态马克思主义的中国化:意涵、进路及其限度》,《中国地质大学学报》(社会科学版) 2019 年第 7 期。

作为生态正义的现实表达。这主要表现在：首先，社会正义既包括人与自然之间关系的正义，也包括人与人之间关系的正义。"生态社会主义从广义上界定'环境'和环境议题，以包括大多数人的关切。他们以城市为基础，因此，他们的环境难题包括街道暴力、交通污染和交通事故、内部城市的衰败、缺少社会服务、共同体和乡村可接近性的丧失、健康和工作安全，而最重要的是事业和贫穷。"[①] 可见，生态正义指的是人与自然之间、人与人之间的生态关系平等，以及生态权利和生态义务。其次，资本主义的生态非正义正是通过社会非正义体现出来。一方面，从资本主义社会内部来看，资本主义的生产方式导致了资本主义政治、经济、社会、环境等方面的矛盾，使得资本主义社会的非正义得以凸显。另一方面，资本主义的生产方式也促使全球范围内的社会正义日益缺失。佩珀提出，发达资本主义国家通过不平等的自由贸易，以及对环境资源的过度占有和开采，出现生态殖民主义和生态帝国主义，导致第三世界的生态环境恶化。佩珀研究了欧洲的核心地区比如英国、法国和德国等核心地区，与爱尔兰、西班牙、希腊等边远地区之间的社会非正义，认为核心地区的财富和政治力量源于对边远地区资源和环境的剥削和掠夺。富人与穷人之间的非正义不仅体现在贫富差距的扩大，还体现在生态危机对二者的影响程度各有不同。穷人相比富人，更容易遭受生态危机，在不同层次上更多受到诸如饥饿、失业、疾病等因素的影响。另外，核心地区和边远地区各自的生态困境有所不同，核心地区表现为富人的精神焦虑，边远地区则体现为基本生存斗争与反剥削斗争。

（三）社会正义是生态正义的本质要求

佩珀对社会正义与生态正义的关系论证最为清楚。他赞成生态中心主义所主张的社会正义包含生态正义的观点，但批判生态中心主义未能将这一观点真正落实。他认为，生态中心主义即使主张从社会正义看待生态正义问题，但对资本主义生态危机的批判仍然是不彻底的，其"缺失一种唯物主义的历史观点和一种阶

---

① ［英］戴维·佩珀：《生态社会主义：从深层生态学到社会正义》，刘颖译，山东大学出版社2005年版，第183页。

级分析"①，仍然是为了维护资产阶级的利益，并未提出推翻资本主义的主张，提出"社会变革的解决之道，集中在个体自觉层次的转变上"②。佩珀从四个方面论证了生态正义与社会正义的关系。（1）生态正义的目标是社会正义与生态健康。（2）社会正义是生态正义的本质要求。佩珀从人与人的关系出发，界定了广义的"环境"和环境议题。生态正义指向人与人之间的平等和公正的生态权利和义务，生态危机表面上人与自然生态关系的不平等，本质上是人与人之间生态关系的不平等。（3）历史唯物主义成为分析资本主义生态非正义的方法论。佩珀认为只有通过历史唯物主义的方法论，分析资本主义生态非正义的表现，才能明晰资本主义生态危机的根源是资本主义的生产方式及其制度。（4）实现生态正义必须运用阶级分析的方法。要消除资本主义生产方式，就必须依靠阶级分析的方法。福斯特也坚持运用阶级分析的方法来消除资本主义的生态非正义，认为："忽视阶级问题（以及种族、性别、国际不平等问题）的单一环保运动也能取得成功的时代显然已经结束了。"③

（四）社会正义与生态正义的结合成为基本路径

佩珀和福斯特都主张生态危机的破解途径是生态正义与社会正义的结合。在佩珀看来，一方面，实现社会正义是生态正义的前提。只有实现了社会正义，才能破解生态危机，实现生态正义。佩珀提出生态健康面临社会非正义与环境退化这两大祸害，"实现更多的社会公正是与臭氧层耗尽、全球变暖以及其他全球难题作为斗争的前提条件"。④ 另一方面，生态正义与社会正义的结合，构建一个正义的生态社会主义社会。"'真正'的社会主义与共产主义的生态仁爱性的关键在于它的经济学。它被涉及来实现社会公正，同时

---

① ［英］戴维·佩珀：《生态社会主义：从深层生态学到社会正义》，刘颖译，山东大学出版社2005年版，第21页。

② ［英］戴维·佩珀：《生态社会主义：从深层生态学到社会正义》，刘颖译，山东大学出版社2005年版，第13页。

③ ［美］约翰·贝拉米·福斯特：《生态危机与资本主义》，耿建新、宋兴无译，上海译文出版社2006年版，第97—123页。

④ ［英］戴维·佩珀：《生态社会主义：从深层生态学到社会正义》，刘颖译，山东大学出版社2005年版，第一版前言第2页。

也力图避免……生态矛盾。"① 佩珀认为生态社会主义不仅要消灭资本主义、消灭贫穷，还要实现坚持自主性基础上的社会正义，包括国家自主性到共同体的自主性转型，自上而下的参与式民主，按需分配的分配正义。

福斯特与佩珀一致，共同继承了马尔库塞以社会革命作为生态危机的破解路径。即从社会革命出发，将保护环境与社会主义革命结合起来，生态革命与社会革命走向融合。与佩珀有所不同的是，福斯特更为具体地提出，生态社会主义的建立，不仅需要生态运动与社会运动的结合，更明确了道德革命的路径。一方面，生态正义与社会正义的结合需要一定的阶级力量，生态运动和社会运动的联盟有赖于这一革命主体来完成。"在资本主义社会中，各种形式的阶级压迫是普遍存在的。不斗争，想战胜阶级压迫从而取得进步是不可能的……但是资本主义依旧是人类政治运动的一大障碍，为建立社会主义社会，作为斗争的一个组成部分，这个障碍无论如何都要克服。"② 另一方面，福斯特认为，解决生态危机的具体路径是道德革命。这是因为以往的环境保护运动脱离了工人阶级而存在，环保主义者与工人阶级之间存在道德观念上的不统一和经济利益上的不协调，二者的分离削弱了斗争的效力。另外，资本主义社会存在"踏轮磨坊式的生产方式""结构性不道德"等问题，只有通过工人阶级发动道德革命的方式，才能真正推翻资本主义的生产方式。如其所言："从环境的角度看，我们除了抵制这种生产方式之外别无选择。这种抵制必须采取影响深远的道德革命的方式。"③ 值得注意的是，福斯特尽管开出了"道德革命"这一简单的药方，并指出工人阶级以作为道德革命的主体，但其并未真正触及资本主义的"结构性不平等"。

---

① ［英］戴维·佩珀：《生态社会主义：从深层生态学到社会正义》，刘颖译，山东大学出版社2005年版，第183页。
② ［美］约翰·贝拉米·福斯特：《社会主义的复兴》，《当代世界与社会主义》2006年第1期。
③ ［美］约翰·贝拉米·福斯特：《生态危机与资本主义》，耿建新、宋兴无译，上海译文出版社2006年版，第38页。

四 如何正义？——生产性正义的转向

生态学马克思主义认为生态正义的实现不是在分配领域而是在生产领域，以奥康纳为代表，提出从分配性正义到生产性正义的转向。

首先，传统社会主义存在生态非正义有其必然性和客观性，但本质上与资本主义生态非正义不同。奥康纳指出了传统社会主义社会生态危机产生的必然性，但产生原因并非社会主义制度。这不同于资本主义生态危机的根源。社会主义社会只有将社会主义与生态学、生态运动相结合，才能实现社会主义生态正义。奥康纳以原苏联等社会主义国家为例，承认传统社会主义国家发生生态危机的必然性，认为社会主义在发展初期以经济发展为目的，作为一种粗放型的经济类型，注重经济的增长效益与发展速度，必然会带来生态危机。但社会主义的生态危机与资本主义的生态危机之所以本质不同，原因在于资本主义生产的目的是剩余价值和利润，社会主义生产的目的是人民的需求。因此，奥康纳强调社会主义与生态之间并不绝对对立，生态非正义并非社会主义的本质，社会主义与生态之间是相互影响、相互促进的辩证关系，社会主义需要生态学的结合，因为生态学更能引起人们对于自然的尊重；生态学更需要社会主义的制度保障，因为社会主义制度通过宏观调控与民主集中制度，追求人的全面自由充分的发展。

其次，资本主义所追求的正义本质是分配性正义，而分配性正义由于其根本的缺陷在资本主义社会是不可能实现的。奥康纳认为分配性正义是"事物的平等分配"[1]，提出分配性正义包含了经济正义、生态或环境正义、社区或公共正义。而生态或环境正义包括了环境权益与成本风险的平等分配。他批判了资本主义制度下分配性正义的根本缺陷：（1）分配性正义把交换价值作为追求的目的，导致了对商品使用价值的忽视。"使用价值（最终产品）理论要以某种需求理论为前提。这种需求理论并不是根据个人对某种商品的主观评价（那往往是一种精英主义），而是根据使用价值再生产劳动

---

[1] James O'Connor, *Natural Causes: Essays in Ecological Marxism*, New York: The Guilford Press, 2003, p. 338.

力（更普遍地再生产整个社会）的方式来研究需求。"① （2）分配性正义注重定量正义，而忽视定性正义。当生态正义的本质是分配性正义时，对各种生态因素以及环境污染破坏的衡量标准是金钱。但资本主义已经逐步实现了生产和再生产的高度社会化，实现了劳动分工和功能的高度社会化，环境利益的分配以及环境危害的成本分配难以通过金钱来衡量，自此，资本主义生态正义就无法得到保障。（3）分配性正义注重的是个人权利而非社会权利，不能正确地处理个人与社会的关系，对个体层面正义的关注，缺失了对社会正义的关注。分配性正义实际上处理的是社会性债务（经济债务、生态债务和社区债务），生态或环境的分配性正义就是为了处理发达国家对后发国家欠下的生态债务，本应该被分期偿还。但因为分配性正义只是关注个体权利，忽略了社会整体权利，故此资本主义社会不可能从整体的人类利益和长远的人与自然的关系出发进行正义的分配。故此，奥康纳提出，资本主义社会的分配性正义不仅无法真正实现，而且还具有反自然或反生态的本质。

最后，生产性正义应该成为社会主义的根本目的。奥康纳认为，生产性正义即生产领域的正义，是指生产的主体享有平等从事生产的活动的权利，包括生产条件的正义和生产关系的正义。奥康纳提出生产性正义不同于分配正义：（1）生产性正义关注的是商品的使用价值而非交换价值。奥康纳强调使用价值的转向实质上就是对生态和环境的重视。（2）生产性正义追求的是社会正义而非个体正义。奥康纳认为生产性正义不是以个人的商品需求为评价标准，而是为了满足社会性的需求。（3）生产性正义的本质是质的正义而非量的正义。奥康纳认为，生产性正义正是通过将需求最小化与生态因素优先化的方式来减少甚至避免生态或环境的非正义。定量的分配性正义是为了实现平等的分配，但因为不是所有的事物都能够通过金钱量化，导致最终分配上的不平等，有其生态因素就很难通过交换价值和抽象劳动得以量化。但定性的生产性正义是为了满足人的基本需求和促进人的自我实现，其优先考虑生产过程中的生态因

---

① James O'Connor, *Natural Causes: Essays in Ecological Marxism*, New York: The Guilford Press, 2003, p. 320.

素。除此之外,哈维提出生产正义是空间正义的本质。哈维基于辩证法将空间生产正义的实现分为三种路径:全球空间生产正义、自然生产空间正义与城市空间生产正义。"他开创性地将'社会正义'纳入其空间分析视阈,将生产扩展到空间的视野,将'空间正义'作为'反资本主义斗争能够坚持的最好的评价地形'。"① 可以说,生产性正义是资本主义唯一可行的正义形式,而生态社会主义是实现生产性正义的唯一可行的路径。

综上所述,生态学马克思主义的生态正义理论内容丰富,具有一定的理论价值。首先,生态学马克思主义的生态正义理论深化了马克思主义的生态理论,将正义的主体论域拓展到生态及其系统,拓展了生态正义理论的学科领域。其次,生态学马克思主义揭示了生态可持续性是生态正义的价值标准,认为社会正义是生态正义的本质,这些理论弥补了生态中心主义、环境运动对生态正义理解的不足,赋予了生态正义更强的生态可持续发展与社会正义的理论特色。最后,生态学马克思主义分析了传统社会主义社会生态危机的原因,试图寻求生态正义的实现路径,尝试提出以生产性正义为核心的生态社会主义为解决方案。

但生态学马克思主义的生态正义理论也存在着弊端与局限。这主要在于,其对资本主义生态非正义的破解倾向于制度批判与顶层设计,缺乏主体力量和科学、合理的实现路径,无法从根本上破除资本主义私有制的痼疾,其所提出的生产性正义与生态社会主义的路径,只能作为一种过于理想化的顶层设计并最终陷入乌托邦幻象。(本书第四章将对这一点进行详细论述)

第二节 生态伦理学的生态正义理论

所谓生态伦理学,"是一门以'生态伦理'(或'生态道德'

---

① 廖小明:《生态正义:基于马克思恩格斯生态思想的研究》,人民出版社2016年版,第123页。

'环境伦理')为研究对象的应用伦理学"①。生态伦理学经历了四个阶段:(1)18世纪到20世纪初的孕育阶段,主要包括杰斐逊的"农业天然道德论",泰勒的"田园共和主义",爱默生的超验主义理性自然观和梭罗的超验主义实践自然观,以边沁、劳伦斯、尼乔尔松、塞尔特为代表的欧洲动物保护伦理思想,以及以平肖为代表的资源保护主义和以马什和缪尔为代表的自然保护主义等。生态伦理学家基于伦理学对人与自然关系的多层次阐释与解读,实现了伦理学从人类社会到生态环境的拓展,但此时的生态伦理思想仍处于酝酿和萌芽阶段,对生态伦理和生态道德的理解还不构成一个学科体系。

(2)20世纪初到20世纪60年代末的形成阶段,主要包括阿尔贝特·史怀泽的"敬畏生命"伦理,克莱门茨的"顶级群落"理论,蕾切尔·卡逊的生态整体主义自然观,以理查德·贝尔、瑞克·纳什、怀特为代表的伦理平等主义生态神学、罗德米尔克的管理派生态神学、惠尔特曼的创造论生态神学和查尔丁的过程生态神学等。这一阶段已经明确地提出人与自然之间的生态道德问题,并提出了诸如"自然权力""自然的内在价值"等生态道德相关的概念。"这些概念成为生态伦理学创立的重要理论支点……这一时期所探讨的生态伦理问题对生态伦理学发展起到了某种定向作用,直至今天所探讨的许多问题都可以在这里找到源头。"②

(3)20世纪70年代到20世纪90年代末的繁荣发展阶段,这一阶段出现了生态伦理学的诸多思想流派,比如以布莱斯通、帕斯莫尔、诺顿、默迪、海华德等为代表的人类中心主义,以辛格、雷根为代表的动物解放/权利论等。这一阶段呈现出几个特点:其一,生态伦理学的学科体系已经建立并逐步整合和完善。其二,生态伦理学的研究队伍不断壮大,研究机构和研究著作相继出现,研究成果卓著,促进了生态伦理思潮的蓬勃发展。其三,生态伦理学逐步摒弃了意识形态上的差异,走向了国际共识和合作。其四,生态伦

---

① 任重:《生态伦理学维度》,江西人民出版社2012年版,第3页。
② 李培超:《自然与人文的和解 生态伦理学的新视野》,湖南人民出版社2001年版,第27页。

理学的学科体系化和思想多元化,其理论开始指导实践,生态伦理思潮成为环境保护运动的重要价值导向。

(4) 20世纪90年代至今的深化与转型阶段。这一阶段生态伦理学出现了诸多动向和趋势,比如"实践取向""整合和超越""关注环境正义""寻求新的哲学基础""走向全球环境伦理学"①等多元转向。

基于不同的理论支点,可以将生态伦理学的基本观点概括为:人类中心论、动物解放和权利论②。基于不同的价值立场,生态伦理学的主要观点包括:自然的双重价值、个体价值(动物解放论、生命平等论)、整体价值(大地伦理学、深生态学)等。生态伦理学的理论呈现出多元化的态势,但同时也表现出"一种无定性的状态,这主要是因为它在今天还远远没有完成自己的定位(理论定位、价值定位和文化定位)"③。即使如此,生态正义思想仍是生态伦理学不可或缺的重要内容,这可以从生态伦理思潮与环境正义运动的密切关系得以彰显。从国内的研究成果来看,诸多探究生态伦理学的正义倾向多是以环境正义运动的实践性内容为主,缺乏生态伦理学的正义理论研究。为此,以下从生态伦理学的理论维度和实践维度,对生态正义的论域、价值标准、本质转向和实践路径四个方面给予研究。

一 谁之正义——践行环境正义的生态正义论域

生态伦理学所主张的正义论究竟是环境正义还是生态正义?回应这个问题,需要首先回答两个问题:生态伦理学与环境伦理学的关系如何?生态伦理学的正义论域是否必然是环境正义?

---

① 杨通进:《环境伦理:全球话语 中国视野》,重庆出版社2007年版,第74—82页。

② 也有学者从是否以人类为中心的基本立场进行考察,将生态伦理学的主要观点概括为:人类中心主义、反人类中心主义(动物平等论、生命中心论、生物中心论)、超越人类中心主义(人类中心主义和反人类中心主义的整合)。参见李培超《自然与人文的和解 生态伦理学的新视野》,湖南人民出版社2001年版,第33—38页。

③ 李培超:《自然与人文的和解 生态伦理学的新视野》,湖南人民出版社2001年版,第40页。

(一) 共同体思维证实了正义的生态主体论域

大多数学者都认为，生态伦理学与环境伦理学二者可以互换。"生态伦理学与环境伦理学虽称谓不同，但二者完全一致。"① 实际上，生态伦理学确实与环境伦理学密不可分。环境伦理学先于生态伦理学出现，生态伦理学要比环境伦理学的研究范畴更广泛②、更系统和更前沿③。生态伦理学通过伦理学与自然环境、生态环境、生态系统的不断融合，形成了人类对自然环境的责任、权利和义务，建构了人与自然关系的生态道德、生态系统作为一种共同体的各个方面的生态伦理。环境伦理学也强调前两点，但其缺乏对生态系统作为一种共同体或整体思维高度的考察。"'生态伦理'很大程度上就是作为整个'共同体'的生态道德，是讲作为一个'整体'的生态体系之内的'善'或'恶'的，不仅要求人类将其道德关怀从社会延伸到非人的自然存在物或自然环境，而且呼吁人类把人与自然的关系确立为一种普世的道德关系。这也是生态伦理学的思想高度。"④ 也有学者明确指出："生态伦理学不仅把人、社会、自然视为一个生态共同体，而且把它看作一个协同发展的共同体，把同等的关怀给予自然。"⑤ 由此，生态伦理学的共同体思维，不仅区分了生态与环境的研究范畴，也彰显了正义的生态主体论域。

---

① 杨梅云、文青：《关于生态伦理学若干问题的述评》，《社会科学动态》1997年第11期。

② 也有学者提出"生态伦理学为环境伦理学与生命伦理学的总和"。之所以将生命伦理学纳入生态伦理学的范畴，实际上将人类生命、动物生命、植物生命等生态系统的生命伦理纳入其中，考虑到人类自身的自然属性，从而拓展了生态伦理学的研究范畴。参见陈红燕《中学生物渗透生态伦理教育的探索与实践》，华南理工大学出版社2017年版，第3页。

③ 学者余谋昌认为中国生态伦理学研究从学习西方环境伦理学起步，现在需要建立属于自己的中国环境伦理学学派，"只有建立自己的话语体系、理论框架和概念体系，形成自己的环境伦理理论和实践，才能够真正在中国土地上站立，并对解决实际问题起到应有的作用"，因而主张突破西方环境伦理学仅仅关注自然环境伦理学这一论域，提出中国环境伦理学应该包括"自然环境伦理学、社会环境伦理学、精神环境伦理学"。参见任重《生态伦理学维度》，江西人民出版社2012年版，序第1—2页。

④ 任重：《生态伦理学维度》，江西人民出版社2012年版，第4页。

⑤ 宣裕方、王旭烽主编：《生态文化概论》，江西人民出版社2012年版，第91页。

(二) 环境正义运动作为生态正义的实践内涵

一般认为,生态伦理学的正义论域是环境正义,因为生态伦理学与环境正义运动密切相关。即使环境正义运动受到生态伦理学的深刻影响,但并不足以说明环境正义就能涵盖生态伦理学正义的全部论域。可以说,环境正义运动是生态伦理学从理论研究向实践探索的转向,所以环境正义可以作为生态伦理学正义理论的一部分,但并不足够充分。环境正义运动不仅促使生态伦理学从理论论证到实践探索的转向,强化并完善了生态伦理学的实践内容,更丰富和完善了生态伦理学的理论内容。比如西方环境正义运动也孕育了一批现代新的生态伦理学家,比如彼得·温茨的分配正义理论和南茜·弗雷泽的承认正义理论等。

(三) 多元正义模式成为生态正义的理论内涵

从正义范畴来看,伴随着生态伦理学的不断丰富和完善,对正义理论的研究也不断深化和转型。一方面,生态伦理学的正义理论不仅从国内正义拓展到了国际正义和全球正义,从代内正义拓展到代际正义、种际正义,从区域正义拓展到普遍正义,从个体正义、群体正义拓展到共同体的正义,从具象的正义拓展到抽象的类正义等。生态伦理学对正义理论的延伸和拓展是丰富的和多元的。另一方面,从生态伦理学的价值立场来看,不同的生态伦理思潮所坚持的立场各有不同。生态伦理学所主张的人类中心论、生物中心论、生态中心论和环境正义论的观点各有不同,人类中心论归属于目的论伦理学,动物解放论归属于功利主义伦理学,动物权利论以康德的道义论伦理学为学科根基。实际上,基于不同的伦理学,会产生不同的正义理论。"纵观西方思想史,有几种典型的正义论模式:目的论模式——柏拉图、亚里士多德;权利论模式——洛克、诺齐克;功利论模式——密尔;综合论模式——休谟、罗尔斯;动态模式——沃尔泽。"[①] 生态伦理学的正义理论包含了丰富的伦理学立场。人类中心论归属于目的论,动物解放论归属于功利论,动物权利论则归属于道义论。可见,生态伦理学的正义类型与正义立场更为广泛和多元。

---

① 刘钊:《从西方正义模式看马克思主义正义观》,《西部学刊》2016 年第 9 期。

二 为何正义——基于发展的三维评价

生态伦理学批判了传统发展观的不可持续性，认为应重新审视发展的价值标准。传统发展观强调经济的增长，强调人对自然的控制、征服和改造，其结果必然是经济突飞猛进的同时，生态文明与人类文明的发展背道而驰，出现了诸多环境污染、生态破坏、资源不足、贫富不均等社会问题。正是基于此，生态伦理学看到了传统发展观的不足，认为传统发展观的本质是经济增长观，忽视了社会的整体进步，即发展绝不仅仅是经济的增长，其包含的是经济、政治、文化、社会、生态整个社会体系的共同进步；发展也不是人类独有的进步，更是人与自然的协同共进；发展也不是当代人的短暂发展，而是当代人与后代人的持续共享。故此，生态伦理学通过对传统发展观的价值清理和伦理审视，提出："它所赖以进行的价值假定和价值承诺需要给予价值批判，它所赖以引导的价值理念、价值原则、价值尺度需要提出前提性检讨和追问：'能够发展的'和'应当发展的'并非同一问题域，需要做出严格区分和清晰界定；发展应该在空间维度、时间维度和时空耦合上保有公正性。"[①]

首先，从发展的空间维度看，生态伦理学主张代内正义。生态伦理学所倡导的代内正义是不同区域、不同群体之间的正义，包括国内正义、社会正义、全球正义、地理正义、个体正义、种族正义、女性正义等。从理论上，代内正义不是某个人的正义，而是某群人的正义，是我们的正义，是所有人类的正义。也可以称为"类正义"，其本质是抽象的正义与普遍的正义。从实践上看，美国生态学家哈丁提出了著名的概念"公有地的悲剧"，认为正是分配的正义导致了"公有地的悲剧"，想要避免这一悲剧需要"救生艇伦理"[②]。"救生艇

[①] 曾建平：《环境正义：发展中国家环境伦理问题探究》，山东人民出版社2007年版，第46页。

[②] 救生艇伦理认为地球上各国之间的关系是一种救生艇式的关系，由于救生艇的承载力有限，发展中国家的救生艇无法容纳的人必然要爬到发达国家的救生艇上来。对此，发达国家要采取强硬立场，不应去援救穷国下沉的救生艇和那些坠入水中的穷人，这虽然有悖于一般的伦理准则，但却符合"救生艇伦理"的要求。参见刘湘溶、曾建平《作为生态伦理的正义观》，《吉首大学学报》（社会科学版）2000年第3期。

伦理"以贫穷与富有为条件，适用于国家层面（富国与穷国）、地区层面（富区与穷区）、群际层面（富群与穷群）、个体层面（富人与穷人）。可见，不管任何国家都存在弱势群体（种族、性别、阶级）以及经济欠发达地区，生态伦理学正是基于这些问题，提出不同群体、不同区域之间的正义要求。另外，生态伦理学也非常注重男女性别之间的正义，并形成了生态女性主义的理论流派。生态女性主义是西方妇女运动的理论成果，其从20世纪70年代开始出现，最先由法国女性主义者奥波尼提出来。生态女性主义正是看到了女性存在诸多方面的不平等，而生态女性主义的核心就是解放自然就必须解放女性。

其次，从发展的时间维度看，生态伦理学主张代际正义。代内正义按照时间的同一性与空间的差异性，通过同一时代的人们之间的公平正义追求体现了发展的空间维度，代际正义则按照空间的同一性与时间的差异性，通过前、后代人之间的公平追求展现了发展的时间维度。代际正义包括前代人与当代人之间、当代人与后代人之间关系的正义。代际正义并不是自古至今就存在，当代人与后代人之间的公平与正义的观念开始于启蒙运动时期，代际正义的观念开始出现并逐步得到认同。罗尔斯认为代际正义的本质是利益分配的正义，如罗尔斯所言："对下一代的任何人，都有现在的这一代的某个人在关心他，这样，就使所有人的利益都被照顾到了，在无知之幕的条件下，全部的线头都接到了一起。"[①] 从现实的生态关怀来看，不同学者就不同的视角提出了代际之间的正义问题。其一，基于人口增长的视角，保尔·埃里希于1968年出版《人口爆炸》一书，指出人口的快速增长是生态环境污染和破坏的主要原因，正是因为人口的迅速增加，使得能源消耗、食品供应、住房以及就业安排等需求日益上涨，不仅产生了各种垃圾和环境污染，也导致了环境难民的出现，使得人类未来的生存空间不断缩小。其二，基于发达国家的消费方式，美国学者艾伦·杜宁就曾指出，今天的工业化社会实质上就是一个消费社会，消费社会并没有使人们感到满

---

① ［美］约翰·罗尔斯：《正义论》，何怀宏译，中国社会科学出版社1988年版，第123页。

足，更多的是精神的空虚。其三，基于可持续发展的视角，① 1972年联合国斯德哥尔摩人类环境大会在《联合国环境方案》首次提出"我们不是继承了地球，而是借用了子孙的地球"，正是这句话提出了当代人对后代人的道德责任和道德义务。2015年联合国大会第七十届大会上通过的1号决议《变革我们的世界：2030年可持续发展议程》指出了可持续发展的17个总目标和169个具体目标，并强调这一议程的宗旨在于"要让所有人享有人权，实现性别平等，增强所有妇女和女童的权能。它们是整体的，不可分割的，并兼顾了可持续发展的三个方面：经济、社会和环境"②。由此可见，可持续发展不再是一种经济发展模型，而是一个综合性的社会发展理论。"可持续发展战略的实现必须有一种强有力的价值导向或伦理支撑。"③

最后，从发展的耦合维度看，生态伦理学主张种际正义。种际正义并非自古有之，其之所以产生，根源于人对自然的过度开采和利用，从而导致了环境污染和破坏。由此，人类开始审视并反思人与自然的关系。一方面，种际正义基于人类中心主义价值立场的历史反思和现代质疑而形成。人类中心主义包括传统表现形态和现代表现形态。传统人类中心主义主要以四种表现形态广为流传，"分别是自然目的论、神学目的论、灵魂与肉体的二元论及理性优越论"④。默迪将传统的人类中心主义分为前达尔文式人类中心主义与达尔文式人类中心主义，认为传统人类中心主义已经过时了，需要现代人类中心主义，即人类要反思自己在自然中的位置，并采取一种合理和必要的观点。诺顿提出强式人类中心主义与弱式人类中心主义，前者以人类的感性意愿为价值尺度，后者以理性意愿为价值尺度，故此必须抛弃强式人类中心主义，要以弱式人类中心主义价

---

① 李培超：《伦理拓展主义颠覆：西方环境伦理思潮研究》，湖南师范大学出版社2004年版，第165页。
② 联合国公约与宣言检索系统——宣言·规定·说明——变革我们的世界：2030年可持续发展议程. https://www.un.org/zh/documents/treaty/files/A-RES-70-1.shtml.
③ 李培超：《论生态伦理学的基本原则》，《湖南师范大学社会科学学报》1999年第5期。
④ 杨通进：《人类中心论：辩护与诘难》，《铁道师院学报》1999年第5期。

值论为宗旨。故此，奉行弱式人类中心主义的必须是具有充分理性观念的人。只有这样，才能公正分配和合理处置自然环境资源。

另一方面，种际正义是以非人类中心主义为价值立场。非人类中心主义包括动物解放/权利论等。动物解放论的代表人物辛格从"大多数人都是物种歧视者"提出了"物种歧视主义"的概念，强调"动物也会疼痛"，"一切物种均为平等"的观点。动物权利论的代表人物雷根与辛格的观点有很多相似之处，主张将道德关怀扩展到各种非人类存在物身上，反对各种残暴的动物试验和各种虐杀动物的行为等。雷根不同意辛格以感觉为评价动物道德地位的标准，提出"动物权利"的概念，认为只有动物权利得以承认，其道德地位才能得以保障。史怀泽和泰勒则分别提出了"敬畏生命"和"尊重自然"的核心理念，提出将道德关怀拓展到所有生命体身上。正如史怀泽所言："到目前所有的所有伦理学的最大缺陷，就是它们相信，它们只须处理人与人的关系。"①

三　生态正义的实质是社会正义

生态伦理学，"并不是与社会伦理和社会正义无关的理论架构，它就是一种正义论，或者把它称之为生态正义论——由生态问题出发的正义思考。换句话说，生态问题的最终解决还是要通过社会关系的调整才能实现，任何忽视生态问题的社会根源的环境伦理学都是抽象的，缺乏实践基础的"②。

（一）生态危机的根源是社会不合理架构

生态伦理学揭示了生态危机的根源在于社会的不合理架构。"它试图透过生态危机的表层来揭示社会的深层危机，认为生态问题并不是简单的价值观和自然观问题，而是普遍的社会正义危机的问题。具体来说就是代际正义危机、代内正义危机、男女之间的正义危机，而这些危机又反映出社会结构或社会制度

---

① ［美］罗德里克·弗雷泽·纳什：《大自然的权利：环境伦理学》，杨通进译，青岛出版社1999年版，第73页。
② 李培超：《伦理拓展主义颠覆：西方环境伦理思潮研究》，湖南师范大学出版社2004年版，第31页。

的不合理性。"① 首先,社会生态学和生态女性主义深刻揭示了这一观点。以往生态伦理学将生态危机归结为荒野保护或生物圈的保护,其无法揭示生态问题的根源和实质。根据社会生态学和生态女性主义的观点,生态危机的根源并不是人与自然之间关系的问题,"包括生物中心主义和深层生态学家们所长期主张的那些观点,都被认为是不着边际的事情,最大的社会不公,应当起源于人类社会的种种体制因素"②。其次,社会的生态结构成为生态正义的起点和归宿。"社会的生态结构是我们思考和认识生态道德的重要基础,而生态道德要致力于认识和解决好人与自然的权利和关系问题。……基于自然的和谐关系所形成的人与人、人与社会、人与自然之间的关系到底应该是何种状态,这是生态道德研究必须回答的重要命题。……发挥善性也好,对自然生态、生命共同体及生物多样性的关注也罢,本质上就是追求一种自然—人—社会的和谐统一性,这是生态正义的原初价值。"③ 最后,人、自然、社会的关系是社会生态结构的内在本质。社会生态学家布奇基于辩证的自然主义提出人、社会、自然是共同进化和协同发展的。布奇批判社会与自然二分的做法,提出人与自然的关系不是按照先后时间来分析的,不是因为先有社会等级制度才会有人对自然的掠夺;也不是先有人的支配性才有人类中心主义。可以说,基于辩证自然主义的观点,人与自然、社会之间始终是相互作用的,在时间上无法分出先后,也不存在先后的因果关系,而是相互影响、相互作用的辩证关系。由此,人类社会的生态并不仅仅是人与自然的关系,还包含了人、自然、社会之间的相互关系。

(二) 生态非正义的实质是社会非正义

社会生态学家基于生态整体主义提出生态的非正义的实质就是社会的非正义,包括代内非正义、代际非正义和种际非正义等。所谓生态整体主义,就是将人、自然与社会看作一个系统的整体,它

---

① 李培超:《伦理拓展主义颠覆:西方环境伦理思潮研究》,湖南师范大学出版社2004年版,第31页。
② 转引自任重《生态伦理学维度》,江西人民出版社2012年版,第117页。
③ 任重:《生态伦理学维度》,江西人民出版社2012年版,第117—118页。

们彼此之间是相互影响和相互制约的关系,共同构成了生态整体,并要遵循生态的原则。布奇认为人对自然的统治就像人类社会中男人对女人的统治、老人对小孩的统治、宗教和军事实体对平民的统治,这前后的状况是一致的,他不主张突出某一方面的原因或作用,正是基于此,布奇分析人与自然的关系时,提出人、自然、社会之间是共同进化和协同发展的,所以人的状况、社会的状况必然影响自然的状况,而自然的状况反过来也会影响人的状况、社会的状况。所以生态环境所出现的问题与人的问题和社会的问题密不可分。布奇强调生态正义的"社会性",认为生态非正义与社会非正义同属一个整体,生态非正义的实质就是各种社会的非正义,诸如代内非正义、代际非正义、种际非正义等。

(三) 生态革命是生态非正义的破解路径

生态伦理学主张通过生态革命破除生态非正义。首先,生态革命与农业革命、工业革命一样,具有十分重要的历史地位和社会价值。"在目前历史发展的紧要关头,需要进行一场像早期农业和工业革命一样规模的'环境革命'。"① 生态革命与农业革命、工业革命在规模和影响力上可以相提并论。"农业革命改变了地球的景观,工业革命则正在改变地球的大气层。……环境革命也和工业革命一样,立足于新能源的转移。它也像先前的农业革命和工业革命一样,将影响整个世界。"② 其次,生态革命更注重调整和改善社会关系,促进人、社会、自然的和谐统一。"环境革命虽然也要借助新的技术,但驱动因素却是我们要与自然和谐相处的迫切要求。"③ "这种环境革命要想取得成功,必须超越资本主义当前的生物圈文化和它的'更高的不道德',用一个生态与文化多样性的世界取而代之。这将是一个具有更完全更普遍自由的世界,因为它植根于公共道德并且与地球及其生活环境和谐一致。"④ 最后,生态革命表现

---

① 转引自任重《生态伦理学维度》,江西人民出版社2012年版,第117—118页。
② [美] 莱斯特·R. 布朗:《B模式2.0 拯救地球 延续文明》,林自新、暴永宁等译,东方出版社2006年版,第284页。
③ [美] 莱斯特·R. 布朗:《B模式2.0 拯救地球 延续文明》,林自新、暴永宁等译,东方出版社2006年版,第284页。
④ 参见任重《生态伦理学维度》,江西人民出版社2012年版,第117—118页。

为生态社会革命、生态政治革命、生态经济革命、生态文化革命多方面。比如沙别科夫认为生态革命涉及社会的各个部门，包括政治、经济、文化、教育、科技等社会各个方面。"环境革命波及到社会各部门，包括私人和国家部门。一个大的机构网正在对环境进行监控，并及时采取保护措施。七八十年代颁布的法规和成立的机构也都发生了深刻的变化。环境决定论让我们这个社会处于一个变革阶段，尽管方式还没有被广泛接受。"① 社会生态学家布奇提出建设"生态化社区"。"这样的生态社区与大的自然环境是不可分割的，将采取管理价值的管理模式，提倡节俭，通过仔细地分析人的能力来判断他的行为所可能给大自然造成的影响。"② 生态思想家布朗提出生态经济革命，认为："根据生态学的原则重构世界经济，将带来历史上最大的投资机遇。……环境革命将无一例外地波及世界经济的所有部门。"③ 值得注意的是，生态伦理学更注重生态文化革命或者生态道德革命，并认为只有从生态价值和生态道德的角度展开生态革命，才能从根本上破除生态的非正义。如福斯特所言："面对全球生态危机的严峻挑战，许多人在呼吁一场将生态价值和生态文化融为一体的道德革命。"④ 生态道德革命体现在"对个体生存活动的生存价值肯定，对社会生态平衡和对自然价值的认同和关爱。在这样的价值理念视阈中，我们不难将自然、人和社会视为一个内在统一的整体，视为生态共同体和命运共同体"⑤。

四 多种正义：生态正义的实现路径

无论是生态学马克思主义还是生态伦理学，都认为分配正义是生态正义的首要和基本的路径。但分配正义并不构成生态正义的唯

---

① ［美］菲利普·沙别科夫：《滚滚绿色浪潮：美国的环境保护运动》，周律等译，中国环境科学出版社1997年版，第111页。
② 李培超：《伦理拓展主义颠覆：西方环境伦理思潮研究》，湖南师范大学出版社2004年版，第189页。
③ ［美］莱斯特·R.布朗：《B模式2.0 拯救地球 延续文明》，林自新、暴永宁等译，东方出版社2006年版，第284—285页。
④ 转引自宣裕方、王旭烽主编《生态文化概论》，江西人民出版社2012年版，第90页。
⑤ 廖小明：《生态正义：基于马克思恩格斯生态思想的研究》，人民出版社2016年版，第119页。

一方式。除了分配正义之外,还有承认正义、能力正义、参与正义等路径。在生态伦理学家看来,生态正义的实现,需要通过分配正义和分配正义以外的多元正义方式来实现。

(一)分配正义是实现生态正义的基本路径

生态伦理学家认为分配正义是生态正义的核心问题。彼得·温茨提出,分配正义是环境正义的首要议题。爱德华兹提出:"环境正义的观点一致承认,无论是污染的负担,还是环境保护的利益,都没有在我们的社会中得到平等分配。谁为当代经济增长、工业发展和环境保护的政策付费,而又是谁从中受益,这一问题是环境正义运动的核心问题。"[①] 生态正义的分配正义涉及几个核心问题:在哪些人中分配才正义(分配主体正义)?分配给谁才正义(分配对象正义)?如何分配才正义(分配方式正义)?正如贝尔所言:"具体到环境正义,任何实质性的(作为分配正义的)环境正义的概念都必须回答三个核心问题:究竟谁是环境正义的'接受者'?到底分配什么?以及如何分配?"[②] 不同的生态伦理学家对这三个问题给出了不同的回应。

首先,一般而言,分配主体包括代内正义(富人与穷人之间的分配、富国与穷国之间的分配)、代际正义(现代人与后代人之间的分配)、种际正义(人类和非人类物种之间的分配)。米勒则提出国家(政治共同体)这一"正义的共同体"作为分配正义的主体边界,即"尽管一个分配正义的领域可大可小,可以是更大的社会中的正义,也可以是小群体如家庭和车间里的正义问题,但是民族国家在这里仍然具有特殊的地位,我们应把社会正义视作只在民族政治共同体的边界内适用"[③]。沃尔泽将政治共同体界定为分配正义的共同体,并给出三个理由:政治共同体有"共同意义的世界"并"产生一种集体意识";有"自己的共性纽带"能为分配正义"设立一个不能避免的背景";"一种将人民包括在内才能分

---

① 转引自王韬洋《环境正义的双重维度:分配与承认》,华东师范大学出版社2015年版,第65页。
② 参见王韬洋《环境正义的双重维度:分配与承认》,华东师范大学出版社2015年版,第61页。
③ [美]戴维·米勒:《社会正义原则》,应奇译,江苏人民出版社2001年版,第19页。

配的物品"① 才能成为分配正义的保障和基础。事实上,在分配正义理论中,将国家作为正义共同体的边界,将国家作为分配正义实施的主体范围,已经成为一种主流的观点。

其次,一般认为,生态正义的分配对象是环境善物和环境恶物。多布森就指出"正如社会正义是关于善物与恶物、利益与负担的分配,环境正义分配的对象也应该包括环境善物与环境恶物(以及作为其影响的环境利益与环境负担)两部分,分别意指那些'可以被积极或消极地评价的任何环境特征'"②。环境恶物包括一般意义上的环境恶物,比如"从空气和水污染、有毒废弃物污染、放射性核化学性污染到全球变暖、酸雨、臭氧层耗竭等的广泛内容"③。还包括特殊形式的环境恶物,即环境风险。贝克在《风险社会》中阐释了具有"不确定性""不可感知性""预期性"④ 三种类型的环境风险。环境善物是指被赋予积极意义的环境的一切方面,如米勒所言"它可以是一种自然特性,一种动物;也可以是一个栖息地,一个生态系统,诸如此类。因此,无论是臭氧层的保护,河流免受污染,西伯利亚虎的继续生存;还是可为登山者利用的开阔山地,以及古代纪念碑的保护"⑤ 等一切显在和潜在的环境善物。贝尔提出环境善物包括"基本的环境善物(清洁的空气等)、优质环境(包括居住地和可参观访问的其他地区的优质环境)和环境资源(特别是食物和取暖原料)"⑥ 三种内涵。多布森依据环境对人类福祉的作用,将环境善物分为"基本的"和"非基本"两种类型。米勒则依

---

① [美]迈克尔·沃尔泽:《正义诸领域:为多元主义与平等一辩》,褚松燕译,译林出版社2002年版,第34—36页。
② 王韬洋:《环境正义的双重维度:分配与承认》,华东师范大学出版社2015年版,第66页。
③ 王韬洋:《环境正义的双重维度:分配与承认》,华东师范大学出版社2015年版,第67页。
④ 王韬洋:《环境正义的双重维度:分配与承认》,华东师范大学出版社2015年版,第68—69页。
⑤ 参见王韬洋《环境正义的双重维度:分配与承认》,华东师范大学出版社2015年版,第68—71页。
⑥ 参见王韬洋《环境正义的双重维度:分配与承认》,华东师范大学出版社2015年版,第68—73页。

据环境善物是否能够成为人们的社会共识及其程度,将环境善物划分为:基本达成社会共识的环境善物、达成基本共识的环境善物、基本无法达成共识的环境善物。罗尔斯将基本的环境善物纳入了社会基本善,社会基本善(包括自由和权利、权力与机会、财富与收入等)不同于自然基本善(健康与精力、智力与想象力等),是由社会制度确定,受到社会基本结构直接控制和影响的,其分配需要由社会制度来调节。

最后,关于生态正义中分配方式的问题。对此,生态伦理学有两种典型的观点,即普遍主义和特殊主义两种路径。正如沃尔泽生动描述这两种路径的区别,普遍主义的正义路径是"走出洞穴,离开城市,攀登高峰,为自己塑造一个客观的普遍的立场"[①],特殊主义的正义路径是"站在洞穴里,站在城市里,站在地面上作描述"[②]。关于普遍主义的分配正义路径,古典功利主义主张追求"最大多数人的最大幸福",但以牺牲少数弱势群体的权益为代价,很难真正实现生态的分配正义,因而坚持自由主义的诺齐克主张通过获取正义、转让正义、矫正正义三原则来实现"持有正义",这使得环境的公共物品和公共权利的分配被忽略。这就是多布森所主张的普遍主义分配原则的局限性,即存在被剔除的信息基础的缺陷,多布森将其称为缺乏"可持续性"不足,"在未就因环境可持续性所产生的问题进行思考之前,任何关于社会正义的反思都将是残缺的"[③]。关于特殊主义的分配正义路径,不同的生态伦理学家提出不同的方案,包括沃尔泽的"物品理论",米勒的"社会关系理论",以及温茨的"同心圆理论"。沃尔泽基于分配物品的多样性、分配程序和分配机构的多样化,以及与之相匹配的分配标准的多元性,提出"多元主义"正义路径,即根据分配什么来决定如何分配的正义路径。米勒则提出不同于沃尔泽的多元正义论,"我的方案不是从社会物品及其意义开始,而

---

① [美]迈克尔·沃尔泽:《正义诸领域:为多元主义与平等一辩》,褚松燕译,译林出版社2002年版,第5—6页。
② [美]迈克尔·沃尔泽:《正义诸领域:为多元主义与平等一辩》,褚松燕译,译林出版社2002年版,第5—6页。
③ 参见王韬洋《环境正义的双重维度:分配与承认》,华东师范大学出版社2015年版,第68—95页。

是从我所为'人类关系的模式'开始。人类之间存在各种不同的关系,首先通过观察我们的关系的特殊性,我们能最好地理解别人向我们提出的正义要求"①。米勒认为国家、市场与社群是人与人之间发生关系的三种基本方式,分别提出"公民身份"按照平等分配,"工具性联合体"依据应得分配,"团结的社群"按需分配。温茨的"同心圆理论"描述了人与人之间的亲疏远近关系和道德关系是以自我为中心,呈放射状向外部不断扩展的同心圆。亲密关系也成为正义分配的标准和依据,越亲近的关系需要承担的道德义务就越重,亲密关系与道德关系成正比。即"我为一种多元主义理论辩护,在这种多元主义理论中,道德关系被描述成同心圆。……我们与某人或某物的关系越密切,我们在那种关系中的义务的数量就越大,并且/或者我们在那种关系中的义务的强度就越大"②。值得注意的是,温茨的亲密关系并非实然层面的,而是指应然的道德义务。

(二) 生态正义需要分配正义以外的多元正义

以分配正义的方式实现环境正义是有局限的,这种局限不仅体现在分配正义内部的局限,即通过分配正义的多元主义路径的破解,依然不能破除生态环境问题的复杂性和多样性。尽管分配正义在生态正义中占据着核心和基本的地位,但"将社会正义还原为分配正义却是一个莫大的错误"③。现实正义的诉求已经超出了分配正义的界限,比如"当社会对某些群体缺乏认同时,就无法做到真正的公平分配"④。为此,生态伦理学家尝试在分配正义之外,探讨生态正义的多元路径,包括"承认正义""参与正义""能力正义""气候正义"等。

首先,承认正义是"对群体身份及其差异的一种肯定"⑤。美国

---

① [美] 戴维·米勒:《社会正义原则》,应奇译,江苏人民出版社2001年版,第27页。

② 参见王韬洋《环境正义的双重维度:分配与承认》,华东师范大学出版社2015年版,第106页。

③ Iris Marizon Young, *Justice and the Politics of Difference*, Princeton: Princeton University Press, 1990, p.15.

④ 王云霞:《分配、承认、参与和能力:环境正义的四重维度》,《自然辩证法研究》2017年第4期。

⑤ 参见王云霞《分配、承认、参与和能力:环境正义的四重维度》,《自然辩证法研究》2017年第4期。

环境政治学家戴维·施劳斯伯格最早考察环境正义运动的实践经验，认为分配正义作为主流生态正义思想具有理论局限性，环境正义运动在实践层面需要承认的正义理念。由此，"承认"被纳入生态正义理论之中。霍耐特提出生态正义从分配正义转向承认正义。弗雷泽不同于霍耐特承认正义的规范一元论，而是提出再分配和承认并重的复合正义论。弗雷泽提出"为承认而斗争"是当前政治冲突的典型形式，他认为社会正义绝不仅仅是分配正义这一唯一的形式，而是要将承认这一范畴融合进来，认为正义是"二维"的。罗伯特·M.菲格特在弗雷泽的基础上，提出分配正义与承认正义不是非此即彼的截然对立状态，生态正义必须走出这种绝对对立的禁锢，走向二者的结合。霍耐特主张承认正义包括"爱"（私人领域的承认）、"法律的承认"与"社会重视"（公共领域的承认或承认的政治）。弗雷泽则避开批判分配和承认各自缺陷的哲学范式，走向"再分配"与"承认"二维正义的民间范式，并将其拓展到"参与性平等"的政治维度。弗雷泽分别从经济利益再分配、文化承认、政治参与三个维度，提出肯定式和改造式的策略，比如关注"群体差异"的利益再分配与文化认同，"代表权"等问题。无论是霍耐特基于尊严和重视的承认正义，还是弗雷泽基于三维复合的承认正义，其都揭示了生态正义的社会性，即生态正义的实现需要立足于当前社会关系结构，将承认正义与生态正义相结合，把经济、政治、文化与生态理解为整体，将其看作一个多元系统结构，才能矫正当今社会的生态非正义。

其次，参与正义是"可能被未来决策影响到的人拥有'知情同意权'。有权对于自身利益相关的决策发表意见，并进行表决"[①]。参与正义可以通过民主的决策得以实现，"民主的决策过程是社会正义的一个要素或一种状态"[②]。霍耐特强调民主权利对于参

---

① 参见王云霞《分配、承认、参与和能力：环境正义的四重维度》，《自然辩证法研究》2017 年第 4 期。

② 参见王云霞《分配、承认、参与和能力：环境正义的四重维度》，《自然辩证法研究》2017 年第 4 期。Iris Marizon Young, *Justice and the Politics of Difference*, Princeton：Princeton University Press, 1990, p. 23.

与正义的重要性。他追溯人们不被尊重和重视的根本原因在于民主权利的缺乏，一旦某人的民主权利被剥夺与拒绝，就会导致双重维度尊重的缺失，即不被别人尊重和缺乏自我尊重，而且也会导致人与人之间不平等。弗雷泽提出参与正义实现的客观条件和主体间条件。弗雷泽基于"参与性平等"的概念提出社会成员都没有劣势地、平等地参与社会生活，同时，她并没有将这种平等参与的目标理解为"好生活"的结果，而仅仅是个人自主思想的内在诉求。如何实现平等参与，弗雷泽提出两个条件："物质资源的分配必须是比如确保参与者的独立性和'发言权'"①的客观条件，与"要求制度化的文化价值模式对所有参与者表达同等尊重，并确保取得社会尊敬的同等机会"②的主体间条件。对于生态正义而言，公众参与生态治理是"个人或者民间团体自发或者自觉地保护生态环境，从而维护自己的生态权益以获得社会的生态正义"③。

最后，能力正义是指"衡量社会正义的指示器不仅要看商品的分配是否合理公正，更要看被分配的商品是否转化为了个人能力的最大发挥"④。多布森和努斯鲍姆都提出了"能力正义"，都认为，衡量社会正义的标准不仅需要分配正义，更需要能力正义。多布森认为所谓能力是一种"功能行使"的能力，即"专注于联合各种功能行使的机会……和人们是否自由地使用这些机会。一种能力反映的是一种功能行使组合的可选择方案，从其中人们可以选择一种组合"⑤。多布森认为实现人类繁荣、幸福等福祉取决于这种能力。多布森提到了五种基本能力，即"政治自由、经济设施、社会机

---

① ［美］N. 弗雷泽、［德］A. 霍耐特等：《再分配，还是承认》，周穗明译，上海人民出版社2009年版，第28页。
② ［美］N. 弗雷泽、［德］A. 霍耐特等：《再分配，还是承认》，周穗明译，上海人民出版社2009年版，第28页。
③ 陶火生：《马克思生态思想研究》，学习出版社2013年版，第141页。
④ 参见王云霞《分配、承认、参与和能力：环境正义的四重维度》，《自然辩证法研究》2017年第4期。
⑤ Amartya Sen, "Human Rights and Capabilities", *Journal of Human Development*, Vol. 6, No. 2, 2005, p.54. 转引自文贤庆《重新定义环境正义——能力径路初探》，《晋阳学刊》2020年第3期。

会、透明性保证和保护性保障"①。多布森尽管没有直接谈及生态环境中的能力正义路径，但其注意到能力运用到生态正义的可能性。多布森提及人类繁荣的时候会考虑人类整体的延续性，即"我们只有在保存一种产生福祉的能力方面才谈论可持续性"②。努斯鲍姆与多布森一样，都强调能力对于人类福祉的重要性，不同在于，一方面，努斯鲍姆拓展了多布森对能力主体的论述。多布森认为能力主体只有广义上具有政治自由的行为主体，从而拒绝了动物、植物甚或自然整体。努斯鲍姆认为人类和其他生物共享能力。另一方面，努斯鲍姆提供人类的十种核心能力，即"生存能力、身体健康的能力、身体完整的能力、理智、想象和思考的能力、情感能力、实践理性的能力、与他人的联盟和形成友好关系的能力、与其他物种保持良好关系的能力、玩耍的能力、控制个人环境的能力等等"③。努斯鲍姆认为能力正义是社会正义实现的前提条件。可以说，能力正义开拓了生态正义研究的新视野，但这一理论仍存在诸多疑点，即"从正义的尺度上看，单纯能力难以衡量个人的福祉；从正义原则的内容上看，能力清单难以成为重叠共识的对象；从正义原则的可行性上看，能力进路难以达到公开性的要求；从正义的论题上看，能力进路错失了相互性的正义维度"④。

除此之外，瑞士生态伦理学者克里斯托弗·司徒博提出气候正义，这"意味着防止、减轻和适应气候变化而采用正确和适宜的仪器、决定、行动、负担分割和责任性"⑤。他指出气候正义是生态伦

---

① Amartya Sen, *Development as Freedom*, New York: Anchor, 1999, p. 10. 转引自文贤庆《重新定义环境正义——能力径路初探》，《晋阳学刊》2020 年第 3 期。

② Amartya Sen, "Sudhir Anand: Human Development and Economic Sustainability", *World Development*, Vol. 28, No. 12, 2000, p. 2035. 转引自文贤庆《重新定义环境正义——能力径路初探》，《晋阳学刊》2020 年第 3 期。

③ Martha C. Nussbaum, "Capabilities as Fundamental Entitlements: Sen and Social Justice", Thom Brooks. ed., Global Justice Reader, MA: Blackwell Publishing Led., 2008, pp. 604 – 605.

④ 任俊、孙宏赟：《反思能力进路的正义理论：一个批判性的考察》，《哲学分析》2019 年第 8 期。

⑤ [瑞士]克里斯托弗·司徒博：《为何故、为了谁我们去看护？——环境伦理、责任和气候正义》，《复旦大学学报》（社会科学版）2009 年第 1 期。

理学的重要问题，阐释气候正义相关的十四种类型：即"和能力相关的正义""和行业相关的正义""和需要相关的正义""分配正义""正义作为平等对待""代际之间的正义""参与性正义""程序正义""运作正义""惩罚性正义""过渡期正义""恢复性正义""转变性正义""时机正义"等①。

生态伦理学的生态正义理论正确指出，生态革命或生态运动不再是以政治革命为核心，而是每一个人、每一个生命体都有权利和义务参与的道德变革。这种道德变革不同于政治革命的暴力性，是非暴力的，是需要生命体之间的相互合作，具有世界性和普遍性。可以说，生态伦理学的生态正义理论提供了一条道德治理的路径，同时也为从道德规范的层面深刻理解生态正义提供了理论支撑和伦理反思。同时人们要看到，生态伦理学的生态正义理论存在不足之处，需要继续完善。从理论层面看，生态伦理学仍需不断完善生态正义的理论体系，因为诸如自由主义正义观、社群主义正义观等都不能照搬过来应对生态环境的问题，生态伦理学需要建立自己的生态正义理论。从实践层面看，通过道德革命的方式实现生态正义需要更加详细和明确的道德规则，仅仅确立多元正义路径是不够的，具体如何实现这些正义的规则有待进一步深化。

第三节 生态经济学的生态正义理论

生态经济学，"是一个多学科和跨学科的学术研究领域，旨在解决人类经济和自然生态系统在时间和空间上的相互依存和共同演化"②。一般认为，生态经济学经历了孕育、产生与发展三个阶段。以20世纪60年代为界，之前为孕育阶段，之后为产生与发展阶段。

---

① ［瑞士］克里斯托弗·司徒博：《为何故、为了谁我们去看护？——环境伦理、责任和气候正义》，《复旦大学学报》（社会科学版）2009年第1期。
② 周冯琦：《生态经济学国际理论前沿》，上海社会科学院出版社2017年版，第154页。

生态学的诞生以及生态学向经济社会领域的拓展为生态经济学的诞生奠定了基础。1869年德国生物学家海克尔提出"生态学"的概念，20世纪20年代中期，美国科学家麦肯齐提出"经济生态学"一词；1962年，美国海洋生物学家蕾切尔·卡逊在《寂静的春天》一书中首次结合经济社会问题开展生态学研究，对美国滥用杀虫剂所造成的危害进行生动的描述。1966年，美国经济学家肯尼斯·鲍尔丁首次提出"生态经济协调理论"，标志着生态经济学作为一门学科正式诞生。此后福雷斯特的《动态平衡经济论》，罗马俱乐部的《增长的极限》，里夫金和霍华德合著的《熵——一种新的世界观》，罗马俱乐部的《人类处于转折点》《我们共同的未来》《关心地球：一项持续生存的战略》《21世纪议程》等研究成果的出现标志着生态经济学进入快速发展时期。也有学者将快速发展阶段细分为三个阶段"学科交叉推动下的聚合发展阶段（20世纪80年代至90年代初期）""学科分歧扩大下的分化发展阶段（20世纪90年代中期以后至2000年）""问题导向下的包容与辩证发展阶段（2000年以后）"[1]。

生态经济学的主要观点包括"增长的极限"学说、"宇宙飞船经济"学说、外部效应论、"公共产品论"等。也有学者提出生态经济学包括自然资本理论与生态服务理论等，并从方法论的角度，概括了生态经济学的五种常用方法，即"成本—效益分析、能值分析、绿色经济核算、生态足迹、生态系统服务价值评估"[2]。生态经济学的生态正义理论涵盖了论域、标准和路径三个方面的内容。

一　涵盖环境正义的生态正义论域

如果说生态伦理学的生态正义理论与环境正义运动之间相互影响，相互促进，反映了理论与实践之间的辩证关系，因而用"践行"这一词形容生态伦理学中环境正义运动与生态正义理论的关

---

[1] 齐红倩、王志涛：《生态经济学发展的逻辑及其趋势特征》，《中国人口·资源与环境》2016年第7期。
[2] 周冯琦、陈宁等编著：《生态经济学理论前沿》，上海社会科学院出版社2016年版，第18页。

系。而生态经济学从生态学的确立,到生态学融合到自然资源领域,再到生态学拓展到经济社会全领域,正义的论域也开始不断扩大,从环境正义逐步转向生态正义。故此,可以说,生态经济学的正义论域是"涵盖"环境正义的生态正义。

首先,生态经济系统是生态经济学的研究对象。生态经济系统是生态系统和经济系统的复合系统,其蕴含了三层意蕴:(1)生态与经济之间的矛盾构成生态经济系统矛盾的两个方面,生态与经济之间的矛盾既不同于生态系统中生命与环境之间的矛盾,也不同于经济系统中人与人之间的矛盾,其包含了人、自然、社会、经济之间的多维关系体系。(2)生态经济系统是一个有机整体。生态经济系统并不是简单地将生态系统与经济系统相加之后进行研究,而是将生态系统与经济系统看作一个有机的整体,并探究二者之间的发展规律。(3)生态经济系统的基本矛盾包括两个方面:人类需求的无限性与生态系统供给的有限性之间的矛盾;人类生产和生活的不合理化和废弃物排放的增长,与生态系统调节能力和净化能力有限性之间的矛盾。正是这两方面的矛盾反映了生态经济系统的发展形式及其内在规律。著名生态经济学家罗伯特·科斯坦萨(Robert Costanza)对生态经济学的定义较为权威,指出"生态经济学是从最广泛的意义上阐述生态系统和经济系统之间的关系的学科"[1]。实际上,对生态经济学研究对象的梳理,可以看出生态经济学在研究对象上具有生态的至上性与系统的整体性特点。故此,生态经济学的正义论域应该是具有系统性和整体性的生态。

其次,从生态经济学与环境经济学的差异来看,生态经济学的正义论域是生态而非环境。彼得·巴特姆斯认为生态经济学比环境经济学的主题更为宽泛,生态经济学的主题除了与环境经济学相关的主题之外,还包括生态学和生物学的一些派生的主题。日本学者神里公虽然强调生态经济学可以被称为环境经济学,但对环境的外延给予了广义的理解。即"'环境'一词在这里的含义不仅包含着公害和条件等内容,而且意味着与人的生命有关的整个自然界(包

---

[1] 周立华:《生态经济与生态经济学》,《自然杂志》2004年第5期。

括资源)"①。有学者诠释了生态经济学与环境经济学在研究对象上的差异，认为生态经济学不同于环境经济学，尽管二者都包含对环境资源的开发和保护，但生态经济学还需要考虑生态过程中社会和伦理问题。故此，生态经济学的正义论域指向的是生态而非环境或资源。

最后，从研究主题来看，生态正义是生态经济学的重要论题。效率和公平是经济学永恒的主题，也是经济学研究的最终归宿，是经济学理论研究和社会实践不可回避的重大理论问题，由此，生态效率和生态公平在生态经济学中也占据着非常重要的地位。"生态经济学理论主要解决的学科问题之一是生态效率和生态公平问题。生态经济学中公平问题不仅涉及人与自然之间对各自的投入和产出平衡所作出的主观评价，也包括资源环境之间、人与资源环境之间投入—产出的主观评价与客观标准的融合。"② 在生态经济学的学科视角中，生态公平与生态正义是等同的。

二　可持续发展的价值标准

生态经济学以发展的可持续性为价值标准，批判以往机械主义发展观所导致的生态非正义，提出生态经济学的基本范畴和核心主题是可持续发展，最终形成以"生态—经济—社会"三维复合系统的基本内容。

（一）机械主义自然观是生态非正义发生的思想根源

国内学者沈满洪指出资本主义的生态非正义表现在生态非资源化、经济逆生态化、生态与经济的对抗三个方面。③ 生态非资源化是指生态资源并非经济物品而是自由物品，作为自由物品的生态资源往往很难体现其稀缺程度。不考虑生态代价的资源开发和利用就会导致资源危机。经济逆生态化实际上是指经济的发展抑制生态的和谐，导致生态的不平衡。生态与经济的关系有四种情况：一是生

---

① ［日］神里公：《生态经济学研究的课题和方法》，《国外社会科学》1980年第2期。
② 周冯琦、陈宁等编著：《生态经济学理论前沿》，上海社会科学院出版社2016年版，第18页。
③ 沈满洪：《生态经济学的定义、范畴与规律》，《生态经济》2009年第1期。

态文明建设追求的目标,即生态环境保护得好与经济增长得快,二者之间是一种良性互动的关系。二是生态环境保护得好,但经济增长得慢,这是一种只要生态保护,不要经济进步的零增长方式。三是经济增长得快,但生态保护得不好。这是发达国家工业化进程中所呈现出来的状况,为了经济的快速增长而忽略了生态环境,导致了生态危机。四是经济增长得慢,生态环境保护得也不好,这是一种"生态贫困型"模式。从人类发展的历史上看,第一种模式很难实现,大部分都是后三种模式,后三种模式其实反映了生态与经济的对抗关系,这也是生态非正义发生的根源。究其根本,生态与经济的对抗只是一种外在的表现,内在的本质就是人们所持有的机械主义的自然观。近代机械主义自然观是一种非生态的导向,呈现出"强势人类中心主义及征服自然观念的空前发展""还原论对世界认识的琐碎化""否认自然的内在价值为征服自然提供价值论上的依据","近代机械主义自然观在激发人们认识自然、改造自然的热情的同时,也被认为是导致现代社会环境问题的罪魁祸首"①。

(二) 可持续发展是西方生态经济学的基本范畴和核心主题

一般认为,西方生态经济学是可持续发展的经济学和管理学,这一点被国内学术界和国际学术界承认。"在国际上,生态经济学是要反思主流经济学的理论与方法,重建有关经济增长、社会公平、生态规模的新的总体性发展理论与行动原则,因此被认为是可持续发展的经济学和管理学。"② 可持续发展不仅成为西方生态经济学的研究思路和理论框架,更是其研究的基本范畴和核心主题。1990 年,"生态经济学:可持续的科学与管理"成为首届国际生态经济学讨论会的主题。

所谓可持续性,佩曼(Perman)给出了一般的概念,即"系指人类福利在无限时段内能维持的某种可接受的状态"③。科斯坦扎

---

① 付成双:《试论近代机械主义自然观的非生态导向》,《全球史评论》2011 年第 4 辑。
② 诸大建:《作为可持续发展的科学与管理的生态经济学——与主流经济学的区别和对中国科学发展的意义》,《经济学动态》2009 年第 11 期。
③ [英]罗杰·珀曼、马越、詹姆斯·麦吉利夫雷、迈克尔·科蒙等:《自然资源与环境经济学》,侯元兆主编,中国经济出版社 2002 年版,第 54 页。

(Costanza)在《生态经济学——可持续性的科学与管理》一书中综合生态学与经济学的观点，界定"可持续性，是人类经济系统与更广阔而又缓慢变化的生态系统之间的一种动态关系"①。他指出人类的可持续性必须以生态的可持续性为前提，人类的生命持续、经济繁荣与文化发展都必须要遵守生态系统的多样性、复杂性以及功能等原则。之后，科斯坦扎出版《生态经济学导论》《生态经济学前沿：罗伯特·科斯坦扎的跨学科论文》和《生态经济学的发展》，戴利出版《超越增长——可持续发展的经济学》与《生态经济学与可持续发展：戴利文选》等，都将生态经济的可持续性作为生态经济学的基本范畴。生态经济学家从生态系统的观点看到生态可持续性，就如"一个系统如果有弹性的话，它就是生态可持续性。粗略地讲，可以用主要生态系统的结构和特性的保持状况来评价可持续性"②。除此之外，可持续性也是生态经济学的根本动力和终极目标。"生态经济学在人与自然界之间的价值关系问题上遵循对立统一原则，其终极目标和根本动力是发展的可持续性；其基本规范是节制、适度原则。"③总之，生态经济学以生态的可持续性发展为核心，以不断丰富的可持续发展理论促进生态经济学的发展。

（三）"生态—经济—社会"的三维复合系统是可持续发展的基本内容

伴随着生态经济学的不断成熟与完善，对生态经济系统的理解不仅仅局限于生态系统与经济系统的复合系统，而是纳入了社会系统这一概念，生态经济学的研究对象从生态与经济的二维系统，转向了生态、经济、社会三维复合系统。这一点最早在2001年刊于《科学》的论文《可持续发展》一文中提出来，三维复合系统揭示了生态、经济、社会之间的辩证关系，分别从三种向度即生态向度、经济向度和社会向度揭示了可持续发展的基本内容。也有学者

---

① ［英］罗杰·珀曼、马越、詹姆斯·麦吉利夫雷、迈克尔·科蒙等：《自然资源与环境经济学》，侯元兆主编，中国经济出版社2002年版，第68页。
② ［英］罗杰·珀曼、马越、詹姆斯·麦吉利夫雷、迈克尔·科蒙等：《自然资源与环境经济学》，侯元兆主编，中国经济出版社2002年版，第68页。
③ 张德昭、韩梦婕：《生态经济学的价值蕴涵》，《重庆大学学报》（社会科学版）2015年第4期。

将21世纪之后西方生态经济学的国际理论前沿概括为生态宏观经济学、自然经济学、社会生态经济学三个领域,其中社会生态经济学实质上就是可持续发展的三维复合系统的理解。具体而言,"罗普克(2016)描述了生态经济学对于人类社会与基础环境相互作用的分析视野,及其在生态可持续性中促进更公平生活条件的目标。认为仅仅了解宏观经济关系本身是不够的、需要具体化当前的社会生产关系。卡利斯(Kallis,2013)等认为,工作分担是一种实现更加公平和可持续发展的社会的方式。茨维克(Zwickl,2016)等回顾了减少工作时间的历史事件和相关的学术(经济)辩论,提出生态经济学实证研究没有提供关于工作分担的负面宏观经济影响的一般性、强有力的发现,并强调了体制和政治环境的重要性"[1]。

三 生态核算、生态税收和生态补偿的实现路径

生态正义作为生态经济学的核心议题,能够反映生态正义的核心内容就是生态平衡或协调理论。目前来看,克服生态非正义需要采用经济学的方法,生态核算、生态补偿与生态税收是实现区域协调发展的重要路径。

(一)生态核算是实现生态正义的经济标准

生态核算即环境核算,根据《金融大辞典》的解释,环境核算是"出于保护环境的目的,为有效解决常规国民经济核算忽视环境和自然资源的主要缺陷而设置的核算"[2]。有三种环境核算的方法:实物核算法、货币核算法、福利核算法。

生态的实物核算法注重生态领域实物量的核算与实物账户的确立。"物理学为实物核算提供了理论依据,既运用于能量又运用于物质的热力学定律,与'经济簿记'相结合,形成了能量与物质流核算和实物投入产出表的基本框架。由于生命是地球上能源供应的来源,因此可用能量价值和能量账户来评估人类活动的环境和可持

---

[1] 周冯琦:《生态经济学国际理论前沿》,上海社会科学院出版社2017年版,第8页。

[2] 李伟民主编:《金融大辞典(3)》,黑龙江人民出版社2002年版,第1602页。

续性的发展状态。"① 自然资源核算就是一种实物核算法，其使用实物账户，注重能源、自然资源与原材料作为一种实物资产从而实现生态平衡，这种方法成为一些国家统计自然资源的常用方法。再如热力核算、能值核算与能量价值论是能量核算的多种类型。费舍尔·科瓦尔斯基（Fischer-Kowalaki）将社会工业代谢作为实物核算的理论基础。以社会代谢理论为基础，也产生了诸多实物核算的创新方法，比如"生态足迹"，作为一种物质流核算，这一概念最早是由加拿大哥伦比亚大学的雷斯教授（William Rees）和魏克内（Mathis Wackernagel）提出的②，这一核算方法突破了环境综合承载力的计算难题。

货币核算法不同于实物核算法，其从生态环境的实物量转向了货币量，从自然资源的实物账户转向了国民经济账户。"全球广为采用的国民核算体系（SNA）把经济手段的运用拓展到实物环境影响的经济评估。"③ 传统国民经济核算体系，以国民生产、收入、分配以及使用为基础创设国民账户，以此来评估国民经济的运行，国内生产总值GDP正是传统国民经济核算体系（SNA）最重要的核心指标。但因其未能反映自然资源作为一种资产对国民经济的贡献，没有反映生态环境的恶化所带来的经济损失，故此生态环境的货币核算法就有必要升级传统国民经济核算体系。联合国统计委员会于1993年将SNA体系修正并引入了"环境经济综合核算"体系（The system of Integrated Environmental and Economic Accounting, SEEA），SEEA在两个方面拓展了国民经济账户，一是纳入了自然资产，"环境资产是所有那些不存在所有权、也不能为生产提供自然资源投入或作为储存财富的（即经济收益）的非人造的自然资产"④。二是拓

---

① [德]彼得·巴特姆斯：《数量生态经济学：如何实现经济的可持续发展》，齐建国、张友国、王红等译，社会科学文献出版社2010年版，第117页。
② 两位教授于1996年合著《我们的生态足迹》（*Our Ecological Footprint*），William Rees, "Eco-Footprint Analysis: Meris and Brickbats", *Ecological Economics*, No. 32, 2000.
③ [德]彼得·巴特姆斯：《数量生态经济学：如何实现经济的可持续发展》，齐建国、张友国、王红等译，社会科学文献出版社2010年版，第141页。
④ [德]彼得·巴特姆斯：《数量生态经济学：如何实现经济的可持续发展》，齐建国、张友国、王红等译，社会科学文献出版社2010年版，第150页。

展了生产边界，比如荷兰统计局于 20 世纪 80 年代首创了荷兰国民核算矩阵 NAMEA，"是一种典型的混合账户。该账户与货币形式的国民账户平行增加了自然资源投入和废物排放残余产出的实物数据"①。"环境经济综合核算"体系（SEEA）于 2003 年进行了修订，"修订后形成了一个庞杂的报告。报告各部分的研究较为透彻，但其间也多有矛盾与模糊之处。报告提出 SEEA 仍然在完善过程中。SEEA 报告中的矛盾与模糊之处主要是由于报告中的晦涩概念和辨析，特别是在以下几个方面：经济增长的可持续性与 SEEA 的主要发展目标；以实物为单位汇总的环境影响与货币化的价值；将原始的环境统计纳入核算体系。结果是，SEEA 更像一个环境经济统计数据的框架，而不是一个整体的环境经济核算体系"②。

福利核算法则从社会福利的角度出发，不考虑生产活动中所消耗的环境费用或环境成本，主要以某些生产者的活动对其他生产者或个人造成的环境影响进行核算的一种方法。这种方法将自然界给予生产者的环境服务与受到生产者生产的损害纳入进来，自然界为生产者免费提供环境服务与自身受到生产的损害这隐含着社会福利的降低，故此需要通过调整国民净收入来平衡自然界的作用。环境福利核算方法的存在，来源于经济福利核算的指标。"经济学家通过增加或减去被选择的（可计量的）对人类福利有影响的效果测量福利，这些效果来源于产生效用的人类消费或收入。一系列时间序列指标，诸如经济福利指标（NEW）、可持续性经济福利指标（ISEW）或真实进步指标（GPI），启发性地表明过去通过生产和消费产生的经济福利趋势。"③

生态核算作为实现生态正义的经济标准，尽管已经取得丰富的成果，但要运用于生态环境的现实核算，仍有一定的困境，比如环

---

① ［德］彼得·巴特姆斯：《数量生态经济学：如何实现经济的可持续发展》，齐建国、张友国、王红等译，社会科学文献出版社 2010 年版，第 153 页。

② ［德］彼得·巴特姆斯：《数量生态经济学：如何实现经济的可持续发展》，齐建国、张友国、王红等译，社会科学文献出版社 2010 年版，第 180 页。

③ ［德］彼得·巴特姆斯：《数量生态经济学：如何实现经济的可持续发展》，齐建国、张友国、王红等译，社会科学文献出版社 2010 年版，第 205—206 页。

境价格定价难，统计方法并不成熟，缺乏基础统计数据。比如绿色GDP核算在国际层面仍然没有公认的、可操作性很强的、体系化完备且成熟的核算方法。

（二）生态税收是实现生态正义的限制手段

所谓生态税收，"凡是政府征收用于特定的环境或生态目的，或者征收设定的与环境和资源的数量因素有关，征收的目的是为了调节纳税人的行为，将对生态环境造成的负外部效应纳入行为者的决策函数，同时又具有强制性、无偿性和固定性的各种类型的交纳或支付，而不论其名为税收或收费"①。从对象来看，生态税收包括环境税和资源税；从目的来看，生态税收包括生态调节税和生态收入税；从形式来看，生态税收包括免税、减税、加税等。关于免税和减税，布朗提出了"税负转移"的政策。"税负转移是指改变税收的组成但不改变税收的水平。它是指减少收入税，同时对有害于环境的活动征税，用以补偿收入税的减少。破坏环境的活动包括排放碳、生成有毒废料、使用原始原材料、使用不能重复使用的饮料容器、排放汞、生成垃圾、使用农药、使用一次性产品等。对环境有害的活动还不止这些，但这些是应该通过税收予以组织的比较重要的活动。环境科学家对哪些活动应该多征税有广泛的共识。现在的问题是如何争取公众对大规模的税负转移给予支持。"②

"生态税收"这一概念最早是由阿瑟·赛斯尔·庇古在1920年出版的《福利经济学》一书中提出的，被称为"庇古税"。庇古最早提出根据污染所造成的危害程度应该对排污者征收税。"庇古认为征收排污税能够以最有效的方式将排放量降至与配置效率相一致的水平。每排放一个单位的废物，就必须缴纳一个单位的排污税。通过提高污染的价格并借此反映社会成本，环境税便可以保证污染者对自己的行为成本承担全部责任。"③ 生态税收是为了解决环

---

① 俞仲文丛书主编；杜放，罗昌财，陈文梅等：《生态税收研究》，广东科技出版社2003年版，第10页。

② [美] 莱斯特·R. 布朗：《生态经济：有利于地球的经济构想》，林自新、戢守志等译，东方出版社2002年版，第268页。

③ [英] 迈克尔·康门、西格丽德·斯塔格：《生态经济学引论》，金志农、余发新、吴伟萍等译，高等教育出版社2012年版，第354页。

境的外部性问题，是为了纠正环境污染者所做出的一种限制措施。这是因为针对生态环境的外部性问题都是负向的影响。"外部性指的是一个主体的行为对其他主体产生的非期望的影响，而当前的制度安排并不要求该主体对其行为负责。外部性可以是正的（诸如生孩子的社会效应），但是在环境政策范围内，我们更关心负外部性，比如，汽车尾气导致的空气污染会引发居住在公路边的人群患上呼吸道疾病。"①

庇古税作为生态环境领域的一种理想税收方式，在现实税收过程中存在一些困境：首先，庇古税要求征税的单位税等于社会边际成本与私人边际成本所产生的差额。但对社会成本与私人成本的具体信息和量化标准却很难实现统一。其次，庇古税在确定征税对象时有困难，现实生态环境污染的究竟是哪一个个体或企业所带来的污染，很难得以明确。再次，外部性测量上的标准难以实现统一。最后，环境污染的复杂性、独特性与差异性，使得庇古税难以通过统一的或者简单的征税标准来实现。基于此，后人对生态税收进行了修正和完善，比如布坎南和斯图拜恩提出征收双边税的办法，"主张向受害人也征收一笔税，数额相当于消除外部成本的费用，从而使受害人有能力显示其真实受害程度"②。巴罗（Burrows）则通过逐步控制法，对太高或太低的庇古税进行调整，以实现最优的税率，也可以通过立法规定税收的标准以及征税的方法。鲍威尔和奥茨提出了环境价格和标准程序法，通过确立最低的环境标准，对生产活动对环境的负面影响施加限制。亨利·乔治则在《进步与贫困税收》一书中提出收入型的税收，强调税收改革，通过强制和统一的税收标准，实现自然资源的最佳利用和对自然资源改进的可靠性，这种税收是自动执行的模式，通过收入型税收使得公共部门的增长促进经济增长，是一种增长导向型的自动税收体系。迈克尔·康门、西格丽德·斯塔格（Michael Common，Sigrid Stagl）强调为配

---

① ［英］迈克尔·康门、西格丽德·斯塔格：《生态经济学引论》，金志农、余发新、吴伟萍等译，高等教育出版社 2012 年版，第 354 页。
② 转引自杜放、罗昌财、陈文梅等《生态税收研究》，广东科技出版社 2003 年版，第 23 页。

置效率征税、为仲裁标准设定的税收，提出"可交易的许可证制度""最低成本原则""环境绩效债券"等做法①。

（三）生态补偿是实现生态正义的鼓励手段

生态补偿是以维持和保护生态系统的可持续性发展与服务为目的，通过经济补偿调动生态环境保护的积极性的各种规则、协调和激励的制度安排。生态补偿不同于生态税收的限制性措施，其是一种鼓励性的经济手段。西方生态补偿的理论来源于生态系统的服务功能。生态系统服务强调生态系统不仅为人类提供直接的产品，还可以为人类提供各种服务效能，包括供给、调节、文化以及支持等。美国生态学家罗伯特·科斯坦萨（Robert Costanza）1997年在《自然》期刊上发表了《世界生态系统服务与自然资本的价值》②一文，成为将生态系统服务价值纳入经济发展计算指标之中的主要代表人物。他的跨国研究团队估算，地球生态系统每年为人类提供的价值大约33兆美元的服务，而全球国民生产总额大约也不过才18兆美元。罗伯特·科斯坦萨提出永续福利经济指标必须包括四类资本，即人力资本、人造资本、社会资本与自然资本。自然资本就是生态系统可以为人类提供的服务。联合国千年生态系统评估（MA）的研究对生态系统服务起到了跨时代的作用。

1997年，地球理事会发布《对非持续性发展进行补贴》的研究报告，报告列举了每年这种补贴至少涉及7000亿美元。"世界上每年要花数万亿美元对毁灭它自己的活动给予补贴，这真是不可思议的事。"③ 值得注意的是，在西方生态经济学的学科视角下，补偿或者补贴并不完全是积极的影响。"戴维·鲁德曼在他阐述调整财政以利环境的精辟著作《世界各国的自然财富》中写道：'没有几项政府政策像补贴那样在理论上虽行不通而实际上却又大行其道的

---

① [英] 迈克尔·康门、西格丽德·斯塔格：《生态经济学引论》，金志农、余发新、吴伟萍等译，高等教育出版社2012年版，第354—369页。

② Robert Costanza, "The value of the world's ecosystem services and natural capital", *Nature*, Vol. 387, No. 15, May 1997.

③ 安德烈德穆尔、彼得卡拉麦：《给不可持续的发展发放补贴》，哥斯达黎加圣何塞，地球理事会，1997年；作者的话引自巴巴拉罗西特"评论家会谈前说，补贴危害环境"，《纽约时报》1997年6月23日。

了。提起补贴两个字,会让经济学家心惊肉跳,会让纳税人大光其火,会让贫穷之士顿成愤世嫉俗之徒,会让环保主义者发指眦裂,七窍生烟。'虽说人们对补贴的反应都是如此一致的消极,但我们所取得的一些了不起的成绩,例如尘暴区的销声匿迹和互联网的发展,从根本上说倒也都要归功于政府的补贴。"① 布朗认为破坏性的补贴毕竟是少数,尤其对生态环境而言,应该提倡"补贴转移",即"现在的问题是应把对危害环境活动的补贴转移到有助于建设生态经济的活动上去。运用补贴叨叨有利于环境的目的并不是新鲜事。……通过调整补贴来建设维系环境永续不衰的经济,这方面的潜力是很大的。主张把危害环境的补贴转为有利环境的补贴,这在经济学上是有吸引力的,在逻辑上是令人信服的。我们现在不应补贴采矿而应补贴再循环利用,不应补贴化石燃料而应补贴对气候有益的能源,不应补贴城市依赖汽车的交通系统,而应补贴现代化的城市有轨交通系统"②。

关于生态补偿的具体政策,艾瑞克·戴维森提出了几条自上而下的具体策略作为限制经济学的金字塔。包括"取消政府的某些补助计划……支持政府与非政府组织对于工业国家和开发中国家农民的奖励计划,倡导农民更有效利用土壤、保存土壤资源并减量使用肥料与农药。换句话说,政府应对保存土壤与水资源提供生态经济诱因,并提出一套整合性的害虫管理制度。……取消对于商业渔场的补助,并在各国间或各社群间达成协议,共同保护共有的鱼类资产"③。除此之外,弗里德里希·施密特·布莱克(Friedrich Schmidt-Bleek)对服务进行了量化,创造了生态经济的创新尺度——MIPS,即"一种新的可用于测量任何产品的环境压力强度的尺度,即'每单位服务的物质耗(material input per service unit,简称 MIPS)'。……MIPS 描述的对象是提供服务的最终产品,而非参

---

① [美]莱斯特·R. 布朗:《生态经济:有利于地球的经济构想》,林自新、戢守志等译,东方出版社 2002 年版,第 273 页。
② [美]莱斯特·R. 布朗:《生态经济:有利于地球的经济构想》,林自新、戢守志等译,东方出版社 2002 年版,第 276—278 页。
③ 艾瑞克·戴维森:《生态经济大未来》,齐立文译,汕头大学出版社 2003 年版,第 166—167 页。

与最终产品的生产过程的原始材料或辅助材料。MIPS 既适用于短期使用的产品，也适用于耐用产品，而且原则上可适用于非常复杂的设备和基础设备"①。

生态经济学的生态正义理论基于生态经济系统的核心观点，坚持以经济学的方法和手段分析生态问题，明确了可持续发展的价值标准，从而明确了生态正义的具体实现路径——生态核算、生态税收与生态补偿。但是从生态非正义的制度根源来看，其依然没有走出资本主义制度的圜囿，"以自然资本化、技术改良与自由市场为主要策略的西方生态经济学并没能突破经济主义的窠臼，依然是在经济效益统摄生态效益的逻辑下对资本主义制度的维护与强化"②。

第四节　法哲学的生态正义理论

从生态学马克思主义、生态伦理学、生态经济学到法哲学，对生态正义的理解有一个共同的观点，生态正义与社会正义的密切关系。有所不同的是，这些思想流派分别从不同的学科理性来考察生态正义。生态学马克思主义侧重于生态环境问题的政治经济学批判，生态伦理学则强调生态伦理与生态道德，生态经济学则强调生态经济原理和制度，生态法哲学［关于法哲学的范畴，在西方法学界有两种典型观点，一种是严格意义上的，认为法哲学是哲学的分支，研究法律的一般原理与普遍规律等，与研究法律的特殊性与法学部门等的法律科学（比如法理学）不同。持这种观点主要有大陆法系的法学家，以及受哲理法学派影响的法学家等。一种是宽泛意义上的，认为法哲学是法学的分支，研究法的基本理论或一般原理，也可以称为法理学，持这种观点的主要有英美法系的法学家和原苏联法学界］则重视生态法理与生态法治建设。法哲学的生态正

---

① ［德］Friedrich Schmidt-Bleek：《人类需要多大的世界：MIPS——生态经济的有效尺度》，吴晓东、翁瑞译，清华大学出版社 2003 年版，第 61 页。
② 贾学军、彭纪生：《经济主义的生态缺陷及西方生态经济学的理论不足——兼议有机马克思主义的生态经济观》，《经济问题》2016 年第 11 期。

义理论包括合法性转向、价值、内容与路径四个方面。

一 生态正义的合法性转向

生态正义的合法性转向是在合德性的基础上得以深化的。正是因为生态伦理学从生态伦理和生态道德的角度，对生态正义进行合德性分析，才促使了生态正义合法性的现实转向。生态伦理和生态道德为生态法律提供了价值理念，生态法律则是生态伦理和生态道德的实践转向。当然，作为一种合法性分析，其实际上包含了生态环境领域正义的法理（法的价值与原理）与正义的实践（法的适用与运行）两重范畴。生态正义的合法性转向涉及的是生态正义能否进入法的世界，或者说生态正义是否能够作为法律规范存在的问题。这就需要诠释生态正义通过道德实现的局限性，以及其通过法律实现的必要性与必然性。

（一）生态正义通过道德实现的局限性

生态正义是一种生态道德，这是生态伦理学的核心观点。其强调通过树立自觉的环境保护意识来完成。但针对目前全球生态危机而言，这种作为道德规范的生态正义路径显然收效不明显。故此，仍需要法律与道德结合，正如黑格尔主张通过抽象的法、道德与伦理三个由低级到高级的法范畴，创建法哲学的辩证体系。黑格尔对法哲学体系的贡献包括：其一，将法律和道德整合为一个有机体。其二，将通过法的概念的辩证法，建构一个道德与法律互动整合、以德为主的法哲学体系[1]。尽管黑格尔的辩证法缺乏实践维度的考量，但其建构的德—法整合的法哲学体系对于生态正义的理论建构有着积极的意义。生态正义的理论和实践也不能缺失法哲学的学科构建。正如有学者所言："如果生态正义一直都仅仅处于道德层面，那么生态正义将永远成为一座空中楼阁，生态非正义的现象也将日益盛行和蔓延。"[2]

---

[1] 樊浩：《德—法整合的法哲学原理》，《东南大学学报》（哲学社会科学版）2002年第3期。

[2] 殷鑫：《论生态正义的法律化》，《河南师范大学学报》（哲学社会科学版）2012年第3期。

生态正义作为道德规范的局限性，一方面是由道德自身的强制力不足所决定，另一方面也是由生态危机的复杂性所决定。道德与法律最大的区别在于内外的约束力和强制力不同：道德是内发的自觉性，法律是外在的强制力；道德通过人的良心以及态度的自觉和自发的行为表现出来；而法律则是通过外在的强制力对人们的行为进行约束。道德的强制力主要通过社会舆论、公众评价来实现；而法律的强制力则通过国家机关的强制实施得以保障。从这个意义上说，道德的约束力和强制力显然弱于法律。故此，生态法的法哲学学科反思就显得尤为必要。另外，无论是资本主义生态危机还是社会主义生态危机，以及全球生态危机，其不仅具有各个政治体制的独特性，更具有根源的一致性，比如人与自然关系的处理、资本的逐利等。故此，生态正义需要通过生态法律来维护和践行生态道德。

（二）生态正义通过法律实现的理论必要性

"最早用正义的眼光来看待环境问题的人并不是仁慈的伦理学家、睿智的生态学家和理性的法学家，而是在环境领域内遭受不公平对待的处于社会最不利地位的弱势群体，他们首先发现了环境非正义的存在，并喊出了'环境正义'的口号，从而掀起了一场范围广泛且影响深刻的环境正义运动。"① 生态正义最初关注和解决"在现代工业社会中利益和负担的合理分配问题"②。比如由牧师小本杰明·夏维斯（Benjamin Chavis, Jr.）所提出的环境种族主义，其所涉及的是由环境政策、法律的制定，使得有色人种社区被放置有毒废物、毒物以及污染物所引起环境保护的种族歧视。实际上，这种国内的环境种族主义也被延伸到国际的环境霸权主义，如哈里斯所言："有关穷人和弱者承受绝大部分环境污染之代价的共识也被适用

---

① 李春林：《国际环境法中的差别待遇研究》，中国法制出版社 2013 年版，第 94 页。

② Charles Lee, "Developing the Vision of Environmental Justice: A Paradigm for Achieving Healthy and Sustainable Communities", *Virginia Environmental Law Journal*, Vol. 14, No. 4, 1995, p. 571. 转引自李春林《国际环境法中的差别待遇研究》，中国法制出版社 2013 年版，第 95 页。

至国家间的关系中。"① 至此，环境种族主义问题成为生态正义理论的开端。对生态正义的现实认识，也从局部非正义（环境种族主义、国内非正义等）开始转向普遍非正义（环境非正义、全球非正义等），对其理论探究也开始被生态学家、伦理学家、法学家关注。生态学家注重于通过生态科学的体系构建实现生态正义，伦理学家注重从生态伦理或生态道德的价值取向实现生态正义，法学家则从生态法律与生态政策等的角度实现生态正义。

生态正义的法律表达之所以必要：一方面，生态正义的道德表达为其法律表达提供了价值依据。无论是生态道德还是生态法律，其都包含了生态的权利和义务关系，都是在规范层面上强调生态环境的保护与生态资源的合理控制。从生态正义的道德规范性来看，其作为一种新的生态伦理观，从社会现实的角度考察生态环境保护与生态资源运用的不公正现象及其矫正问题，从而为可持续发展提供伦理支持。生态正义通过生态道德或生态伦理的规范性表达，为生态法律或生态政策提供了价值依据，更促进了生态法律与生态政策的制定、执行与转化。以正义理论的发展脉络来看，自罗尔斯的《正义论》之后，一些法学家在《正义论》以及自然哲学、环境伦理学等观点的影响之下，相继出版了诸如《大自然的权利》②《绿色正义：环境和计数》③《21世纪的环境正义》④《环境正义：法律、政策与制度》⑤《环境正义：立法理论和实践》⑥《国际正义与环境变化》⑦《寻找正

---

① Paul G. Harris, *World Ethics and Climate Change: From International to Global Justice*, Edinburgh University Press, 2010, p. 59. 转引自李春林《国际环境法中的差别待遇研究》，中国法制出版社2013年版，第95页。

② [美] 纳什：《大自然的权利》，杨通进译，青岛出版社1999年版。

③ Thomas More Hoban and Richard Oliver Brooks, *Green Justice: The Environment and the Counts*, Westview Press, Inc., 1987.

④ Robert D. Bullard, *Environmental Justice in the 21st Century*, http://www.ejrc.cau.edu/ejinthe21centroy.htm.

⑤ Clifford Rechtschaffen, Eileen Gauna, Catherine A. O'Neil, *Environmental Justice: Law, Policy & Regulation*, Durham, Carolina Academic Press, 2009.

⑥ Barry E. Hill, *Environmental Justice: Legal Theory and Practice*, Washington DC, Environmental Law Institute Press, 2009.

⑦ [英] 鲍尔·哈里斯：《国际正义与环境变化》，张晓波译，载王曦主编《国际环境法与比较环境法评论》（第1卷），法律出版社2002年版。

义：国际环境管理与气候变化》①《公平地对待未来人类：国际法、共同遗产与世代间衡平》②《B 模式 2.0：拯救地球　延续文明》与《B 模式 3.0：紧急动员　拯救文明》③ 等环境法学的相关理论成果，提出了绿色正义、环境公平、环境正义、环境权、大自然的权利等观点。可以说，伴随着环境问题的日益深化、环境伦理学的观点普及、可持续发展理论向战略的转化，用法律手段来调整和解决生态非正义的理论和学说不断涌现，这就是生态正义的法律理论的生成逻辑。

另一方面，生态正义的制度化与程序化成为必要。生态正义通过道德规范的确立仅仅建构观念层面的正义，缺乏实践层面的制度构建与程序设计。从道德法律化的理论必要性来看，其转化的理据由道德自身功能的有限性与法律功能的有效性而决定。从道德自身的局限性而言，正是因为道德存在天然的模糊性、自觉与自治的软弱性、评价标准的多元性、结果的滞后性、调节范围的局限性、追求理想的应然性致使其缺乏执行的实然性等特点④，从法律自身的生成与功能来看，法律对道德具有助力作用，具有明确的行为规范和制裁措施，具有强制性的运用、执行与效力等，使得法律构成道德的有力补充。从生态环境法律体系的构建来看，生态正义是当代生态环境问题的一种发展趋势，既需要生态伦理或生态道德理想设计，更需要生态法律的现实操作。"正义需要法律表达，因为重大领域内所达成的正义共识只有在转化为合宜的法律安排后才开始具有实践性，而作为伦理规范的一般正义在未转化为法律正义前无法

---

① Jouni Paavola, "Seeking Justice: International Environmental Governance and Climate Change", in Jan Oosthoek and Barry K. Gills ed., *The Globalization of Environmental Crisis*, Routledge, 2008.

② [美] 爱蒂丝·布朗·魏伊丝：《公平地对待未来人类：国际法、共同遗产与世代间衡平》，汪劲、于方、王鑫海译，法律出版社 2000 年版。

③ [美] 莱斯特·R. 布朗：《B 模式 2.0：拯救地球　延续文明》，林自新、暴永宁等译，东方出版社 2006 年版。[美] 莱斯特·R. 布朗：《B 模式 3.0：紧急动员　拯救文明》，刘志广、金海、谷丽雅等译，东方出版社 2009 年版。

④ 参见程明《试论道德的法律化及其限度》，《北京师范大学学报》（社会科学版）2007 年第 2 期；王淑芹《道德法律化正当性的法哲学分析》，《哲学动态》2007 年第 9 期。

抗衡制度领域的非正义。为使环境正义理论不仅仅是一种乌托邦式的理论，环境正义的理念必须运用到一批有形制度中，并使这一制度对不同个体的生活机会的影响也能够描绘出来。……巩固法的正义基础，不仅需要将环境正义上升为一项法律原则，为即将涌现的规则群提供正当基础，而且更需要制定权利义务的具体规制，实现环境正义的法则化，使之成为有形正义，成为正义的强者。"①

(三) 生态正义通过法律实现的实践可行性

生态正义的法律表达主要是利用法律手段建构生态法律规范，并为生态正义提供法律上的支持。生态正义的法律表达体现为生态法律的成文性立法与法制体系的完善。总的来看，关于环境法、国际环境法、自然资源保护法等法律法规层出不穷。正如美国环境法教授 R. W. 芬德利认为，环境法就是一个"由联邦和州之间的关系和冲突、行政法、行政程序、民法、刑法以及国家关于科学、技术和能源的发展政策组成的复杂的混合体"②，并提出环境法可以包含三个层次："在最低层次上，环境法表现为对付诸如汽车设计、瓶罐处置和水坝建设等形形色色的法规、判决和条例，在这个层次上的环境法变化顺序，以至于不可能进行有意义的分析。在最高层次上，环境法提出的最广泛的社会政策问题，对这些问题，经济学家和生态学家的分析可能比法学家的分析更有用，因为这些广泛存在的问题一般都与把环境政策纳入其演进很少考虑环境问题的社会制度的过程有关。在中间层次上，环境是环境政策与社会制度一体化过程的产物，这种过程在程序上表现为环境政策必须通过强行自由裁量权、司法制约和尊重各级政府权威的法律体制得以贯彻，在实质上表现为环境机制必须适应我们社会的经济现实、传统财产权和国家能源政策。"③

---

① 梁剑琴：《环境正义的法律表达》，科学出版社 2011 年版，第 60 页。
② Roger W. Findley, *Environmental Law: Cases and Materials*, US: West Publishing Co., 1985, p. XVI. 转引自吕忠梅《环境法新视野》（第三版），中国政法大学出版社 2019 年版，第 36—37 页。
③ Roger W. Findley, *Environmental Law: Cases and Materials*, US: West Publishing Co., 1985, p. XVII. 转引自吕忠梅《环境法新视野》（第三版），中国政法大学出版社 2019 年版，第 37 页。

具体来看，生态正义所"涉及的若干方主体及其之间的关联已经被法律所调控并且转化为了法律上的主体以及权利和义务关系"①。以美国为例，"仅从相关立法机关通过的有关环境正义的成文性立法之数量来看就不在少数"②。尽管在美国联邦层面的立法机关尚未有关于生态正义的成文性立法，但各个州已经有一些相应的立法实践。由加利福尼亚大学哈斯汀法学院的公法研究所（PLRI）③对美国50个州促进环境正义的法律、政策与实践的第三次调查，并与美国律师协会联合编写了《全民环境正义：50个州的立法、政策和案例调查（第三版）》④的报告，对美国50个州关于环境正义的立法法规、政策、项目以及实践等进行了逐一梳理与分析。报告从1993年新罕布什尔州开创性的环境正义政策开始，至少有32个州和哥伦比亚特区通过了正式的环境正义司法法规、行政命令或条例以及政策，另外有10个州雇用全职环境正义的司法官员或专职的研究人员，或有活跃的环境正义计划等。从整体上看，这41个州的努力表明州政府对环境正义问题的关注日益增加。⑤ 由此可见，生态正义立法已经成为一种现实。

二 生态正义是生态法的核心价值和终极目标

从广义的范畴看，一切自然资源保护法、环境公平法、环境危害物处置法、环境法、国际环境法等都被涵盖在生态法之内，而生态法也必然需要明确生态正义的核心价值与终极目标。

---

① 熊晓青：《守成与创新：中国环境正义的理论及其实现》，法律出版社2015年版，第42页。
② 熊晓青：《守成与创新：中国环境正义的理论及其实现》，法律出版社2015年版，第42页。
③ The Public Law Research Institute University of California, Hastings College of the Law.
④ American Bar Association and Hastings College of the Law. Environmental Justice for All: A Fifty State Survey of Legislation, Policies and Cases (Third Edition), 美国律师协会 < www. abanet. org/irr/committees/environmental/ > 或公法研究所 http: //www. uchastings. edu/? pid = 1353 >.
⑤ American Bar Association and Hastings College of the Law. Environmental Justice for All: A Fifty State Survey of Legislation, Policies and Cases (Third Edition), 美国律师协会 < www. abanet. org/irr/committees/environmental/ > 或公法研究所 http: //www. uchastings. edu/? pid = 1353 >.

(一) 生态法是实现生态正义的保障与手段

"生态法"取代"环境法"发展趋势,正是广义生态法哲学的一种具体体现。"生态法是在三维模式基础上形成的,所谓三维模式是由生态伦理、生态技术和生态法律制度相互联系、相互作用所组成的一种理想的模式,该模式生态法建立的基础、原动力、未来发展的方向指引,乃至在生态领域的法治运行的解释路径。"① 生态法是以生态学与法学相结合而产生的。原苏联科学院奥·斯·科尔巴索夫教授于1976年最早提出生态法的概念,并明确规定这一概念的三种用法:法律部门、法律学科部门、法学课程名称。关于生态法的概念界定,不同学者的侧重点不同。莫斯科大学法律系教授弗·弗·彼得罗夫强调生态法是调整生态社会关系的一种法律规范的总和。姆·姆·布林丘克博士认为生态法是一类法律规范的总和,这一类包括资源所有制、资源合理开发和利用、环境保护不受有害物的影响、生态权益的合法保护四个方面。阿·亚·苏哈列夫博士认为生态法是调整人与自然之间生态社会关系的法律体系。也有学者认为生态法仅仅是自然保护法,不包括自然资源法和土地法。

生态法并不是一开始就被学术界、法律界等普遍接受的,有学者尖锐地指出:"'生态法'是一个'不得体的'或者'不合规矩'的概念。"② 而环境法在诸多国家已成客观事实,同时也被普遍接受。与之相反,伊·夫·潘克拉托夫则认为环境法也存在局限,"环境法"这个概念的范畴较广,缺乏一定的法律准确性。环境包括自然环境、社会环境,一般所言的环境法是指向狭义的自然资源或自然环境保护法,自然环境保护法是为了调整人们在自然资源的开发和利用、自然环境的保护等方面的社会关系法律规范的总称。调整与自然资源和自然环境保护以外的方面所产生的社会关系的法律规范,不是自然环境保护法的内容。另外,生态法拓展了环境法的法域,以"社会法"为本质的环境法存在三个方面的困境:其一,环境法的终极目的是人类的利益还是人与自然的和谐关系?其

---

① 张强、张未红:《生态法的三维模式讨论》,《温带林业研究》2019年第9期。
② 王树义:《论俄罗斯生态法的概念》,《外国法制》2001年第3期。

二，环境法出现了"法律生态化"的新趋势，这一趋势说明了人作为生态的一部分，也将融入新的法律之中，但环境法显然无力解决人作为生态本身的权利和义务。其三，如果人权是生态权的一部分，那么自然权又如何配置？故此，"环境法必须寻找新的法域归属，那就是——生态法，作为第四法域。由此形成私法→公法→社会法→生态法，对应市民社会→政治社会→团体社会→生态社会，对应人的四层身份：市民→公民→团体人→生态人"①。所以，环境法既包括自然环境保护法，也包括其他与社会环境相关的法。相比较而言，生态法的概念更加明确，其突出了人与自然之间所形成的生态系统的相关法律规范，其不仅包括自然环境保护法，也包括调整其他生态社会关系的法律规范。

生态法的概念在我国学术界和法学界都尚未得到公认，也在立法实践上未得以确立。但之所以探讨生态法的可能性，是因为其有几个方面的优势：其一，"生态法"这一概念作为学术术语与法学概念，比环境法更加明确地表达了自然环境保护、自然资源利用与开发等现象背后的实质——生态系统的完整性与持续性。而环境法的含义较为模糊，很容易引起歧义，作为环境的外延包括多元的环境类型，很难将其直接等同于自然环境的保护，其也涵盖更多其他部门的法律，比如投资环境、语言环境、虚拟环境等方面的法律。其二，用生态法取代环境法的做法，绝不是文字游戏，其包含了对法律部门的深入反思，并能够将存在一致性的自然环境保护法、自然资源法、国土法涵盖在其中，统一在一个概念之中。这一方面完善了对相关法律的理论建构，另一方面有利于协调相关法律部门的工作合作，从而推动生态法学科建设和科研发展。

（二）生态正义是生态法的价值与目的

一般认为，法律的核心价值和终极目的是正义。亚里士多德曾指出："要使事物合乎正义，须有毫无偏私的权衡；法律恰恰正是这样一个中道的权衡。"② 西塞罗认为："法是一种自然的权力，是理

---

① 郑少华：《生态主义法哲学》，法律出版社2002年版，第25页。
② ［古希腊］亚里士多德：《政治学》，吴寿彭译，商务印书馆1981年版，第333页。

智的人的精神和理性，是衡量正义和非正义的标准。"① 马克思认为："'正义'是以一个法的概念或法律概念，是一个与法律或者说是根据法律享有与权利相关联的概念。"② 罗尔斯对法律与正义的关系论证的最为明确和系统，"我们可以把有规则的、无偏见的、在这个意义上是公平的执法称为'作为规则的正义'，一个法律体系是一系列强制性的调整理性人的行为并为社会合作提供某种框架的公开规则。当这些规则是正义的时候，他们就建立了合法期望的基础"③。博登海默更为明确地指出，正义是法律制度的核心价值理念，法律就是为了创立一个正义的社会。"一个法律制度若不能满足正义的要求，那么长期下去就无力为政治实体提供政治与和平，而在另一方面，如果没有一个有序的司法行政制度确保相同情况来对待，那么也不能实现正义。因此，秩序的维持在某种程度上是以存在着一个合理的健全的法律制度为条件，而正义需要秩序的帮助来发挥它的一些基本作用。由此，法律旨在创设一种正义的社会秩序。"④ 庞德也提出："我们所说的法律之目的是公平，其含义正在于此。——这意味着对各种关系进行的调整以及对行为的管理，以使其创造生存必需之资料；意味着在最少阻碍和浪费的条件下尽可能地满足热门拥有某物或做某事的各种愿望的手段。"⑤ 故此，一个法律的创设就要力求正义，正义是法律的核心价值和衡量尺度，也构成任何一个法律创设的主要目的，法律的终极目的就是实现正义。

以此类推，生态法的核心价值和终极目的就是生态正义。"对于环境正义的实现，正需要有序的司法行政制度来确保同处于环境危机下的人类共同体成员共同担负环境保护的义务，由此才能达到

---

① 法学教材编译部：《西方法律思想史资料选编》，北京大学出版社1983年版，第64页。
② 《马克思恩格斯选集》第3卷，人民出版社1995年版，第211页。
③ S. M. 格里芬：《重建罗尔斯的正义论：发展宪法的公共价值哲学》，《纽约大学法律评论》1987年第62卷第4期。转引自沈宗灵《现代西方法理学》，北京大学出版社1992年版，第306页。
④ [美] E. 博登海默：《法理学：法律哲学与法律方法》，邓正来译，中国政法大学出版社1999年版，第254页。
⑤ [美] 罗斯科·庞德：《通过法律的社会控制、法律任务》，沈宗灵、董世忠译，商务印书馆1984年版，第34页。

增进公共整体利益的目的。"① 生态合法性的本质就是生态法的正当性，生态法的正当性是以正义为基础，生态法治要以生态正义作为其核心价值和内在要求。从法哲学的角度来看，不仅生态正义的地位发生了变化，生态的正义价值也越来越丰富。生态正义在一切正义秩序中处于基础地位。"在法的世界中，生态正义处于正义秩序中的何种地位？当为法哲学所考虑的一个基本命题。"② 生态正义在正义秩序中位阶发生了变化，从最初的不受重视，到今天的备受重视。这主要表现在：第一，生态正义是考量其他社会正义的基本标尺。由于人类社会违背了自然规律，导致了生态环境的破坏与危害，使得生态正义在法的正义秩序中（包括政治正义、经济正义、道德正义等社会正义）呈现出基础性地位，并成为判断社会正义的基本标尺。第二，生态正义的丰富内涵（代内正义、代际正义、种际正义；国内正义与国际正义等）拓展了正义的范畴，并将正义的秩序建立在尊重自然，与自然和谐相处的基础之上。比如魏伊丝运用地球信托③、行星地球、共同遗产等概念，阐释了环境的"世代间公正"，提出："这种关系使每一代人都承担为未来世代而保护自然和文化遗产的地球义务，同时也享受作为信托受益人享用其从前代人手中继承的遗产的地球权利。这种地球权利和地球义务构成了世代间公平，或者世代间公正理论的大成。"④ 第三，正义从天然存在的初始状态——"无知之幕"，到生态正义作为正义的一种底线，可以经过科学观察和论证，实现了正义秩序从哲学到科学的转向。

三 程序正义与实质正义是生态正义的主要内容

从宏观上看，生态法律以法律规范、法律制度和法律政策的形式存在，其内容包括有关环境保护与预防环境危害的一切生态法律权利和生态法律义务，比如环境权利与环境义务是环境法的主要内

---

① 苑银和：《环境正义论批判》，法律出版社 2018 年版，第 212 页。
② 郑少华：《生态主义法哲学》，法律出版社 2002 年版，第 172 页。
③ [美] 爱蒂丝·布朗·魏伊丝：《地球信托：环境保护与世代间公平》，《生态法季刊》1984 年第 11 卷，第 495 页。
④ [美] 爱蒂丝·布朗·魏伊丝：《公平地对待未来人类：国际法、共同遗产与世代间衡平》，汪劲、于方、王鑫海译，法律出版社 2000 年版，第 2 页前言。

容。聚焦到生态正义,就要基于法律正义的角度去探讨其内容。法律正义包含形式正义与实质正义,生态权利和生态义务是作为实质正义的内容,但这并不足够,生态法律体系的完善从形式上更需要生态法律的程序正义。而程序正义与实质正义在生态正义中发挥着各自不同的重要作用。

(一) 生态正义包括程序正义与实体正义

罗尔斯论证了"作为正义的主题的制度"与"形式的正义",提出作为现实的制度与作为目标的制度,如其所言:"一种制度可以从两个方面考虑:首先是作为一种抽象目标,即由一个规范体系表示的一种可能的行为形式;其次是这些规范指定的行动在某个时间和地点,在某些人的思想和行为中的实现。这样,在现实的制度或作为抽象目标的制度中,对何为正义或非正义的问题,还存在一种含糊性。看来最好是说:正义与否的问题只涉及现实的并且被公平有效地管理着的制度。至于作为一个抽象目标的制度的正义与否,则是指它的实现将是正义的或非正义的而言。"① 而有形的正义不仅代表现实制度适用的一贯性与执行的有效性,如其所言:"制度确定的正确规范被一贯地坚持,并由当局恰当地给予解释。这种对法律和制度的公正一致的管理,不管它们的实质性原则是什么,我们可以把它们称为形式的正义。如果我们认为正义总是表示着某种平等,那么形式的正义就意味着它要求:法律和制度方面的管理平等地(即以同样的方式)适用于那些属于由它们规定的阶层的人们。"② 值得注意的是,罗尔斯也确认了这种形式正义本身也蕴含了实质正义,即"形式正义要求的力量或遵守制度的程度,其力量显然有赖于制度的实质性正义和改造它们的可能性。……凡发现有形式的正义、有法律的规范和对合法期望的尊重的地方,一般也能发现实质的正义"③。

---

① [美] 约翰·罗尔斯:《正义论》,何怀宏译,中国社会科学出版社1988年版,第54页。
② [美] 约翰·罗尔斯:《正义论》,何怀宏译,中国社会科学出版社1988年版,第58页。
③ [美] 约翰·罗尔斯:《正义论》,何怀宏译,中国社会科学出版社1988年版,第58—59页。

可以说，生态正义也有其形式与实体的两面。生态正义不仅关注生态法律与政策制定的程序的公正性（程序正义），也需要关注其内容和实施结果的公正性（实质正义）。比如哈里斯指出，国际正义包括关于如何做出决定的程序正义，也包括最终决定执行情况的结果正义[①]。罗伯特·布勒德将正义划分为程序正义（procedural justice）、地理正义（geographic justice）和社会正义（social justice），克利福德·雷希茨哈芬、艾琳·高纳与凯瑟琳·A. 奥尼尔在《环境正义：法律、政策和法规》一书中明确提出环境正义包括分配正义（distributive justice）、程序正义（procedural justice）、矫正正义（corrective justice）和社会正义（social justice）。实际上，地理正义、社会正义、分配正义、矫正正义作为生态正义的属性各有不同，但都是实质正义。

（二）程序正义是生态正义的前提和保障

关于程序正义的内涵，不同的学者给出了不同解释，布勒德提出程序正义是"社会管理的法律、法规、评价标准和执法活动以不歧视的方式实施的程度"[②]。克利福德·雷希茨哈芬、艾琳·高纳与凯瑟琳·A. 奥尼尔则认为程序正义是指"任何的人，不分肤色、种族、背景等差异，都享有平等地参与环境事务、进行环境决策的权利，而相关的部门要通过信息的充分披露、程序的合理涉及等制度，保障这种权利的便利行使"[③]。洪科伦则认为程序正义"主要包括在谈判期间的信息分享与广泛参与，以及所有参与者的权利都得到尊重的程序"[④]。程序正义是生态正义的合法性转向的重要前提和

[①] 鲍尔·哈里斯：《国际正义与环境变化》，张晓波译，载《国际环境法与比较环境法评论》（第1卷），法律出版社2002年版，第37页。

[②] Robert D. Bullard, *Environmental Justice in the 21ˢᵗ Century*, http://www.ejrc.cau.edu/ejinthe21centroy.htm. 转引自熊晓青《守成与创新：中国环境正义的理论及其实现》，法律出版社2015年版，第28页。

[③] Clifford Rechtschaffen, Eileen Gauna, Catherine A. O'Neil, *Environmental Justice: Law, Policy & Regulation*, Durham, Carolina Academic Press, 2009, pp. 7 – 13. 转引自熊晓青《守成与创新：中国环境正义的理论及其实现》，法律出版社2015年版，第28—29页。

[④] Tuula Honkonen, *The Common but Differentiated Responsibility Principle in Multilateral Environmental Agreements: Regulatory and Policy Aspects*, Kluwer Law International, 2009, pp. 31 – 32.

根本保障，正如朱尼·帕沃拉在《寻求正义：国际环境治理与气候变化》一文中提出："程序正义对于环境治理的合法性来说具有重要意义，因为，一方面，它能够确保其利益不为特定环境计划或决定所支持的个人或实体的利益在其他计划和决定中得到考虑；另一方面，它也使受到影响的当事方能够表达他们的异议或同意并维护他们的尊严。"①对于生态正义的程序正义的实现，需要通过平等的参与权、决策权，还有保障环境资源分配正义的各项制度，以及司法救济等方面。诚如朱尼·帕沃拉所言："在国家（集团）具有异质性的背景下难以就分配正义达成共识意味着环境决定的合法性至少得部分建立在程序正义的基础上。"②

（三）实质正义是生态正义的目的和归属

关于实质正义的类型，不同的学者给予了不同的解释。布勒德提出生态正义除了程序正义之外，还包括地理正义与社会正义两个方面。地理正义是"在有色人种和穷人社区选择危险废物处置场所的问题"，社会正义是"关于社会因素，例如种族、民族、阶级、政治权力怎样影响和反映环境决策上的问题"③。克利福德·雷希茨哈芬、艾琳·高纳与凯瑟琳·A. 奥尼尔等则认为生态正义除了程序之外，还有分配正义、矫正正义与社会正义，分配正义"意味着应当合理地应对那些附加于有色人种或者低收入阶层的不正当的公共健康和环境风险"④。矫正正义与"'惩罚正义''补偿正义''恢复正义''替代正义'等词语存在类似之处，但其内涵更为丰富，可以涵盖这些词语所指的含义，更为准确。"⑤社会正义"是社会正义

---

① 转引自李春林《国际环境法中的差别待遇研究》，中国法制出版社2013年版，第104页。

② Jouni Paavola, "Seeking Justice: International Environmental Governance and Climate Change", in Jan Oosthoek and Barry K. Gills ed., *The Globalization of Environmental Crisis*, Routledge, 2008, p. 31.

③ 转引自熊晓青《守成与创新：中国环境正义的理论及其实现》，法律出版社2015年版，第28页。

④ 转引自熊晓青《守成与创新：中国环境正义的理论及其实现》，法律出版社2015年版，第28页。

⑤ 转引自熊晓青《守成与创新：中国环境正义的理论及其实现》，法律出版社2015年版，第29页。

和环境保护主义结合的产物，是对种族、信仰、阶级、文化、政治权力、生活态度等社会中重要因素所作的一个基于环境的系统评估"①。也有学者十分强调实质正义是一种结果正义，比如哈里斯、魏伊丝、洪科伦等。哈里斯认为讨论结果上的问题并决定结果上的公平与正义的就是结果正义。魏伊丝提出作为实质正义结果的公平原则的重要性，认为："国际法院越来越多地引用公平原则来求得其认为公正和正义的结果这样的原则，国际法院考虑到为实现公平且公正的结果，这可以成为世代间公平原则建立的基础。"② 洪科伦则认为结果正义"要求在一个条约机制中对负担进行公平分担以及对利益进行公平分配"③。

实质正义是生态正义的目的和归属。"以正义为基本原则追求的国际环境法律制度的中心使命就在于通过权利义务的设定来来在国家间公平分配利益及责任。"④ 再如，魏伊丝明确提出世代间正义的具体含义就是地球权利和地球义务，如其所言："这些世代间公平的原理构成了一系列地球权利和义务的基础，每一代人作为未来世代和当今世代的地区财产的受托人和地球遗产的受益人的双重角色都可以这一代人一定的义务赋予他们相应的权利，这或许可以被称为地球或世代间权利义务，通过这些权利和义务，我们便对世代间公平的原则赋予了具体的含义。"⑤

四 生态法治是生态正义的实现路径

生态法治与生态法制不同，生态法制更强调的是生态法律制度与政策的完善；而生态法治一方面强调生态法律作为一种治理手段

---

① 转引自熊晓青《守成与创新：中国环境正义的理论及其实现》，法律出版社2015年版，第29页。
② [美] 爱蒂丝·布朗·魏伊丝：《公平地对待未来人类：国际法、共同遗产与世代间衡平》，汪劲、于方、王鑫海译，法律出版社2000年版，第41页。
③ 李春林：《国际环境法中的差别待遇研究》，中国法制出版社2013年版，第105页。
④ 李春林：《国际环境法中的差别待遇研究》，中国法制出版社2013年版，第105页。
⑤ [美] 爱蒂丝·布朗·魏伊丝：《公平地对待未来人类：国际法、共同遗产与世代间衡平》，汪劲、于方、王鑫海译，法律出版社2000年版，第49页。

该如何实施,另一方面,强调生态法治建设具有系统性与层次性。从内容上看,生态法治与生态经济治理、生态道德治理、生态文化治理、生态政治治理等密不可分,是处于一个社会治理体系的。从空间层面来看,生态法治包括国家生态法治与全球生态法治。实际上,当代西方生态正义理论更多还是偏向于行动层面与体系层面,这不仅源于生态正义自环境正义运动开始就是从实践出发,为了解决现实生活中的生态环境问题,比如环境种族主义、环境霸权主义、废弃物处置等各种生态非正义现象。更因为无论解决任何一种生态非正义的问题,都需要从整个社会治理的角度出发去考虑其实效性。故此,生态法治是当代西方生态正义理论在路径上的重要突破。

(一) 生态正义通过多元的生态法治路径完成

生态法治的方式有很多种,从法治的作用来看,其包括以环境计划为主的预防性措施,与以环境影响评估和环境标准为主的规范性措施。从法治的要素来看,其分为以法理上的禁止或禁令、与命令为主的硬性法律规定,与以行政登记以及报备、行政处分为主的柔性行政审查措施。从法治的效力来看,其包括各类影响性措施,比如各种资讯、请求和警告的诱导行为;对环境有利产品的授益行为;各类补助行为和租税优惠原则;排放证照转移、互补与交易等行为;环境公课;环境资源私有化;包括公法契约、私法契约以及非正式的协商的环境协商等。从法治的主体形式来看,其包括环境保护委托人、企业组织公开呈报义务、以欧盟生态检查指令与德国环境检查法为例的环境监察与管理等基于各类主体合作原则的混合型措施[①]。

以美国生态正义的法治现实来看,对美国 50 个州生态正义法律的调查结果显示,生态正义的法治路径有六种:立法(Statutes),行政命令或条例(Executive Order/Regulation),政策,州法院(Policies)和行政法法官的意见直接或间接涉及的(EJ FTE),州的研究计划、赠款和倡议(EJ Program/Study),美国环境保护署—国家

---

① 参见陈慈阳《环境法总论》,中国政法大学出版社 2003 年版,第 204—294 页。

绩效合作协议（PPA）中所涉及的等。具体而言，一是单独列有的环境正义立法，比如阿肯色州的《环境公平法》（Environmental Equity Act）、路易斯安那州的《环境正义事实认知听证法》、加利福尼亚州的"全面的环境正义法规"（Comprehensive EJ Statutes）如1999年立法机关通过的第一部《环境正义法》（California's first environmental justice law）等。二是促进环境正义原则的相关法律，比如亚拉巴马州《危险废物反集中法》、佐治亚州《反对固体废弃物处置集中法》、亚拉巴马州《反对危险废物集中法》等。三是关于环境正义的行政命令或行政条例，比如俄勒冈州州长约翰·基查伯发布了第97—16号行政命令，成立了州长环境正义咨询委员会。华盛顿州的环境管理机构生态部（DOE）设立环境正义协调员和环境正义委员会，其编写了《环境正义的清单》（the Environmental Justice Checklist）。四是列明环境正义机构来源的各种计划与倡议，比如罗德岛环境管理部（RI DEM）的环境公平政策以草案的形式呈现；北卡罗来纳州自然资源部（NC DENR）发布了其环境公平倡议。[①]

（二）生态正义的原则成为生态法治建设的执行标准

生态正义原则是正义原则在生态领域的具体体现，包括可持续发展原则、代内与代际公平原则、共同但有区别的原则等。生态正义原则不仅是公平地配置和分配生态环境资源的标准，更是生态法治建设的执行标准。

关于可持续发展原则，其作为一种法律原则，其中蕴含了深刻的正义意蕴。一方面，可持续发展原则以生态安全为前提和保障，而生态安全是一种底线价值，是保障生态法治的最低限度。另一方面，可持续发展原则以"可持续"作为生态法治建设的标准与宗旨，构成了生态法治的较高限度，生态的可持续性就是判断生态法治策略选择的价值正当性，为处理生态环境纠纷、生态环境损害以

[①] American Bar Association and Hastings College of the Law. *Environmental Justice for All: A Fifty State Survey of Legislation, Policies and Cases* (Third Edition), 美国律师协会 < www.abanet.org/irr/committees/environmental/ > 或公法研 http://www.uchastings.edu/?pid=1353 >.

及生态环境维护等方面提供理论指导与解决依据。

关于代内公平的原则，已经出现在诸多生态环境法律之中，其要求所有人，无论国籍、种族、性别、收入和文化等方面有何差异，其都应当平等地享有生态权或环境权。代内公平的原则主要在于代内非正义现象的存在。以美国为例，以种族歧视和种族差异导致的代内非正义；以贫富收入差距的急剧化导致的代内非正义等。实际上，美国的有色人种、少数民族与低收入人群承受着更大和更多的环境风险与环境负担，他们不仅遭受着环境污染与环境损害，同时也得不到更多的公平待遇、正义保护与救济。而美国关于判断少数民族与低收入群体是否被置于环境侵害与环境风险之中的研究成果有很多，一般性的研究成果认为美国确实存在以环境种族差异与收入差异为核心的生态非正义现象。[1] 但印第安纳大学的埃文·林奎斯特教授（Prof. Evan Ringquist）则针对以往49项关于环境公平的研究成果进行了元分析，得出基于种族差异的环境非正义确实存在，但基于收入差异的环境非正义存在的证据不足的结论。[2]

关于代际公平的原则，魏伊丝提出了世代间公平的三个基本原则："保护选择"的原则、"保护质量"的原则、"保护获取"的原则。[3] "保护选择"的原则实际上是为了保护选择的多样性，"应当被定义为保护资源基础的多样性，这个目标除了通过保护现有资源外，还可以通过发展技术，开发替代产品以及提高资源利润率来实现"[4]。"保护质量"的原则"要求我们将自然和文化资源的质量保持在我们继承它们时的水平。……并不意味着环境应当保持不变，这将不符合保护当今世代获得地球遗产的收益的原则。保护自然环境质量和经济发展应当同步进行以保证当今世代与未来世代可持续

---

[1] Barry E. Hill, *Environmental Justice: Legal Theory and Practice*, Washington DC, Environmental Law Institute Press, 2009, p. 27.

[2] Http://en.Wikipedia.Org/wiki/Meta-analysis.

[3] ［美］爱蒂丝·布朗·魏伊丝：《公平地对待未来人类：国际法、共同遗产与世代间衡平》，汪劲、于方、王鑫海译，法律出版社2000年版，第42页。

[4] ［美］爱蒂丝·布朗·魏伊丝：《公平地对待未来人类：国际法、共同遗产与世代间衡平》，汪劲、于方、王鑫海译，法律出版社2000年版，第45页。

地从地球获益"①。"保护获取"的原则意味着"各世代的每个成员都有权公平地获取其从前代继承的遗产,并应当保护后代人的这种获取权"②。

关于共同但有区别的原则,最早于1992年发布的《里约环境与发展宣言》指出:"各国应本着全球化伙伴精神,为保存、保护和恢复地球生态系统的健康和完整进行合作。鉴于导致全球环境退化的各种不同因素,各国负有共同的但是又有差别的责任。发达国家承认,鉴于他们的社会给全球环境带来的压力,以及他们所掌握的技术和财力资源,他们在追求可持续发展的国际努力中负有责任。"③ 这一原则的依据在于发达国家的工业化是在以牺牲环境成本为代价的基础上实现的,而发展中国家则存在发展不足与资源不足的危机。这一原则包含了两层意蕴,一方面,责任的共同性,环境保护是每一个国家都需要承担的共同责任。另一方面,责任的差别性,这一共同责任并不意味着平均分配,而是实质意义上的平等,相比发展中国家,发达国家应承担更大的生态环境保护责任。

(三) 实现生态正义需要构建完善的生态法治体系

从整个社会治理来看,生态治理作为社会治理的一部分,不仅影响着政治治理、经济治理和道德治理,更需要结合并融入社会治理的方方面面。魏伊丝为实现世代间正义,提出了"未来世代利益的代表""对可更新资源的可持续利用""维持设备与服务""监管自然与文化遗产""世代间保存的评价""科学与技术的研究与开发""法典化""教育" 等八个方面的实施策略。诚如魏伊丝所言:"多数政治体制都是短视型的。强力的政治动机使当权者专注短期效益,这样他们便可以拿出看得见的成果。而私人商家也为市场压力所迫而采取一些短视的措施,但我们对于未来世代的责任要求我们必须是远视的,这就要求对制度、经济动机、法律工具、公众意

---

① [美]爱蒂丝·布朗·魏伊丝:《公平地对待未来人类:国际法、共同遗产与世代间衡平》,汪劲、于方、王鑫海译,法律出版社2000年版,第46页。
② [美]爱蒂丝·布朗·魏伊丝:《公平地对待未来人类:国际法、共同遗产与世代间衡平》,汪劲、于方、王鑫海译,法律出版社2000年版,第42页。
③ 王曦主编:《国际环境法资料选编》,民主与建设出版社1999年版,第678页。

识和政治意愿也相应地进行调整。"①

从生态法治的自身建设来看,完善的生态法治体系包括完备的生态法律规范体系与高效的法治实施体系。完备的生态法律规范体系不仅包括作为专门法的森林法、动物保护法、噪声管理法、自然资源保护法、环境法、生态法等,也包括作为交叉法与其他如《宪法》《行政法》《刑法》《民法》《诉讼法》等跨法域所做出的有关环境的法律规定等。以宪法与行政法为例,比如世界自然保护同盟、联合国环境规划署与世界野生生物基金会共同编写的《保护地球——持续生存战略》,就提出将可持续原则纳入各国国家宪法和立法之中②。以环境权为例,从1972年《人类环境宣言》将其作为基本人权规定下来,继法国《人权宣言》、原苏联宪法、《世界人权宣言》之后,环境权成为一种新的人权,日本学者奥平康弘和衫原泰雄称之为人权历史发展的"第四次里程碑"③。《行政法》中的生态法治,表现在设立环境管理机构,颁布各种环境行政命令,推行环境行政许可,以及采取环境行政处罚等方式。以美国为例,其设立联邦环境保护局,下列10个大区办公室,把全联邦分成几个大区进行环境保护管理工作。美国联邦环保局的基本职责是"提出有关环境保护的政策、法令、标准,并组织实施;对环境保护活动(如治理环境污染)提供技术支持和资金补助,制订计划,并组织协调有关环境保护的科研和监督工作,分配研究资金等。此外,美国在联邦一级,除设有环保局外,其他联邦机构(如内务部、商业部、卫生教育管理部、运输部等)也都设有环境保护机构,结合其具体职责进行特定领域的环境管理"④。高效的法治实施体系包括执法、司法和守法等各个环节有效衔接、高效运转、共同作用,从而实现

---

① [美] 爱蒂丝·布朗·魏伊丝:《公平地对待未来人类:国际法、共同遗产与世代间衡平》,汪劲、于方、王鑫海译,法律出版社2000年版,第104页。

② *Caring for the Earth——A Strategy for Sustainable living*, Published in Partnership by IUCN, UNEP, WWWF: Gland, Switzerland, October 1991.

③ [日] 奥平康弘、衫原泰雄:《宪法学——人权的基本问题》,有斐阁1977年版,第60页。

④ [英] J.姆克卢赫林:《欧洲经济共同体成员国污染控制的法律与实践》,程正康译;文伯屏编著:《西方国家环境法》,转引自陈泉生《环境法哲学》,中国法制出版社2012年版,第402页。

最大化的法治实施系统。《欧洲联盟条约》中的"环境条款"即第130R第2条规定："共同体的环境政策应该瞄准高水平的环境保护，考虑共同体内各种不同区域的各种情况。该政策应该建立在防备原则以及采取预防行动、优先在源头整治环境破坏和污染者付费等原则的基础上。环境保护要求必须纳入其他共同体政策的制定和实施之中。"这正体现了生态法律执法的严格性与高效性。故此，只有健全和完善生态法治体系，生态正义才会从价值理念转化为社会行动。

总之，法哲学的生态正义理论仍处于不断发展的阶段，其诸多思想观点还不够系统和完善，其实践仍处于探索阶段。为此，更需要以生态正义作为其核心内容和最终目标从而不断完善生态法理论与实践。

第三章

当代西方生态正义理论的主要问题域

如前所述，当代西方生态正义理论是20世纪70年代以后，西方社会在反思和批判现代性发展理念及其后果的基础上发展出来的一种交叉性的理论学说。它强调把权利平等、公平正义与和谐共生原则贯彻到生态发展的过程中，把资本最大化增殖逻辑看作实现生态正义的最大障碍，把生态正义的制度安排看作解决生态问题和实现生态正义的根本保障。在本书第一、二章分析当代西方生态正义理论产生的总体背景和主要代表流派及重点人物的基础上，本章将就其主要问题域进行系统梳理和深入阐发。

总体而言，当代西方生态正义理论涉及多学科领域中的复杂问题群①，就近几十年的发展来看，它研究的问题域主要包括：生态正义与资本逻辑的关系问题；生态正义与生态殖民问题；生态正义与生态难民问题；生态正义与生态公民问题；生态正义与全球正义问题等。尽管当代西方生态正义理论所覆盖的范围十分广泛，涉及的领域较为广博，但在这些背后有一个构成当代西方生态正义理论的主导性问题，即它重点追问阻碍生态正义实现的主要因素何在，或者破坏生态正义和生态环境的总根据何在？奥康纳和福斯特等学者把当代世界的生态危机与支撑资本主义运演的总根据即资本逻辑密切关联起来，主张生态正义的实现必须以突破资本最大化增殖逻

---

① 正因为如此，德国学者奥兹格·雅卡甚至提出了"社会生态正义"建构的观点。在他看来，生态正义理论，不只是生态学或环境学的问题，更是涉及几乎全部社会科学的共同问题。参见奥兹格·雅卡《重思正义：环境公地斗争与社会生态正义建构》，《国外社会科学前沿》2020年第4期。

辑为前提；而以佩珀等人为代表的学者，提出生态环境问题直接涉及包括环境公民的权利、公平和公正在内的社会正义的实现问题；①以大卫·哈维为主要代表的空间地理唯物主义学派，则集中讨论了现代性的技术进步带来的"空间转向"，以及由此引发的技术掌控者对落后地区的"生态殖民"问题。而"生态殖民"的直接结果必然是"生态难民"的大量产生。生态难民问题如何解决？如何保证生态区所有公民享有同等的权利？当代西方生态正义理论进一步把这个问题提升为生态公民和生态正义的制度安排问题，以及由此引发的全球正义问题。鉴于当代生态正义理论问题域的广博性和庞杂性，本章拟围绕如下几个方面的主题展开，即"资本逻辑与生态正义""生态殖民主义、生态帝国主义与生态正义""生态难民与生态正义"以及"空间转向与生态正义"等。

第一节 生态帝国主义与生态正义

当代西方生态正义理论研究中，探讨生态正义主要内涵、生态正义现实问题及其原因，以及生态正义实践路径与制度保障等，无疑是重要内容。其中，在生态非正义现象的归因上，过去通常把其归因于人类中心主义和非理性的消费行为。但近些年，学界更加认识到，生态正义现象背后涉及的不仅是人类的思维方式和消费行为的问题，更是直接关联包括生产方式、生活方式在内的政治经济和社会问题。从全球视野来看，生态正义现象首先涉及的是当代西方发达国家与广大发展中国家之间的不对等和不公平的经济交往体系问题。学者们普遍借用"生态殖民主义"或"生态帝国主义"的说法，来指认这种不对等、不公平经济交往体系给不发达国家所带来的生态灾难事实。因此，本章的内容先从生态帝国主义的探讨入手，论述其产生的历程、本质和主要表现形式，并由此阐明由生态帝国主义所可能引发的一系列生态非正义问题。

---

① ［英］戴维·佩珀：《生态社会主义：从深生态学到社会正义》，刘颖译，山东大学出版社2005年版。

一 帝国主义、新帝国主义到生态帝国主义

帝国主义并非自然性存在,通常认为,它是近代西方资本主义国家发展到一定历史阶段的必然产物。当然,帝国主义与殖民主义密切相关。从西方世界历史的展开过程来看,殖民主义要早于帝国主义。套用列宁的说法,也可以说帝国主义是殖民主义发展的高级形式。二者在征服和掠夺他国资源的形式上,可能会有差异。但在本质上,实则完全一致。正因为如此,在当今帝国主义盛行的时代,学界仍然把"殖民主义"与"帝国主义"这两个概念同时并用。本书延续学界的通常做法,对二者的内涵不做根本性区分,基本上把它们当成同一个东西的不同表达方式。以此类推,本书在"生态殖民主义"和"生态帝国主义"之间,也不做实质性区分。① 根据表达语境需要,有时会对这两个词交叉变换着使用。

(一) 帝国主义与殖民主义

从外在形态上看,帝国主义的发展往往以军事扩张、政治驾驭和经济掠夺为主要手段。因此,帝国主义的研究,便以政治的论诘和实践为主要关心对象。同时,鉴于帝国主义与殖民主义在本质上的内在一致性,对帝国主义的认识,也被对应为殖民主义的认识,因此,殖民研究 (colonial studies) 便以政治 (尤其是政治制度) 及经济分析为主要对象。② 这在当代后殖民主义的研究中表现得特别明显。从内在发展动力和本质来看,帝国主义显然是围绕着资源掠夺和利润增殖旋转的,因此,可以说资本逻辑是其推行海外殖民扩张的内在动力。由实现资本利润增殖最大化逻辑支配的海外殖民或帝国主义,必然在本质结构上呈现出"中心"与"边缘"、"压迫"与"被压迫"的统治模式。马克思、恩格斯与列宁当年已经充分揭示这一点。在《共产党宣言》中,马克思、恩格斯认为,在西方资本主义经济发展过程中,殖民主义和帝国主义扮演着极其重要的直

---

① 有学者认为,"生态殖民主义"与"生态帝国主义"不但是两个不同的概念,而且其内涵及覆盖范围,都有重大差异。参见张剑《生态帝国主义批判》,《马克思主义研究》2017年第2期。

② 《解殖与民族主义》,牛津大学出版社1998年版,第 vii 页。

接角色。他们在论述资产阶级的新商业体系发展时,尤其强调殖民扩张是重要的因素:"美洲的发现、绕过非洲的航行,给新兴的资产阶级开辟了新天地。东印度和中国的市场、美洲的殖民化、对殖民地的贸易、交换手段和一般商品的增加,使商业、航海业和工业空前高涨,因而使正在崩溃的封建社会内部的革命因素迅速发展。"① 现代工业建立了世界市场,美洲大陆的发现为世界市场铺路。这个世界市场为商业、航海和陆地沟通带来无限的发展。对马克思和恩格斯来说,殖民贸易的操作被看成19世纪前后帝国主义国家的一般状况,即它们同样都需要借助市场、原料和投资实现发展,但事实上殖民的扩张才使得资产阶级储存足够的资本积累,从而全球性地改革整个经济和社会体系成为可能。但殖民扩展背后的支撑动力显然不是殖民国家的首领的主观意志,而是现实的资本获利的驱动。资本天生具有实现自身增殖利润最大化的本性,决定了它必然突破地域和空间的限制,带来人际间的流动、生产的变革和世界市场的形成。其中,也带来了殖民国对被殖民国、文明国对落后国、西方对东方的剥夺、支配和统治关系。正像马克思和恩格斯所说的那样,"资产阶级除非对生产工具,从而对生产关系,从而对全部社会关系不断地进行革命,否则就不能生存下去。……生产的不断变革,一切社会状况不停的动荡,永远的不安定和变动,这就是资产阶级时代不同于过去一切时代的地方"②,"不断扩大产品销路的需要,驱使资产阶级奔走于全球各地,它必须到处落户,到处开发,到处建立联系","资产阶级,由于开拓了世界市场,使一切国家的生产和消费都成为世界性的了。……民族的片面性和狭隘性日益成为不可能,于是由许多种民族的和地方的文学形成了一种世界的文学"③,"资产阶级,由于一切生产工具的迅速改进,由于交通的极其便利,把一切民族甚至最野蛮的民族都卷到文明中来了。……它迫使一切民族——如果它们不想灭亡的话——采用资产阶级的生产方式;它迫使它们在自己那里推行所谓的文明,即变成

---

① 《马克思恩格斯选集》第1卷,人民出版社2012年版,第401页。
② 《马克思恩格斯选集》第1卷,人民出版社2012年版,第403页。
③ 《马克思恩格斯选集》第1卷,人民出版社2012年版,第404页。

资产者。一句话，它按照自己的面貌为自己创造出一个世界"①，"资产阶级使农村屈服于城市的统治。……正像它使农村从属于城市一样，它使未开化和半开化的国家从属于文明的国家，使农民的民族从属于资产阶级的民族，使东方从属于西方"②。

根据《共产党宣言》中的这些论述，有学者认为，马克思和恩格斯实际上提出了一种经济帝国主义的激进理论，认为资本主义的全球化经济动力不但创造发展，而且强迫发展，同时还产生相互依赖。在文明与野蛮国家的区分上，他们甚至表现出了典型的"文化沙文主义"的思考模式。③ 我们认为，此说不能成立，马克思和恩格斯的确立足于人类文明演进视角，明确承认了殖民主义和帝国主义所具有的"开化的使命"，但综观其著作整体，他们仍然可以被认为是帝国主义的反对者。马克思和恩格斯认为世界经济的全球化，以及伴随而来的殖民主义和帝国主义阶段，都是资产阶级借以延缓和规避国内社会革命的手段。在后来的《资本论》中，马克思进一步指出了殖民主义和帝国主义背后的经济因素，以及由此所带来的政治、经济社会和文化等全方位的支配与被支配关系。正因为如此，熟读马克思《资本论》的列宁后来在《帝国主义是资本主义的最高阶段》中，明确指出"资本输出"是帝国主义的最显著特征。他认为，资本主义之所以为资本主义就在于，剩余价值不会用于提高本国人民的生活水平，而是输出到落后国家，以便进一步提高利润。在被殖民的落后国家，通常利润高、资源稀少、土地价格廉价、劳动力价格低以及原料便宜。但不均衡的发展和群众处于半饥饿的生活状态，构成了资本主义生产最根本的和"必然的条件和前提"。

从当代的视野看，马克思、恩格斯与列宁所描绘的殖民主义和帝国主义，仍然从属于古典殖民主义和帝国主义范式。这种古典殖民主义和帝国主义形式上的显著特征就是，往往诉诸以直接武力征

---

① 《马克思恩格斯选集》第1卷，人民出版社2012年版，第404页。
② 《马克思恩格斯选集》第1卷，人民出版社2012年版，第405页。
③ Robert, J. C. Young, *Postcolonialism: an Historical Introduction*, Blackwell Publishing Ltd., 2001, p. 104.

服的方式掠夺他国资源。有学者把旧帝国主义的这种特征区分为三种表现，即其一，旧帝国主义对待征服所采取的形式与殖民主义高度重叠，或者说其采取的主要是殖民主义形式；其二，旧帝国主义样式带有很强的欧洲中心论倾向，它在意识形态上宣扬欧洲文明优越论；其三，帝国主义国家经常发生紧张的冲突甚至激烈的战争。① 但自第二次世界大战尤其是 20 世纪 70 年代之后，被殖民国家和民族反对殖民国家的浪潮此起彼伏，民族解放运动普遍兴起，国际社会环境发生了重大改变。因此，古典殖民主义和帝国主义诉诸武装暴力征服的侵略形式，已经不再适用。传统的殖民主义和帝国主义开始转向"新殖民主义"和"新帝国主义"。

（二）新帝国主义与新殖民主义

总体上看，相较于旧殖民主义与旧帝国主义，"新殖民主义"和"新帝国主义"主要具有如下新的形式和特点。首先，它不像旧殖民主义那样通过直接方式实现对被殖民国进行统治，而是采取"间接"的方式，借助于当地政府或政治力量来控制发展中国家。其次，逐渐抛弃了旧帝国主义时代的意识形态，不再明目张胆地宣扬欧洲文明优越论，而是在表面上承认被殖民国的民族自决权和尊重当地的文化与风俗，采取新的方式为帝国主义殖民统治进行辩护。最后，帝国主义国家之间爆发激烈冲突和战争的可能性大大降低，甚至完全消除了殖民大国战争爆发的可能性。② 新殖民主义和新帝国主义尽管有上述这些形式上的改变，但它们在本质上与旧殖民主义和帝国主义无异。正像大卫·哈维所说的那样，在新帝国主义语境下，资本的过度积累（overaccumulation）迫使资本家和资本主义必须日渐诉诸非资本主义方式进行掠夺，换言之，由低工资榨取剩余价值以外的种种方式，这包括了征收共有财产、福利私有化。这些都涉及资本侵犯公有财产。哈维由此断言，新帝国主义的特征为"把扩大再生产的积累转移为掠夺式积累（accumulation

---

① 罗文东、刘晓辉：《美国学者戴维·科兹谈"新帝国主义"》，《高校理论战线》2007 年第 3 期。

② 罗文东、刘晓辉：《美国学者戴维·科兹谈"新帝国主义"》，《高校理论战线》2007 年第 3 期。

through dispossession)", 并认为, 这正是当下所"必须面对的主要矛盾"。① 哈维认为, 这种积累方式的转移, 并非截然不同的方式, 即从榨取剩余价值的核心过程转化为全球劳动套利 (global labor arbitrage) 所驱动的生产全球化。在他看来, 它们共同表现了劳动和资本的内在关系。总之, 哈维认为, 新帝国主义本质上仍然受资本增殖逻辑所支配。

(三) 生态帝国主义与生态殖民主义

既然相较于旧殖民主义和旧帝国主义, 新殖民主义和新帝国主义采取的剥削形式是相当温和与隐蔽的, 那么, 如果把这种新殖民主义和新帝国主义推延到环境和生态领域将会有何种表现? 由此又会招致什么样的后果? 这正是当前西方生态正义理论中的生态殖民主义和生态帝国主义批判思想家所要探讨的问题。所谓"生态殖民主义", 大体上可以说是指: "在不平等的国际政治经济秩序的框架内, 西方发达国家针对发展中国家和落后国家的、在生态环境问题上带有明显剥削与掠夺性质的经济、政治行为的总称。"② 而所谓"生态帝国主义", "它不是指称帝国主义或资本主义的某个阶段, 而是为描述资本主义发展所引起的各种生态问题"③。换言之, 无论是生态殖民主义, 还是生态帝国主义, 都不是一种新的殖民主义和帝国主义形式, 不是用来描述资本主义发展所达到的某个阶段。而仅仅是指殖民主义、帝国主义尤其是新殖民主义和新帝国主义在生态与环境领域中的推延。问题的关键在于, 生态殖民主义和生态帝国主义为什么会出现? 这应当结合20世纪80年代以来, 世界各国对殖民主义和帝国主义 (包括新殖民主义和新帝国主义) 的警醒去理解。当世界尤其是发展中国家对"硬的"旧殖民主义、帝国主义, 以及"软的"新殖民主义、新帝国主义的侵略本性充分认知的时候, 西方资本主义大国要想继续通过资本输出的方式掠夺资源, 只能采取更隐蔽和间接的方式。就比较而言, 转嫁国内生态危害到发展中国家就是一个较为隐蔽和间接的方式。比如, 废品输出和垃

---

① David Harvey, *The New Imperialism*, Oxford Univeristy Press, 2013, pp. 176 – 177.
② 张剑:《生态殖民主义批判》,《马克思主义研究》2009年第3期。
③ 董慧:《生态帝国主义: 一个初步考察》,《江海学刊》2014年第4期。

圾输出。再比如，充分利用和挖掘发展中国家的非可再生资源，并把生态破坏留给当地等。

二 生态帝国主义的本质与主要表现

从概念史的角度看，"生态帝国主义"这一概念最早可以追溯到美国著名历史地理学者阿尔弗雷德·克罗斯比（Alfred W. Crosby），他于1986年出版的《生态帝国主义：欧洲的生物扩张，900—1900》一书中明确提出了这一范畴。[①] 克罗斯比使用这一概念主要是用来描述当时欧洲殖民者在进行早期移民时不仅成功地向美洲大陆、澳洲和非洲等地移入了大量植物和动物，还把他们当时旧世界的植物和动物自身所带有的"疾病"和"危害"一并移入，从而给被殖民地区带来严重的生态灾难。可见，在克罗斯比那里，"生态帝国主义"只是一种纯粹的"生物帝国主义"。也就是说，他主要是从历史地理学的角度来描述外来物种的引入对当地生态所造成的伤害，至于殖民者移入这种物种背后的政治经济动机和社会制度特征，基本上都不在他考虑的范围之内。当代西方生态正义理论所探讨的生态帝国主义显然不只是克罗斯比意义上的，而是更强调这种生态殖民背后的政治经济动因和社会制度特征。

（一）生态帝国主义的本质

如果说在公元900—1900年生态帝国主义仅仅是初现端倪的话，那么时间推进到20世纪后半叶乃至21世纪的今天，生态帝国主义已经成为当今资本主义国家实现对发展中国家变相殖民统治的最有效方式之一。因此，迫切需要我们对其本质、内在逻辑和主要表现形式进行深入研究。包括大卫·哈维和蒂姆·威斯科尔在内的当代英美生态马克思主义者，对生态帝国主义均有较为系统和深入的探

[①] 参见 Alfred W. Crosby, *Ecological Imperialism: The Biological Expansion of Europe, 900-1900*, Cambrige University Press, 1986。该书的中译本有两种。其中较早的是辽宁教育出版社2001年许友民等人的译本，较近的是商务印书馆2017年的译本。详情可参见艾尔弗雷德·W.克罗斯比《生态扩张主义》，许友民等译，辽宁教育出版社2001年版；阿尔弗雷德·克罗：《生态帝国主义：欧洲的生物扩张，900—1900》，商务印书馆2017年版。把"Ecological Imperialism"翻译为"生态扩张主义"显然系意译，尽管它在一定意义上也传达了克罗斯比使用该词的意思，但终归不是一个最好的译法。

讨。哈维认为，生态帝国主义背后的支撑动力是资本追求实现利润增殖的扩张性逻辑。资本追求自身利益的无限扩张，所带来的结果具有两面性：它既导致西方国家从蒙昧状态走向帝国主义工业文明，以及资本主义经济的发展和增长，同时也致使人类与自然之间关系，从先前未文明化之下的和谐状态走向彼此间的分裂和对立。与此同时，资本拥有量的不对等及其逐利的本性，同时也造成不合理与不公平的国际政治经济合作关系。其中，受资本要实现增殖利润的驱动，发达国家对发展中国家的生态和环境时刻都进行着有形或无形的剥削和掠夺。在这个意义上，可以说"生态帝国主义既是推动资本主义全球化的重要力量，也是人类生态文明和社会正义的巨大威胁"①。

从本质上来说，生态帝国主义是肇始于欧洲殖民扩张时期，西方主要资本主义国家以帝国主义为侵略方案，所进行的生态资源掠夺和政治经济剥削的帝国主义行为。如此说来，生态帝国主义是两种逻辑共同耦合和相互作用的结果，这两种逻辑即"生物扩张的生态逻辑"和"资本扩张的政治经济逻辑"。② 前者重在表明西方发达资本主义国家所进行的帝国主义殖民扩张所导致的生态问题；后者则揭示帝国主义推行殖民扩张背后的经济动力即资本与资本逻辑，必然导致不对等和不公平的生态交流，以致这种不对等和不公平给被殖民国家带来巨大的生态灾难。在这个意义上，"生态帝国主义"这一概念，并非一个中性化的术语，而是内在地蕴含着较强的批判性意义。可以说，它从一种比较特殊的视角，即西方发达国家对落后国家生态资源掠夺的视角，批判了帝国主义的政治经济扩张以及由此带来的灾难性生态后果。正因为如此，当代西方生态正义理论的代表人物，比如约翰·贝拉米·福斯特和大卫·哈维等，均借助"生态帝国主义"这一概念，来表明西方主要帝国主义国家凭借自身资本积累和技术优势，对殖民地国家或发展中国家的各种资源尤其是生态资源，所进行的榨取、掠夺和变相转移的破坏性行为，揭示西方帝国主义国家对广大发展中国家的征服、剥削和掠夺的真实

---

① 参见董慧《生态帝国主义：一个初步考察》，《江海学刊》2014 年第 4 期。
② 参见董慧《生态帝国主义：一个初步考察》，《江海学刊》2014 年第 4 期。

面目。① 历史地看，生态帝国主义对他国自然资源的侵犯和掠夺是以殖民主义的形式推进的，它与16世纪和17世纪的贩卖黑奴行为本质上也是一致的。② 正像传统帝国主义和殖民主义是靠着剥夺他国财富和资本而走向世界强国一样，当今的新帝国主义和新殖民主义国家也通过向发展中国家转移污染和生态灾难的方式，保持自身的生态环境上的美好与和谐。不过，当今西方发达国家通过新帝国主义和新殖民主义的方式，向广大发展中国家转嫁环境污染和转移生态灾难的做法，其背后的根本动因与传统帝国主义的做法是一致的，即都是资本要实现最大化利润增殖的逻辑所驱动。③ 总之，当今的生态帝国主义或生态殖民主义本质上是两种逻辑共同作用的结果，即"生物扩张的生态逻辑"和"资本扩张的政治经济逻辑"。这两种逻辑，不但揭示了全球性的生态环境和政治经济发展中的公平正义问题，而且昭示了当代人类现时代的生存境遇问题，无法从某种单一学科或理论视角能够阐释清楚，而需要整合生态学、政治学、哲学、社会学乃至国际法等多科学视角，对其进行综合观察和解决。

（二）生态帝国主义的表现形式

从表现形式上看，当今的生态帝国主义相较于传统帝国主义，在对他国进行剥夺所采取的方式上，表现得更为多元和复杂。一方面，以当代西方帝国主义国家中的"五眼联盟"为例，其帝国和殖民掠夺的方式，不再像传统帝国主义那样主要靠采用军事暴力征服，而是采取非暴力的乃至变相的掠夺资源的方式。他们甚至以到发展中国家开发投资的名义，竭尽可能地拓展对包括石油储备在内的资源的掌控力，从而以最大限度地开掘和榨取他国资源（包括石油掠夺在内）的方式，延长帝国主义国家资本利益集团对发展中国家的统治。由此造成的结果必然是，被殖民国家的非再生的自然和土地资源变得越来越少，甚至几近枯竭，其将直接威胁到被殖民国

---

① 参见董慧《生态帝国主义：一个初步考察》，《江海学刊》2014年第4期。
② 参见解保军《生态资本主义批判》，中国环境出版社2015年版，第127页。
③ 参见郇庆治《"碳政治"的生态帝国主义逻辑批判及其超越》，《中国社会科学》2016年第3期。

家国民以及其子孙后代的未来生存权,也必定对其生产方式和生活方式产生决定性的影响。另一方面,以美、英、法等为首的西方发达资本主义国家,利用当代西方理性经济学中的理性经济人原则与资本增殖和积累的逻辑,采用非法和不人道的方式,把极少数贫穷国家和广大发展中国家,变成它们转嫁国内环境污染和转移有毒废料的"输出场"和"垃圾排放地"。[①]

依据实施方式大体上可以把生态帝国主义划分为两种类型,即"污染转移型的生态帝国主义"和"资源掠夺型的生态帝国主义"。[②] 因此,展开来说,生态帝国主义的表现形式也可以从两个大的方面来把握。一是"污染转移型的生态帝国主义",它的主要表现形式有如下三种。首先,转移污染产业和企业。出于自身环保需要、产业结构调整和最大化地谋取资本增殖利润需要考虑,当代西方发达资本主义国家,为利用不发达国家现行法律和环境保护政策上的漏洞和缺陷,利用其环境容量最大承受限度,将本国污染严重的产业转移到经济落后国家。比如,东南亚、拉美、非洲等国。其次,倾倒毒垃圾和销售有害设备。为了能够最大化地减少环境治理投入,并变相地增加资本利润,当今发达资本主义国家往往把本国的生活垃圾,特别是有毒垃圾和有害设备,转移到不发达国家的规避本国环境污染和生态损害。最后,转移有害废物。相关研究表明,自20世纪80年代以来,鉴于发达资本主义国家先后颁布的保护本国生态的法律越来越严格,相应地,处理有毒有害废物的成本也越发增高,因此,一些发达国家的企业在本国政府的默许和纵容下就采取向发展中国家不断输出"洋垃圾"和"毒垃圾"的方式,转移本国的生态危机和环境灾难。

二是"资源掠夺型的生态帝国主义",其主要表现形式也有三种。首先,大肆掠夺不发达国家的自然资源。当代西方发达资本主义国家为缓解本国资源有限性以及资本逐利无限性之间的矛盾,展开对不发达和欠发达国家自然资源的大肆掠夺。针对一些污染密集型的产业,它们采取在不发达国家建设生产厂房和设立投资公司的

---

① 参见董慧《生态帝国主义:一个初步考察》,《江海学刊》2014年第4期。
② 参见解保军《生态资本主义批判》,中国环境出版社2015年版,第121页。

形式，把环境伤害直接留在被殖民国。从而不仅掠夺了自然资源，获得资本利润，还对自己本国的生态环境不会带来任何伤害。其次，通过不平等贸易的"结构性暴力"，以及低关税与有利贸易刺激，间接地实现对不发达国家自然资源掠夺之目的。从本质上说，当今国际贸易体系存在着严重的问题。因为，它是一种建立在发达国家对发展中国家技术垄断和支配基础上的不对等贸易结构关系。而广大不发达国家为了能够参与全球化，并从中顺带分享部分好处，就不得不忍受发达国家对其贸易交往的"结构性暴力"剥削。以造纸业为例，西方发达国家为保护本国生态，对砍伐林木有着极为严格的限制。但国内纸质的需求又迫使它们不得不寻找木材源地，于是它们就采取大量进口不发达国家的木材的方式满足国内需求。最后，发达帝国主义国家奢侈性、浪费性的消费行为，亦间接地破坏了广大发展中国家的生态环境。一方面是国内严格的环保法限制，另一方面是奢靡浪费性的消费行为，造成发达资本主义国家只能通过海外输入消费原料的方式来实现国内消费者的需要。比如，为了能够吃上肥美的牛排牛肉，就在不发达国家建立牧场；为了能够用上自认为卫生的一次性木筷，就到西非热带雨林购买木料等。正因为如此，有学者甚至认为发达国家的筷子、汉堡和棺材摧毁了人类世界上的热带雨林。① 此说表面上看来似乎有些夸张，但它无疑客观地揭示了不发达国家的生态问题与发达国家的铺张浪费的消费行为之间的间接关系。乌尔里希·布兰德曾把当代西方发达国家的这种奢靡性和浪费性的消费行为，非常形象地称为"帝国式生活方式"②。

三 生态帝国主义涉及的生态正义问题

上述对生态帝国主义的渊源、本质和主要表现形式的分析，是为了深入阐明生态帝国主义所涉及的生态正义问题。如果说生态帝国主义是当今西方主要资本主义国家侵略和掠夺之本性在生态环境领域的拓展和体现，是发达国家针对不发达国家在生态和环境问题

---

① 参见解保军《生态资本主义批判》，中国环境出版社2015年版，第123页。
② 参见［德］乌尔里希·布兰德、［德］马尔库斯·威森《资本主义自然的限度：帝国式生活方式的理论阐释及其超越》，郇庆治等编译，中国环境出版集团2019年版。

上所实施的掠夺和剥削行为及态度的总称,是陈旧和野蛮的帝国主义思维方式在生态和环境领域的展示,是无帝国领地的帝国主义的话,① 那么,生态帝国主义行为必然内在地蕴含着地区与地区、国与国、民族与民族之间,以及代际之间和代际之内的生态权利、生态公平正义问题。

美国著名哲学家罗尔斯认为:"全部的社会价值,包括自由与机会、收入与财富,以及自尊,都应该允许公平地被分配,除非不公平分配对每个人都有利。"② 但是,随着经济全球化向纵深层次推进,资本的力量所向披靡,甚至几乎深入了各种可能的区域。其间,它不仅销蚀了人际的社会正义,还侵吞和瓦解作为每个人正当生存的原则根据。可以说,受资本空间拓展所展开的生态帝国主义,"业已构成了生态退化的最坏形式,它不仅从地球上掠夺资源,还企图切断与地球之间原本应该是永续共生的关系,这种生态退化不是出现在核心国,而是落到了边缘国。生态帝国主义容许西方帝国采取环境透支的方式,对边缘国家实施自然资源榨取"③。福斯特对生态帝国主义这种掠夺和破坏自然资源方式的揭示表明,它对人与人、国与国之间的平等和相互尊重的基本原则,根本就毫无顾惜。之所以如此,其背后的主要原因恐怕仍然是资本旨在竭尽所能地实现最大化增殖逻辑的驱动。因此,有学者认为:"资本空间化是导致生态正义被侵蚀的始作俑者,是造成发达资本主义国家与落后国家在生态交往层面不平等的根源。"④ 总之,由于受资本实现最大化增殖逻辑的主宰,生态帝国主义统治下的地区与地区、国与国、族群与族群之间的生态正义问题完全被遮蔽起来。

但实际上,由生态帝国主义所引发的地区与地区、国与国、族群与族群之间,以及代际之间和代际之内的生态正义问题,迟早会

---

① 参见解保军《生态资本主义批判》,中国环境出版社2015年版,第119页。
② J. A. Rawls, *Theory of Justice*, The Belknap Press of Harvard University Press, 1971, p. 62.
③ J. B. Foster, *The Ecological Rift: Capitalisms War on The Earth*, Monthly Review Press, 2010, p. 370.
④ 刘顺:《资本逻辑与生态正义——对生态帝国主义的批判与超越》,《中国地质大学学报》(社会科学版)2017年第1期。

暴露，且尤其总体上突出表现为"非正义的生态债务"问题，有学者把其称为"生态帝国主义的核心特征"。① 根据福斯特的说法，所谓"生态债务"是指在西方资本主义国家的生态帝国主义侵略过程中，发达国家因最大化地实现自身发展和追逐利润，从而对不发达国家的生态和环境所造成的危害，用一种较为形象的比喻来说，就相当于发达国家在发展过程中向发展中国家"欠下的生态债务"。福斯特指出，发达国家对发展中国家所欠下的这种生态债务，"至少相当于发展中国家所欠发达国家金融债务的三倍有余"。② 这足以表明生态帝国主义所内在蕴含的不公平性。

第二节　生态难民与生态正义

通常认为难民是人类诞生以来的普遍现象，但严格说来，难民是一个典型的现代性现象。之所以如此，是因为在人类早期的财产共有社会以及自给自足的自然经济时代，难民很少产生，即便存在，也只是极少数现象。但近代工业化发展，导致劳动与资本严重分离，不拥有任何生产资料的无产者，在经济危机爆发之际，很容易就沦落为庞大的难民群。加之，资本逻辑主导的有产者对自然的无限制开采与挖掘，人类不仅丧失基本物质生活资料，更失去了基本的生存环境。这种由生存环境的损害所导致的难民，一般被称为"环境难民"或"生态难民"。③ 可以说，大规模的生态难民是现代

---

①　刘顺:《资本逻辑与生态正义——对生态帝国主义的批判与超越》,《中国地质大学学报》（社会科学版）2017年第1期。

②　J. B. Foster, *The Ecological Revolution: Making Peace With The Planet*, Monthly Review Press, 2009, p. 246.

③　参见 B. Baxter, *A Theory of Ecological Justice*, New York: Routledge, 2005。严格来说，"环境难民"的说法出现的时间较早，也更为流行和普遍。但近年来，随着资本全球化进程的加快，由此引发的生态环境破坏所牵连的原居住民的权利享有和公平公正问题越发凸显，使得"生态难民"的说法开始被人们逐渐接受并流行起来。由于环境包括自然环境和社会环境，因此，从外延上来说，"环境难民"显然比"生态难民"所覆盖和包容的内容要广。采用"生态难民"的说法，更能凸显自然生态环境被破坏的灾难性后果。就此而言，称谓的改变昭示出人们对自然生态认知态度的深化理解。

社会特有的现象，并逐渐成为当今难民的主要存在样式。正因为如此，当代西方生态正义理论把"生态难民"提升到一个重大的社会和政治问题的高度来理解。总体来看，当代西方生态正义理论围绕着"生态难民"主题，集中考察了其产生的主要原因、生态难民被剥夺和应享有的权利，以及其中包含的公平与正义问题。

一 生态难民产生的原因

就生态难民产生的主要原因而言，当代西方生态正义理论认为，大体上经历了从"技术性归因"到"社会性归因"，之后再到"制度性归因"的递进理解转变过程。

（一）技术性归因

"技术性归因"的提出者是当代西方生态学马克思主义的部分代表人物。他们在继承经典西方马克思主义工具理性和技术理性批判的基础上，把造成当代生态难民的主要原因归结为20世纪尤其是第二次世界大战以来，西方工业文明发展所带来的技术进步和生产效率的提升。他们认为，西方资本主义工业文明的发展实际上是以牺牲生态环境为代价的，而其背后的支撑性逻辑就是内在于西方资本主义文明中的工具理性和技术创新至上论。① 受工具理性和技术创新至上论的支配，当代西方资本主义工业文明在为人类带来巨大物质财富和生活便利的同时，也带来了一些对人类而言消极性的副产品。这种"消极性的副产品"的主要表现形式之一，就是人类在把自然当作纯粹奴役和开掘对象的时候对自然以及人类自身的伤害。其中，尤其以生态难民问题最为典型和显著。从当今技术批判的角度看，所谓生态难民，实际上就是资本主义一味追求工业技术进步所导致的生态环境的被蚕食和腐化，从而产生的一批丧失了原来生存居所和生存环境的群体。以早期西方生态学马克思主义为代表的生态正义理论，在生态难民问题产生的归因理解上，基本上都遵循这种"技术性归因"的阐释套路。这种"技术性归因"的阐释

---

① ［加拿大］威廉·莱斯：《自然的控制》，岳长龄译，重庆出版社1993年版。［法］安德烈·高兹：《资本主义，社会主义，生态：迷失与方向》，彭姝祎译，商务印书馆2018年版。

套路，不能说毫无道理，也不能说不够深刻。因为，通过技术理性批判，以早期西方生态学马克思主义为代表的生态正义理论，实际上已经深入西方工业文明背后的形而上学的根基。但这种理解和阐释进路，总体上看，仍然从属于文化批判和意识形态批判的进路。仅仅把包括生态难民在内的生态环境问题归结为技术性问题，无论在解释力上，还是在穿透力上，都将要大打折扣。正因为如此，一旦人们认识到这一点，在生态难民问题的理解上"技术性归因"就被"社会性归因"阐释模式替代。

（二）社会性归因

就生态难民理解上的"社会性归因"来说，当代西方生态正义论在反思和批判既往"技术性归因"阐释模式的基础上，主张导致生态难民产生的主要原因不应该只是或主要不是工具理性和技术发展至上论的结果，而应该是或主要应该是根源于资本主义社会下普遍流行的生产和生活方式。[①] 当然，生态难民的"社会性归因"阐释者，并不完全否认技术创新和工具理性在导致生态难民产生上所起的作用，但他们认为 20 世纪中后叶尤其是 70 年代以来，西方资本主义国家所流行的消费主义和物质主义生活方式和生产方式，应该是导致生态难民产生众多因素中的主因。当代西方资本主义盛行的物质主义、消费主义生产和生活方式，导致生活在此种社会下的人们为追求新异、时尚、个性而过度消费与超前消费，全然不顾自然环境、社会和个人长期能够承受的限度。而作为生产部门所有者的资本家集团阶级，受资本逐利本性的支配，为迎合和进一步推动资本主义盛行的物质主义、消费主义生产和生活方式，更是加法加码、尽心竭力地开掘自然与榨取资源。从唯物史观的视角看，如果我们把当今资本主义社会下盛行的物质主义和消费主义生产生活方式，称为"异化生产和异化消费"的话，那么，完全可以把由其导致的上述结果称为"环境异化和生态异化"。至于由此论及生态难民问题，它显然是当今人类异化的一种表现形式。这种异化，作为一种结果根源于人类生存和生活活动本身的异化，按照马克思的说

---

① B. Baxter, *A Theory of Ecological Justice*, New York: Routledge, 2005, p. 24.

法，归根结底则源于资本主义的所有制形式，即资本主义的根本制度。因此，即便把生态难民的产生归因于社会生产和生活方式，如果不深入和切中资本主义制度本身，也无法真正找到生态难民产生的最终极的原因。正因为如此，当代西方生态正义理论在生态难民产生的归因上，开始从"社会性归因"向"制度性归因"转变。①

（三）制度性归因

就生态难民产生的"制度性归因"解释而言，相较于前两种阐释模式，显然更切中和把握到了生态问题以及生态难民问题的关键点。总体上来看，生态难民产生的"制度性归因"解释，既扬弃了上述两种阐释模式的不足和缺陷，又吸收了它们的合理因素。从内容的包容性来看，生态难民产生的"制度性归因"解释，又包括阶级分析、资本逻辑批判和资本主义制度探讨三个方面的内容。当代西方生态正义论者认为，要创造一个可持续的社会，就应先有可持续观念的社会成员。换言之，一个国家的国民所拥有可持续观念的成分越多，相应地，该国的"可持续社会化"程度也就越高。在这个意义上，我们可以把拥有可持续度的国民称为"环境公民"或"生态公民"。但由于"环境公民"或"生态公民"和现实生活中人们在环境中实际扮演的角色之间的距离相当遥远，因此"环境公民"或"生态公民"实际上处于"濒临灭绝"状态，亟须挽救。②一方面，人的社会化过程尚未完成，这种社会化过程涉及先要学会成为真正的人，才能成为一国的公民；就另一方面而言，"环境公民"的主张者所预先设定的"大多数人皆醉，只有极少数人独醒"理论前提，导致其论述流于形式和高调，在现实中无法具体落实，并有陷入精英主义倾向的危险。如从消极的观点看，环境保护与经济开发之间的矛盾关系，也表现了发展与环境的不对等性和阶层性。其结果的极端形式产生了新的社会阶级，即环境难民或生态难民。在这个意义上，"环境公民"和"环境难民"是一体两面的。③

---

① B. Baxter, *A Theory of Ecological Justice*, New York: Routledge, 2005, p. 71.

② 王秀俊：《环境公民与社会足迹：环境社会学的永续发展观》，《"中央"大学社会文化学报》第8辑。

③ Charles Handy, *The Age of Unreason*, Harvard Business Bchool Press, 1991, p. 39.

此外，当代西方生态正义理论借助马克思的阶级意识和劳动异化理论，还从生态难民的阶级意识、生态剥削和生态异化等角度对生态难民展开论述。他们认为，如果说经典马克思主义理论中的阶级意识，就其内容而言，可以包容阶级认同、阶级斗争和阶级整体性，以及无产阶级通过与资产阶级展开阶级斗争的方式追求实现一种理想化社会的话，那么，它显然以劳动阶级为主要对象。而如果劳动阶级的"环境剥削"或"生态剥削"可以被证明与"经济剥削"成正比的话，那么劳动阶级的阶级意识中就应当包含"环境"和"生态"的内涵。当代西方生态正义理论主张者，依据经典马克思主义理论中阶级意识所内在包容的上述四个层面的内容，来探讨生态难民的问题，并由此认定，其中的"阶级认同"实际上源自某一阶级群体的"共同受害"，而不是"共同利益"。并且，他们认为导致当今生态危机现象产生的三个主导性的因素，分别是政治层面的"国家"、经济层面的"资本"和个人生活层面的"家居方式"。因此，他们主张阶级斗争的对象，也应该包括个人"自己"。换言之，应当承认，我们就是自己最大的敌人。在这里，当代西方生态正义理论借助了英美马克思主义学者如罗默（Romer）的新剥削理论来探讨生态难民问题。①"由于财富分配的过程，金钱往上流，污染往下流，社会成本转嫁至环境与居住其上的居民，因此劳动阶级可以说受到双重剥削：劳动剥削与环境剥削。再由生存阶梯与生活机会的角度观之，环境是生活的基地，'没有土地哪有花'是最能说明环境的价值的无价格性，因此把好环境视为生产与生活的最大附加值为永续发展的目标之一。反之将环境视为剥削的对象，则理所当然会产生难民式的生产和生活环境，环境难民于焉产生。"②社会分化之结果在环境领域的表现，为"环境破碎化"，即人们居住地的分散化，由此导致人民对于环境的期待和憧憬变得越来越狭隘和狭窄，隔断周围环境与自然—社会大环境之间的内在关联，缺乏整体

---

① J. Roemer, *A General Theory of Exploitaion and Class*, Harvard University Press, 1973, p. 123.

② 王秀俊：《环境公民与社会足迹：环境社会学的永续发展观》，《"中央"大学社会文化学报》第8辑。

性和有机性。这在心理或精神上的体现即为民众的"环境异化感",在现实中的具体体现即为环境危机和环境异化。当这种状况发展到极端,民众的现实环境生存状况与其理想中的预期落差过大时,必然产生大批民众逃离原来既定生存环境领域的状况,于是就产生了"环境难民"或"生态难民"。另外,社会分化的后果不仅体现在"环境破碎化",也体现在其导致"环境或生态分赃"现象的产生。所谓"环境分赃"或"生态分赃",是指西方帝国主义国家在资本增殖逻辑的支配下,为最大可能地剥削和榨取不发达地区的自然环境资源和社会资源,往往以多国联合的形式"集体出动",获利之后,再于内部进行利益分割。事实上,"环境分赃"或"生态分赃",又必然进一步使得现实中的环境和生态掠夺活动大肆增加。在这个意义上,我们甚至可以说,环境难民和生态难民的产生原本就内在于社会分化,它成为社会分化的一种宿命。

二 生态难民被剥夺和应享有的权利

(一) 生态难民环境权的提出

就生态难民被剥夺和应享有的权利这一主题而言,当代西方生态正义理论主要围绕生态难民环境权的界定、生态难民环境权的被剥夺以及生态难民环境权的重新赋予等方面进行展开论述。当代西方生态正义论者认为,关于环境保护与人权关系的最早相关论述,比较集中地体现在联合国于1968年大会上集体通过的决议《人类环境之问题》中。在该决议中明确表示,人类的环境状况与基本人权的享受之间具有内在相关性:人类环境质量优化,有利于基本人权的享受。反之,人类环境质量的恶化,则不利于"基本人权的享受"。[①] 之后,联合国于1972年在斯德哥尔摩举行的"人类环境会议",对环境与人权的关系有更进一步的阐释和规定。当年大会所通过的《斯德哥尔摩宣言》,非常鲜明地把环境与人权的关系提升为第一原则。不仅如此,它在直接论及环境质量与生命权密不可分

---

① "Problems of the Human Environment", UN General Assembly Resolutions 2398 (XXI - Ⅱ).

的基础上，还明确强调人类保护环境的责任问题。① 不过，上述两次联合国大会所通过的决议，只是论及环境与人权的关系，并未明确提出"环境权"概念。1981年非洲团结组织集体通过的《非洲人权宪章》第二十四条，明确使用了"环境权利"概念："所有人都应该享有一般的利于自己发展的环境权利。"② 之后，"环境权"的说法逐渐被人们接受。随着生态环境问题的越发凸显，人们由既往对宽泛意义上的"环境"问题的强调，转变为对"生态"问题的关注。相应地，过去"环境权"的概念也有被"生态权"这一说法替代的趋势和可能。

（二）环境权与人权的关系

关于环境权与人权的关系，当代西方生态正义理论认为一般有四种看法。

第一种看法是"环境权工具论"。该看法主张，环境保护本身不是目的，只不过是为人类实践基本人权这一终极目的的工具。具体来说，此种看法认为，环境质量的好坏将直接影响到基本人权的享受程度。环境质量越好，越有利于人们的基本人权的享有。相应地，环境质量越差，人们的生命、健康以及生活等权利享受的程度也就越低。在这个意义上，该种看法的主张者甚至认为，任何破坏环境的行为，都必然直接侵犯到上述那些国际上公认的基本人权。③ 此种看法的最大优势或好处在于，其可以运用现有的人权机制来限制和约束环境质量差的国家，并通过这种方式逼迫它们改善环境质量；但是，其缺陷和不足在于，人权针对的对象是人，其关联的环境主要也是人化后的环境或社会环境。因此，当面对的是自然生态或自然物种遭到伤害的状况，它就无法直接发挥保护环境的作用了。④

第二种看法称为"环境权目标论"。之所以把其称为"环境目

---

① www.unep.org/Documents/Default.asp?documentID=97.

② https://www.un.org/en/africa/osaa/pdf/au/afr_charter_human_people_rights_1981.pdf.

③ Kristin Shrader-Frechette, *Environmental Justice: Creating Equity, Reclaiming Democracy*, Routledge, 2002, p.211.

④ Brian Baxter, *A Theory of Ecological Justice*, Willan, 2008, p.73.

标论",是因为此种看法不像第一种看法那样,把环境保护和持续性发展仅仅看作实践基本人权的手段或途径,而是将其当作最高目标。在此基础上,此种观点要求现有的人权机制必须服务于环境权的落实。换言之,被上述"环境权工具论"主张者作为"目的"的人权,反而成了"手段"和"工具"。因此,这种观点的主张者在论述环境权,尤其是其中的信息权、政治参与权和生态补偿权时,就可以把它们与人权切割,根本不用考虑环境保护是有利于人权的保障,还是有损于人权的维护的问题。① 但现实中很明显的事实是,环境质量的优劣与人权实际的享有,的确存在密切的关联。"环境权目标论"忽略了环境本身构不成目的,它能否成为"目的",也是相对于人而言的。在这个意义上,谈环境权,一定撇不开人和人权。

第三种看法认为环境权既是工具,也是目标。鉴于上述两种看法,都因偏执于一端而存在自身的缺陷和不足,第三种看法则力图对它们进行融合,以便既兼顾目的也照顾手段,实际上可以说,它是对第二种看法(即"环境权目标论")的修正与延伸。这种看法强调,应从整体和周全性视角看待环境权与人的基本权利的关系,认为环境权既是工具,也是目标。② 这种观点的主张者甚至尝试借鉴第一代人权基本原理,发展出第三代人权理论。其中,他们特别把环境权也当作人权的一种基本形式。换言之,其做法的显著特征在于,对人权这一范畴的内涵进行拓展和扩容,将环境权也看作人权的构成要素,并要求以人权的途径来看环境保护。进而言之,就是致力于在环境权范畴里融入生态平衡和可持续发展等目标等向度。③

第四种看法否认人权与环境权有任何关联。如果说,前三种看法,主要围绕着环境权与基本人权的关系展开论述,那么,第四种

---

① Ronald Sandler, Phaedra C. Pezzullo, *Environmental Justice and Environmentalism: The Social Justice Challenge to the Environmental Movement*, The MIT Press, 2007, p. 152.
② Kristin Shrader-Frechette, *Environmental Justice: Creating Equity, Reclaiming Democracy*, Routledge, 2002, p. 98.
③ Brian Baxter, *A Theory of Ecological Justice*, Willan, 2008, p. 134.

看法则有很大不同。因为，它不是由"人权"角度来看待环境保护和生态治理，而是由"责任"的角度来看待之。

如果我们撇开第四种观点，即否认人权与环境权有任何关联的看法不论，可以将西方学界关于人权保障与环境保护之间关系的看法，总体上归纳成两大类典型观点。第一大类典型观点，主张人权保障与环境保护之间存在"工具—目的"意义上的从属关系。以此来看，上述第一种观点即"环境权工具论"，由于其倡导人的基本权利是最高目标，而环境保护环境权只是实现人权的工具和手段，或者说其主张环境保护是保障人权的必要条件，因此，这种观点内在地隐含着人权包含着环境权的看法。与此相应，上述第二种观点即"环境权目标论"，由于将环境保护和环境权看作最高目标，认为人的基本权利不过是实现环境权的手段。第一种与第二种看法，区别在于前者主张环境权是工具，人权是目的；后者则刚好相反，主张环境权是目的，人权是手段。与第一大类典型观点不同，第二大类典型观点，则不是简单地在环境权与人权之间做出选择，而是致力于把目标与工具相结合，把环境权与人权融合起来。其重点关注的是，如何从人权保障推演出环境保护的权利，即由人权推导出环境权。第二大类观点的优势在于，其不再像第一大类中的"环境权工具论"和"环境权目标论"那样各执一端，而是力图以整合性的视角把环境权既看作手段又作为目的。但其缺陷和问题在于，它对"环境权工具论"和"环境权目标论"的整合，是为了从人权推导出环境权，或者说把环境权理解和把握为人权的一种形式。在这个意义上，它不是解决了而是消解了二者之间的关系。更成问题的是，这种做法的后果，必然是抹杀环境权与人权之间的内在差别。事实上，无论从当代国际人权理论，还是世界环境法理论来看，人权与环境权，都既存在一致性，又存在无法被还原的异质性。①

基于上述对环境权（生态权）与人权之间关系的理解，当代西方生态正义理论者对生态难民的生态享有权、环境居住权以及人权的被剥夺现象进行了深入分析。他们认为，以资本和资本逻辑驱动

---

① 参见奥兹格·雅卡《重思正义：环境公地斗争与社会生态正义建构》，《国外社会科学前沿》2020年第4期。

和主导的当今资本主义社会处于对自然生态环境的疯狂掠夺期,由此导致的结果是大批生态难民的产生。那些由于生存和生活条件破坏而造成的流离失所、只能外移的难民,他们原本也是一国的正常公民,也应该享有一个公民通常所享有的居住权。但在当今资本主义社会下,环境或生态异化的结果恰恰相反,底层工人的人权和居住权不仅受到无情的损害,而且环境异化所导致的结果,不仅体现在造成了人的自我异化和人与人之间关系的异化,也造成了自然和社会环境与人关系之间的对立。[①] 进而言之,在资本主义社会下,由于生产资料私有制的存在,底层工人不占有生产资料,而资本所有者受资本增殖逻辑支配会想尽各种办法提高生产效率,其主要方法是更新机器与改造工人。伴随现代生产的机械化、专门化,以及严格的社会分工带来的工人阶级的原子化,人的价值丧失与物的价值增殖以同比例速度在演变。人被机器取代,人的作用和价值被商品的行为和价值决定,这种现象表面上揭示了商品关系的野蛮性,实际上无疑表明了商品背后的人与人关系的异化特征。此种状况下,商品和货币成了绝对的主体,而人则沦落为被其任意支配的工具。现实社会中,"一切向钱看""人与自然被作为商品"的现象比比皆是。借用当代社会学中的结构性视角来看环境异化问题,可以发现环境与商品和资本之间呈现出一个非正常的异化性结构状态。在这种异化性的结构性状态中,环境成了商品原料和资本增殖的手段,套用马克思之劳动异化的说法,即环境出现了物化与异化,人与环境之间所呈现的隔阂乃至敌对关系,不过是上述商品和资本关系野蛮化的一个构成环节。因此,在资本追求最大化实现自身利润增殖的逻辑支配下,环境被当作商品或资本来看待,并任人宰售。与此相应,社会也呈现出"去自然化"的面向,国家也扮演着生产"生态难民"的帮凶角色。在资本实现利润最大化增殖面前,人权、居住权甚至人的生命权都是空话,都是一钱不值的东西。当年马克思所刻画的资本家逐利形象,在当今资本主义时代并无实质性改观。这也间接证明了马克思主义见解的正确性。

[①] D. Schlosberg, *Defining Environmental Justice: Theories, Movements, and Nature*, Oxford: Oxford University Press, 2007.

三 生态难民所涉及的公平与正义问题

(一) 环境上的差别主义

关于生态难民所涉及的公平与正义问题，突出地体现在纪录片《蓝色星球上的难民》。该片以马尔代夫、巴西和加拿大等国为主要记录对象，探讨了大型天然灾害等环境恶化问题已超越了国界，呼吁社会大众须正视"生态（环境）难民"的危机。纪录片中引述联合国2003年的报告："生态（环境）难民的人数有史以来超越政治和战争的难民数……"① 如同前文所言，所谓的"生态难民"，意指受到生态环境恶化之严重影响，而被剥夺其居住之安全及永续生存环境者，就像《蓝色星球上的难民》所描绘因生活环境日益恶化而被迫离开家园的百万人口，已成为现阶段人类所应共同面对的重要问题。从当代西方生态正义论的视角看，生态正义不仅仅关注生态资源的分配问题，它更关注分配的不公平及背后的社会歧视，以及优势群体得以借由制度的偏见获得环境利益，而弱势群体则面对制度的暴力以及人权的侵犯与损害。②

西方生态正义论者认为，当代社会借由对自然资源的攫取、废弃物的排放两种方式，不断地影响并改变自然环境。而人类与环境的紧张关系不仅造成环境危机，并且致使人与自己、人与人、人与社会的关系益趋复杂与紧张。③ 换言之，人对环境的非正义将会进而复制于人类社会并引发社会非正义。弱势群体往往成为环境破坏与污染最为直接的受害者，形成一种"环境上的差别主义"，因此，环境行动者与研究者开始引用并结合正义的理论，关注优势族群与弱势族群在环境权利与环境待遇上的不平等，进而扩及土地及环境

---

① 《蓝色星球上的难民》（*The Refugees of the Blue Planet*），是由 Choquette, Hélène 及 Duval, Jean-Philippe 两位导演所共同执导的生态环境纪录片。此片荣获2006年葡萄牙里斯本国际环境影展"人道精神类青年奖"、2007年加拿大电影电视学院"最佳研究奖"、加拿大国际环境影展"最佳长片奖"等多项殊荣。片中主要以马尔代夫、巴西及加拿大等国作为主要的纪录对象，企图唤醒世界居民对"生态（环境）难民"议题的重视。
② 廖本全：《歧视与暴力下的土地掠夺》，《台湾人权学刊》2016年第4期。
③ D. Schlosberg, *Defining Environmental Justice: Theories, Movements, and Nature*, Oxford: Oxford University Press, 2007.

资源的掠夺问题，并回归人地关系的根本关怀。生态正义由行动与研究，到论述与主张，建立起基础理论，并据以要求政府与社会应积极、有效地回应基本环境权利的保障。[①] 生态非正义的复制具有时空由远而近的特质，亦即对生态环境的非正义（资源的掠夺），将造成物种的非正义（栖地破坏与消失），并转嫁成世代非正义（未来生活环境的劣化），最后，则是当代社会的非正义（直接受害者）。而环境善物与恶物、利益与负担的不公平分配，又具有声音越微弱越容易被牺牲的特质，因此，物种与世代往往成为遭漠视的牺牲者，而某些地域、族群或阶级则成为直接受害的弱势群体。[②] 生态正义行动与研究者的基本主张，正是环境人权的保障。环境人权的诉求，可能因时间、地域、社会历史背景，以及生态环境行动、研究焦点而有差异，但追求生态正义的社会应具备对实体与程序环境人权的基本保障。实体环境人权包括生命权、健康权、基本生活需求权、居住权、文化权等的享有及免予威胁，而程序环境人权的保障，则包括享有环境信息的权利、参与环境决策的权利以及侵害的司法救济权利。

（二）生态难民的代际正义与代内正义

从生态正义和环境人权的角度来看，生态难民问题所涉及的主要正义问题，既包括代际正义，也包括代内正义的问题。[③] 首先，就代际正义方面来说，生态难民问题的产生，无异于表明，受资本增殖利润最大化逻辑支配的有产者阶级对自然生态和居住环境的破坏和剥夺，往往威胁的不是一代人，而是数代人乃至对人类的永久性伤害。举一个不太恰当的例子，当年二战时期美国在日本丢下的那颗原子弹所造成的生态破坏后果，估计再过几代人也无法修复。由此可见，包括核武器在内的生化武器对人类生存环境的破坏，所伤害和涉及的不只是一代人的环境居住权问题，而是对数代人居住

[①] 黄瑞祺、黄之栋：《环境正义理论的问题点》，《台湾民主季刊》2007年第4卷第2期。

[②] 廖本全：《环境正义观点下的国土使用争议：桃园航空城案例分析》，《2014海峡两岸土地学术研讨会》，2014年，第213—246页。

[③] 黄瑞祺、黄之栋：《环境正义理论的问题点》，《台湾民主季刊》2007年第4卷第2期。

环境和居住权的伤害，甚至是永久性的损害。就代内正义而言，生态难民问题牵涉到的公平和正义问题，表明在共时性上有产者阶级对无产者阶级生存资源的剥夺，是对他们居住权乃至人权的损害。原本，作为人类的一员和一国的公民，每个人都应该享有相应的适于自己生存和生活的居住权，以及生态资源的不可侵犯权，尤其是在当代福利制的资本主义社会更是如此。但现实中，他们的这种居住权和生态资源的不可侵犯权，敌不过资本利润增殖逻辑的力量，抗衡不了资本家的阴险狡诈。其结果只能是，资本家在最大限度地获取资本利润的同时，资源被过度开采，生态环境被超负荷透支。于是，人们的生存生活居住权被损害，正当的人权被剥夺，并由此沦落为流离失所的"生态难民"。

总之，生态难民是一个新生事物，但同时也是一个较为复杂的难解问题群。它所牵涉的知识面，既包括正义问题在内的哲学领域，也包括社会学、政治学、法学、管理学、经济学和生态学，乃至犯罪学在内的众多学科领域。当代西方生态正义理论对生态难民问题的分析主要聚焦于生态难民的产生根源、生态难民被剥夺和应享有的权利，以及生态难民问题所涉及的公平和正义问题。[①] 他们在这三个主要方面进行了深入分析和系统化的辨识，为我们理解和把握生态难民以及生态危机问题提供了难得的思想资源，也为人类摆脱生态危机的伤害和救助生态难民提供了合理的建议。

第三节　空间转向与生态正义

既然生态难民实际上是近代工业文明的产物，它尤其是一种现代性现象，那么，对生态难民的归因必然与现代性的内在支柱和推动因素密切相关。前文的相关论述已经表明，现代性本质上是由理性形而上学和资本联合共谋的结果。主体性形而上学是现代性的精神动因，而资本则是其物质动因。或者说，就现代性的生成而言，

---

① 参见奥兹格·雅卡《重思正义：环境公地斗争与社会生态正义建构》，《国外社会科学前沿》2020年第4期。

资本是理性主体性形而上学的物相化表现形式。在这个意义上，生态难民实际上是资本空间拓殖的表现形式，也是其必然结果。其背后的精神动力是支持现代性的精神支柱即主体性形而上学。

事实上，20世纪上半叶法兰克福学派的霍克海默和阿多尔诺对工具理性的批判已经表明，以工具理性为内核的近代主体性形而上学，本质上天然地具有普遍化、同一性和同质化的倾向与规制，作为其物相化形式的资本和资本逻辑更是把它的这种普遍化、同一性和同质化的倾向与规制发挥到了极致。正像阿多尔诺所说的那样，在资本主导的社会中，一切都遵循交换原则行事，而"交换原则，将人的劳动还原为（社会）平均劳动时间这个抽象的一般概念，与同一化原则是同源的。在（商品）交换时，这个原则有其社会模型，而且没有这个原则就不是交换。正是通过交换，非同一性的单个人的存在和绩效变成可通约的，即同一的。这个原则的扩展将这个世界视为同一的、视为总体性。然而，如果人们抽象地否定这个原则，为了不可还原的质的更高荣誉，宣布这个原则作为观念不应该再'对等交换'，那么就是为退至古代的'不法'（Unrecht）寻找借口。因为自古以来，等价交换正在于：不同的东西以等价的名义交换。这样，劳动的剩余价值就被挪用了。如果人们简单地取消可比较性的标准范畴，那么内在于交换原则中的合理性（尽管作为意识形态，但也作为期望），就会让位于直接地暴力占有，今天就是让位于垄断集团赤裸裸的特权"[①]。阿多尔诺这里对交换原则所内在蕴含的同一性的法则批判，实际上就是对资本和资本逻辑的同一性和空间拓殖性的揭露。因为，在资本主导的社会中，其资本逻辑的同一性至少表现为生产和消费两方面的"强制"。所谓"生产的强制"，正像《资本论》中所说的那样，"作为价值增殖（交换价值）的狂热追求者，他肆无忌惮地迫使人类去为生产而生产"[②]。而所谓"消费的强制"实质上就是"消费异化"，是说在资本主导的社会下，人们日常消费主要不再是满足现实的基本需要，而是"为消费而消费"。并且，这种消费是被人为建构出来的，是一种观念

---

① [德]阿多尔诺：《否定辩证法》，王凤才译，商务印书馆2019年版，第167页。
② 《马克思恩格斯文集》第5卷，人民出版社2009年版，第683页。

和符号"强制",人们长期受这种消费观念和符号强制,且其被通过某种外在机制自然化和正当化。从而,消费成了一种无形中外力驱动的结果,而非消费者自身的原本需求所使然。从唯物史观的角度来看,正常的消费情境下,消费的主体是人,而消费过程和结果则只是满足人的欲求的手段。但在消费强制或消费异化的境况下,消费的主体和客体则颠倒了。即是说,消费本身成了目的,而人则成了消费进程展开的手段。从而,人类的欲望和需要吞噬掉了其自身的理智和判断,作为消费当事人的每个生命个体均被追求一时的享受、时髦和档次所役使,全然不顾其对一时享受、时髦和档次的这种追求是否会危及或损害到自身和社会未来可能的承受限度。

通过上述分析可见,无论是"生产的强制",还是"消费的强制"[1],其背后都是资本最大化逐利本性即资本逻辑推动的[2]。更为关键的是,资本和资本逻辑驱动的这种依托于交换原则展开的"生产的强制"和"消费的强制",必然最终突破既定的地域空间边界,走向全球生产和消费的"一体化"。这也就是我们通常所说的资本的空间拓殖性表现。正因为如此,当代西方生态正义理论把由资本力量推动的当代空间转向与资本逻辑问题关联起来考虑,并从生态正义向度对其进行深入批判和反思。这方面的典型代表是大卫·哈维、爱德华·苏贾和福斯特。前两者集中挖掘历史唯物主义语境下资本逻辑与空间转向的关系,以及其间涉及的伦理和正义问题;而后者则把焦点置于探讨资本主义社会下生态环境恶化背后的资本逻辑根由,以及这种资本逻辑的制度化样式即资本主义制度和生产、生活方式,并由此阐明生态危机背后隐含的人与人、国家与国家、地区与地区之间的环境剥夺和资源支配的非正义关系。

哈维的研究表明,当代生态问题的理论源头实际上在近代启蒙主义传统中能够找到根源。近代启蒙理性主义的二元论思维,必然导致"统治自然"的观念。这一思想尤其被作为"进一步发展的启蒙运动产物"的古典政治经济学家们强化。因为,正是古典政治经

---

[1] 关于资本主义现代性所内蕴的"生产强制"与"消费强制"的论述,参见 F. 费迪耶《晚期海德格尔的三天讨论班纪要》,丁耘译,《哲学译丛》2001 年第 3 期。
[2] 参见陈学明《资本逻辑与生态危机》,《中国社会科学》2012 年第 11 期。

济学"它把市场自由及其看不见的手——推动技术变迁并把科学动员成生产技术的那只看不见的手——看成一种工具,它把从需求和需要中解放出来的不断增长的社会生产力与通过市场选择而自我实现的个人能力结合起来"①。由此,资本主义权利和制度哲学的基本理念就是,放任市场是个人解放和自我实现的基本条件和要求。但是,其代价也是惨重的。因为,"这往往会导致高度的工具主义自然观,把自然看成是资本财产的组成部分——供人类开采的资源。18世纪政治经济学的一个副作用是,把统治自然看作解放和自我实现的必要条件。为了按照人的意图来控制自然,为了市场交换而开采它,甚至根据人的设计来教化它(并出售它的质量),因而就需要复杂的自然知识"②。实际上,倘若仔细辨识将会发现,古典政治经济学的"统治自然"观念恰恰正是受资本追求自身增殖利润最大化逻辑的支配。事实上,后来马克思对古典政治经济学的批判,一定意义上也是对其背后隐含的这种"统治自然"观念的批判。当然,更主要的还是对作为其根据的资本逻辑的批判。但马克思显然并没有完全抛弃启蒙的规划和启蒙的精神传统。③ 因此,结合前文的相关论述足以表明,资本永不满足的逐利本性以及资本逻辑的空间拓殖性,与当今的生态正义问题之间存在着极其密切的关系。梳理并集中阐发这种关系,对我们进一步理解资本、资本主义的本质,以及把握当代生态正义理论的意义和限度,都具有十分重要的意义。而当前学术界在此问题上的研究还相当不够,尚需深入挖掘。

在宽泛的意义上,我们可以说生态殖民主义、生态帝国主义和生态难民问题,实质上不过是资本及资本逻辑空间拓展的具体表现形式和最终必然结果。这意味着,前三者能够且必须归结到资本及资本逻辑上去理解和把握。正因为如此,当代西方生态正义理论才

---

① [美] 戴维·哈维:《正义、自然和差异地理学》,胡大平译,上海人民出版社2015年版,第141页。
② [美] 戴维·哈维:《正义、自然和差异地理学》,胡大平译,上海人民出版社2015年版,第141页。
③ [美] 戴维·哈维:《正义、自然和差异地理学》,胡大平译,上海人民出版社2015年版,第143页。

能够把空间转向与生态正义问题直接关联起来考虑。总体上来看，当代西方生态正义理论，在"空间转向与生态正义"这一问题上，主要围绕两个方面的话题展开论述。其一，探讨"资本逻辑的空间拓殖及其生态后果"；其二，阐释由资本所推动的空间转向其背后所引发的生态非正义问题。

一 资本逻辑的空间拓殖及其生态后果

（一）资本逻辑与空间拓殖

关于资本逻辑的空间拓殖性，近年来学界已有较多研究。这既涉及对资本内涵和本性的理解，也涉及把握问题视角（从"时间"到"空间"）的转换。从马克思和恩格斯的著作文本来看，对资本的这种空间拓殖性的论述，主要集中于《共产党宣言》和《资本论》中。比如，在《共产党宣言》中，马克思恩格斯指出，"资产阶级如果不使生产工具经常发生变革，从而不使生产关系，亦即不使全部社会关系经常发生变革，就不能生存下去。……生产中经常不断的变革，一切社会关系的接连不断的震荡，恒久的不安定和变动，……一切陈旧生锈的关系以及与之相适应的素被尊崇的见解和观点，都垮了；而一切新产生的关系，也都等不到固定下来就变为陈旧了。一切等级制的和停滞的东西都消散了，一切神圣的东西都被亵渎了，于是人们最后也就只好用冷静的眼光来看待自己的生活处境和自己的相互关系了"①，"由于需要不断扩大产品的销路，资产阶级就不得不奔走全球各地。它不得不到处钻营，到处落户，到处建立联系"②，"资产阶级既然榨取全世界的市场，这就使一切国家的生产和消费都成为世界性的了。……过去那种地方的和民族的闭关自守和自给自足状态已经消逝，现在代之而起的已经是各个民族各方面互相往来和各方面互相依赖了"③，"资产阶级既然把一切生产工具迅速改进，并且使交通工具极其便利，于是就把一切民族甚至最野蛮的都卷入文明的漩涡里了。它那商品的低廉价格，就是

---

① 《马克思恩格斯全集》第 4 卷，人民出版社 1958 年版，第 469 页。
② 《马克思恩格斯全集》第 4 卷，人民出版社 1958 年版，第 469 页。
③ 《马克思恩格斯全集》第 4 卷，人民出版社 1958 年版，第 469—470 页。

它用来摧毁一切万里长城、征服野蛮人最顽强的仇外心理的重炮。它迫使一切民族都在唯恐灭亡的恐惧之下采用资产阶级的生产方式，在自己那里推行所谓文明制度，就是说，变成资产者。简短些说，它按照自己的形象，为自己创造出一个世界"①。

（二）资本的两面性及其效应

在马克思看来，资本逻辑的这种自我膨胀和不可控制的空间拓殖性，既是摧毁性的，又是建设性的，这正是资本两面性的根本体现。就摧毁性的一面而言，它表现为把一切都商品化和货币化，把人世间的一切关系都变为血淋淋的金钱关系和现金交易。并且，资本一直在不断革新自己对自然和人类劳动力的剥夺方式，这意味着资本"是力图超越自己界限的一种无限制的和无止境的欲望。任何一种界限都是而且必然是对资本的限制。否则它就不再是资本即自我生产的货币了。只要资本不再感到某种界限是限制，而是在这个界限内感到很自在，那么资本本身就会从交换价值降为使用价值，从财富的一般形式降为财富的某种实体存在……剩余价值的量的界限，对资本来说，只是一种它力图不断克服和不断超越的自然限制即必然性"②。资本对自身"界限"的这种永不休止的"自我突破"和"克服"表明，这里所谓的"界限"实际上构成了它自身发展的一种"障碍"。这种"障碍"同时也是资本在自我增殖过程中不断扩大的矛盾："资本克服所有时间和空间界限、所有自然界限的能力，比如通过'时间消灭空间'——将这些界限视为不过是自我扩张的障碍——与其说是现实的，还不如说是理想的，它总是在生产着不断扩大的矛盾。"③

就其建设性的一面而言，它表现为"资本的伟大文明作用"。马克思通过揭示资本关系下自然界限的辩证关系有力地说明了这一点："因此，如果说资本为基础的生产，一方面创造出普遍的产

---

① 《马克思恩格斯全集》第4卷，人民出版社1958年版，第470页。
② 《马克思恩格斯全集》第46卷（上），人民出版社1979年版，第299页。
③ ［美］约翰·贝拉米·福斯特：《马克思的〈大纲〉与资本主义的生态矛盾》，载马塞罗·默斯托主编《马克思的〈大纲〉——〈政治经济学批判大纲〉150年》，闫月梅等译，中国人民大学出版社2011年版，第143页。

业劳动……那么，另一方面也创造出一个普遍利用自然属性和人的属性的体系，创造出一个普遍有用性的体系，……因此，只有资本才创造出资产阶级社会，并创造出社会成员对自然界和社会联系本身的普遍占有。由此产生了资本的伟大的文明作用：它创造了这样一个社会阶段，与这个社会阶段相比，一切以前的社会阶段都只表现为人类的地方性发展和对自然的崇拜。只有在资本主义制度下自然界才真正是人的对象，真正是有用物；它不再被认为是自为的力量；而对自然界的独立规律的理论认识本身不过表现为狡猾，其目的是使自然界（不管是作为消费品，还是作为生产资料）服从于人的需要。资本按照自己的这种趋势，既要克服把自然神化的现象，克服流传下来的、在一定界限内闭关自守地满足于现有需要和重复旧生活方式的状况，又要克服民族界限和民族偏见。资本破坏这一切并使之不断革命化，摧毁一切阻碍发展生产力、扩大需要、使生产多样化、利用和交换自然力量和精神力量的限制。"①

基于上述资本逻辑背反性矛盾之上，资本这种骇人的毁灭力量将全部自然界和人世间的一切，都视为一种有待征服和处理的对象，一种有待打倒、超越或规避的外在阻碍。具体到自然和环境问题上，亦不例外。资本为实现获利的最大化，在一个既定的时空领域内，将会不择手段地践踏、开采和榨取自然资源，而全然不顾这种自然资源之于人类生存和生活的重要意义。当这一"既定的时空领域"内的自然资源被资本攫取和几近榨干之时，当它再也无法满足资本逐利本性需要之时，资本就将想方设法突破既定时空领域限制，走出既定国门，把实现最大化利润的触角伸向海外。由此，一种由资本推动的带有时代特点的殖民主义和帝国主义就将诞生。在当今时代，这种由资本推动的带有时代特点的殖民主义和帝国主义，尽管不是殖民主义和帝国主义的一种独立样式，但它显然不同于传统的殖民主义和帝国主义。因为，正像前文所述，传统的殖民主义和帝国主义，往往凭借船坚炮利和武力征服的方式实现直接资

---

① 《马克思恩格斯全集》第46卷（上），人民出版社1979年版，第392—393页。

源掠夺。但在当今世界和平与发展成为时代主题的状况下，这种由资本推动的带有时代特点的殖民主义和帝国主义，诉诸直接的武力征服方式去掠夺资源显然行不太通。因此，它们往往通过比较隐性的转嫁环境和资源危机的方式，实施对异域他国资源的掠夺和侵占。上文所说的生态殖民主义和生态帝国主义，就是最典型的代表形式。

二 资本空间拓殖所引发的生态非正义问题

从历史唯物主义语境来看，资本空间化主要表现在两个方面，即资本对"内"的城市化和资本对"外"的全球化。资本的城市化，主要是就既定领域范围内的资本为追求利润所实现的内部拓展；而资本的全球化，则主要是说当既定领域无法满足资本逐利需要的时候，它就会"红杏出墙"，把逐利的触角伸到自己原来从属的领域之外，展开全球性的"殖民"掠夺。与此相应，由资本的空间拓殖所引发的生态非正义问题，也主要包括两个方面，即由资本的城市空间化生产所带来的非正义问题，以及由资本的全球空间生产所导致的非正义问题。

（一）资本的城市空间化生产及其非正义问题

就资本城市空间化生产所引发的非正义问题来看，爱德华·苏贾认为："城市化过程远远不具备自主性，它是具有包裹性和工具性的空间化的一个不可分割的组成部分，而这种空间化是资本主义的历史发展所必不可少的。"[①] 城市化过程的不自主性，主要根源于其受制于资本力量和资本逻辑的驱使和推动。在一定意义上，我们甚至可以说，抛开资本和资本逻辑就无法真正理解城市化进程。可见，二者之间具有高度的相关性。正因为如此，有学者指出城市化是资本空间化的必然趋势，而资本空间化最终结果则必然是资本的城市化。[②] 在这个意义上可以说，资本城市化实际上就是资本在城

---

① ［美］爱德华·苏贾：《后现代地理学》，王文斌译，商务印书馆2004年版，第150页脚注。
② 陈忠：《批判理论的空间转向与城市社会的正义建构》，《学习与探索》2016年第11期。

市空间上的布展和延伸。城市化与资本空间化的这种高度相关性表明，资本及资本逻辑的内在最大化逐利本性和缺陷，一定会在资本城市化和空间化过程中表现出来。资本及资本逻辑的逐利本性决定了，哪里能够尽可能多地实现利润增殖，资本就流向哪里去，从而其城市化的速度就会加快。相应地，那些获利空间较少甚至短时间内无利可获的地区，则无资本可用。因此，其城市化程度就会大打折扣，甚至非常低。城市化实质上涉及都市空间资源分配的公平和正义问题。城市空间的外展和资本化进程，必然是不断地生产和再生产社会的和空间的不平等的过程。在这个意义上，爱德华·苏贾的论断无疑是正确的，他认为："社会经济不平等的加剧正是新城市化进程的固定产物。"①

可以从两个方面来看由资本城市化所导致的这种资源利用上的不平等。

第一，由于城市化受制于资本及资本最大化逐利逻辑的支配和控制，必然导致"空间拜物教"和"空间剥削"现象的产生。所谓"空间拜物教"，是说在资本主导的城市化进程中，空间成了财富的象征，一个人拥有财富的多少主要通过他所占有的空间资源的多寡来决定。现实中的直观体现，就是一个人在城市中拥有多少套房子。占有空间资源的多少，就意味着拥有权力的大小。因此，为尽可能多地掌控权力，资本所有者必然竭尽可能地去占有和变相掠夺城市空间资源。以致城市空间资源的分配，已经构成当今世界各国社会分配的最主要内容之一。与此相应，因城市空间资源的被掠夺和占有所造成的不平等，也成为当今世界各国社会不平等现象存在的主要根源之一。可见，空间资源原本是服务于人的，但现在人则臣服于空间资源，受空间资源支配和摆布。空间资源具有了上帝一般的神圣性，成了地位、身份和声望的象征，人们膜拜它、仰望它。但实际上，从马克思的异化理论和商品拜物教理论来看，一个人越是依赖空间资源，其生活发生的异化程度就越高，城市空间的意义向度相应地丧失得也就越严重，以致人与自然空间、人与人之

---

① [美]爱德华·苏贾：《后大都市》，李均等译，上海教育出版社2006年版，第349页。

间的社会关系异化的程度就越彻底。所谓"空间剥削"则是说,在资本驱动的城市化进程中,资本所有者剥削的方式和手段有了不同的表现形式。爱德华·苏贾曾指出,就社会性剥削的方式和渠道来看,无论是其社会渠道还是空间渠道,都既"内在地根植于生产方式",又"维系于生产方式"。① 换言之,生产方式的革命性变革,必然带来剥削方式的改变。现代社会的生产方式,由于内在地受资本逻辑力量的支配,因此,必定具有外拓性和扩张性特点。这决定了奠基于其之上的现代剥削方式也具有向外的扩张性。也是在这个意义上,美克尔·哈特等人认为:"资本主义剥削关系正扩展到一切地方,不再局限于工厂,而倾向于占领社会生活的整个领域。"② 所以,当代西方生态正义理论学者普遍把空间剥削指认为根植于资本剥削,或者把其指认为资本剥削的一种变形,且认为当代资本主义的剥削方式正在经历从单一到多元的转变和调整,即由先前单一的"社会剥削"向当下的"社会剥削"与"空间剥削"两种方式并存转变。空间剥削已成为资本全球化时代当代西方资本主义最重要的剥削形式和手段之一。而空间剥削之所以成为当代资本主义剥削的最重要形式之一,是因为在资本逻辑主导下,空间生产逻辑实际上是服从于和服务于资本逻辑的。因此,城市化扩展到何种程度,以及房子建造成什么样子,最主要或全然不是由满足人的需要来决定,而是由能够为资本和作为"资本的人格化"的资本家带来多大的增殖利润所决定。可见,资本内在具有的追逐自身利润最大化的逻辑,在本质上与城市发展应该具有的满足"人的需要"之性质是矛盾的和冲突的,由此带来众多城市异化现象的产生,也使得资本主导下的城市发展必然带来无法克服的灾难性弊病,从而产生生态破坏、环境污染、资源短缺、生活异化和城市空间建设趋同化等问题。

第二,由资本力量驱动的城市空间关系结构的内在重组,进一

---

① [美]爱德华·苏贾:《后现代地理学》,王文斌译,商务印书馆2004年版,第174页。
② [美]美克尔·哈特等:《帝国》,杨建国等译,江苏人民出版社2003年版,第205页。

步加剧了社会财富的分化程度，少部分人（尤其是大资本拥有者）占有与剥夺社会财富。大卫·哈维曾明确指出，时空关系的革命性变革，"不仅常常破坏围绕先前时空体系建立起来的生活方式和社会实践，而且'创造性地破坏嵌入在景观中的广泛的物质财富'"①。的确，时空关系的变革和重组，可能会推动空间所有权的转移和变更，从而不仅能直接创造资本财富，还能将社会财富进行重新分配。但是，由于受资本追求利润增殖最大化逻辑的支配，资本空间化主导的社会财富再分配显然不可能以平等和公正的形式出现。展开来说，资本空间化过程中其对空间进行再生产和分配所遵循的原则和根据，是资本的尺度而非人的需要的尺度，由此，必然造成城市空间资源分配不均、城市发展成果无法共享以及城市贫富分化加剧的状况。在这个意义上，我们甚至可以说，城市空间的外展和拓殖进程，就其本质来说就是社会财富和利益的一次重新"洗牌"、调整和再分配的过程，其背后隐含的是大资本所有者对底层人们的财富剥夺和利益压榨的过程。其间，对资本所有者而言，资本城市化是其获取社会财富积累的重要途径和手段，但就广大底层民众而言，由资本逻辑支配和推动的城市空间化外展，恰恰是它们的社会财富被剥削和褫夺的方式和渠道，是其贫困进一步积累的悲惨进程。可见，受资本最大化增殖逻辑支配的资本城市化过程的最终结果只能是：贫者更贫，富者更富，社会贫富分化程度不断累积，并逐渐被加强和固化为贫富两大阶层，城市向极其不正常的两极化方向发展。

（二）资本全球空间生产及其非正义问题

就资本全球空间生产所导致的非正义问题来说，可以从以下两方面来把握。

第一，资本全球空间生产与空间分工的不平等问题。

受追求利润最大化增殖逻辑的支配，资本最终必然会突破地域和时空的限制，走向全球化，形成资本全球化的局面。资本全球化在外观上是资本城市化（即资本的"域内空间化"）的进一步延伸，

---

① ［美］戴维·哈维：《正义、自然和差异地理学》，胡大平译，上海人民出版社2010年版，第275页。

但实质上它是资本的本性使然,根源于资本的逐利本性和生产方式。换言之,资本的逐利本性和拓展式生产方式决定其必然从地方走向全球,实现全球化(即资本的"域外空间化")。正因为如此,大卫·哈维断言,资本全球化是"资本主义空间生产这一完全相同的基本过程的一个新的阶段"①。进一步说,资本全球化必然带来全球空间在结构和组织方式上的调整、重组和进一步扩张。这种全球空间的重组和扩张,实质上又是资本剥削形式的调整和改变,即由原来局限于某一既定域内(一国或个别地区)的不同阶级之间的剥削,向域外空间中的不同国家和地区之间剥削形式的转变。借用马克思关于世界历史的论述,可以说,先前的剥削尚只是"地域性的剥削",而资本全球化拓展后的剥削则为"世界历史性的剥削"。而这必然意味着,由资本全球化推动的全球空间重组,进一步加剧了世界各国和地区之间的不平等,以及发达国家对发展中国家剥削的状况。具体地说,为了最大化地获取利润,资本的全球空间生产,必然要求能够决定性实现对全球空间资源的统一调配。换言之,它要求做大把一切地方性的空间资源,统一纳入世界性的空间生产方式和组织系统中去,并由此形成资本的全球生产格局。但这种全球生产格局,根据掌控的资本力量的强弱分为不同的等级,如哈维所言:"某种核心—边陲关系必定会从集中和地理扩张的紧张中诞生。"② 处在等级格局最顶端的是当今资本实力最雄厚者,即西方发达资本主义国家,而处于等级格局中端以下的是资本实力相对比较弱的发展中国家或地区。处在等级格局不同段位的国家和地区间(西方发达国家 vs 发展中国家),形成了一种支配与从属、剥削与被剥削以及压迫与被压迫的不平等关系,前者对后者进行空间资源的盘剥和奴役。甚至是同样处在等级格局顶端的西方发达国家,由于各国自身资本实力的差异,同样存在这种相互之间的剥削与被剥削、支配与被支配的关系。因此,英国学者多琳·马西认为:"不

---

① [美] 戴维·哈维:《希望的空间》,胡大平译,南京大学出版社2006年版,第53页。
② [美] 戴维·哈维:《资本的空间》,王志宏等译,群学出版社2010年版,第358页。

同的经济活动之间的支配和从属结构，反映了特定情况下生产关系在空间中的组织方式。'地区间关系'是空间中的生产关系。"① 总之，由资本逻辑主导的全球化进程所带来的全球空间分布的不均衡格局，不仅为发达国家宰制和盘剥发展中国家提供了保障，还为发达国家之间展开空间资源剥削和变相掠夺提供了便利。

　　资本的空间化拓展，必定产生空间的分工。在一定意义上，全球空间分工是资本在空间上拓展和发展到一定历史阶段的必然产物。但二者的内在关系决定了，全球空间分工的精细化反过来又会进一步推动资本空间化的进程。并且，正像多琳·马西指出的那样，这种空间分工"体现了不同地点的活动之间的一系列全新的关系、社会组织的新的空间形式、不平等的新维度和新的支配与依附关系"②。资本在全球层面的布展和拓殖，不但形塑了资本和劳动分布的全球性的不均衡关系，而且带来了劳动分工的全球性不平等。但与马克思当年指认的不平等分工，即"从事农业的生产地区"与"从事工业的生产地区"相比，资本全球化时代的空间分工要更为复杂和精细化。其更为复杂和精细化的重要原因之一在于，全球空间生产的等级格局，必然产生全球生产分工的不平等。不妨借用沃勒斯坦的相关说法来表明这一点。沃氏说："在这种分工中，世界经济体的不同区域（我们名之为中心区域、半边缘区域和边缘区域）被派定承担特定的经济角色，发展出不同的阶级结构，因而使用不同的劳动控制方式，从世界经济体系的运转中获利也就不平等。"③ 这说明，在全球空间生产中，上述不同区域处于不同的分工等级。其中，受资本最大化增殖逻辑的支配，发达国家处于全球空间分工的高端，获取高额垄断利润；而发展中国家由于处在全球空间分工的低端，则面临被发达国家随时"割羊毛"、榨取和盘剥的命运。换言之，处在空间分工高端的发达国家，取走了大部分利

---

　　① ［英］多琳·马西：《劳动的空间分工：社会结构与生产地理学》，梁光严译，北京师范大学出版社2010年版，第95页。
　　② ［英］多琳·马西：《劳动的空间分工：社会结构与生产地理学》，梁光严译，北京师范大学出版社2010年版，第4页。
　　③ ［美］伊曼纽尔·沃勒斯坦：《现代世界体系》第1卷，高等教育出版社1998年版，第194页。

润，处在分工低端的发展中国家则不得不忍受着层层的剥削与压迫。这种空间生产格局导致资源和财富在不同地区和国家之间分配上的严重不平等。从而，进一步拉大了发达国家与发展中国家之间的差距。

第二，资本全球空间生产与空间向度的非对称性交换与分配问题。

资本的全球空间生产所形成的等级格局，不仅与全球生产分工的等级性相关，也与资本主导下空间非对称性交换有关。上文已经阐明，由于在资本全球化生产格局中，发达国家相对于发展中国家来说，具有绝对的技术和资本上的垄断优势，发展中国家在国际资本交换和分配中处于十分不利的地位，由此导致了国与国之间的不平等交换现象产生。这种不平等交换还将转化为"非对称性交换"。非对称性交换尽管与不平等交换具有诸多的共同性，但二者又具有重要的差别和不同。我们可以从其产生的原因和造成的结果两个方面来比较二者的差别，并由此显示非对称性交换的特点。就原因来说，非对称性交换主要是由资本空间垄断造成的。换言之，它是资本主义国家通过"在空间上连为一体的垄断力量，限制资本等不合理行为，以及榨取垄断租金等"[1] 方式造成的。总之一句话，"非对称交换主要是指发达国家与发展中国家之间由于全球空间生产等级格局中位置的不对称造成了交换中的不平等"[2]。从结果来看，此种非对称交换导致"结果的不平等具有一种特殊的空间和地理表现，通常为特权和权力集中在某些地区，而不是其他地区"[3]。这说明，发达国家与发展中国家之间结构上的非对称的交换和分配关系，既进一步使得资本的空间聚集和集中得到强化，又致使资本在地理分配上的不平衡。由此，造成全球资本在发达国家和发展中国家之间财富分配上两极分化的恶性循环：穷国愈穷，富国愈富。从根源上

---

[1] [美]戴维·哈维：《新帝国主义》，初立忠、沈晓雷译，社会科学文献出版社2009年版，第28页。

[2] 任政：《空间正义论：正义重构与空间生产的批判》，上海社会科学院出版社2018年版，第94页。

[3] [美]戴维·哈维：《新帝国主义》，初立忠、沈晓雷译，社会科学文献出版社2009年版，第80页。

来说，这种非对称交换现象的产生应该归因于资本主义生产方式的等级性。

总之，在"空间转向与生态正义"这一问题上，不仅涉及对空间转向社会历史语境的把握、具体内涵的理解，还涉及由资本空间拓殖所引发的生态正义问题。这是一个牵涉较广的复杂问题，但当代西方生态正义理论主要围绕着两个方面的话题展开论述，即探讨"资本逻辑的空间拓殖及其生态后果"和阐释由资本所推动的空间转向其背后所引发的生态非正义问题。而这两方面的话题，从根源上说都是源于资本本身具有的追求实现利润最大化增殖逻辑引发的。因此，对其的阐发必须结合资本逻辑与生态正义之间的关系展开。在这一问题上，当代西方生态正义理论者们已经做了大量工作，比如哈维把空间正义问题的根源归因到资本逻辑，福斯特把当代生态危机及其正义问题与资本的剥削本性和资本主义制度相关联。这些研究成果，对我们进一步探讨生态和生态正义问题，以及深入推进社会主义生态文明建设，都将有重要的启发意义。

第四章

当代西方生态正义理论的
唯物史观审视与评析

基于不同学科视域,当代西方学者在生态正义问题上进行了深入探讨,形成了不同的思想流派,丰富了生态正义思想体系。我们从学理上应该如何评价当代西方生态正义理论?这一理论有何思想价值?又有何理论局限?其理论出路在哪里?本章试图以马克思主义唯物史观为指导,对当代西方生态正义理论的思想价值、内在局限和理论出路进行全面的审视和评析。

第一节 当代西方生态正义理论的思想价值

当代西方生态正义理论为生态正义问题的解决提供了诸多智慧,它不仅丰富和完善了西方正义思想和生态伦理学理论,同时也为马克思主义自然观与生态正义理论的发展以及中国社会主义生态文明建设提供了借鉴和启示。如前所述,这一理论主要围绕生态正义的若干核心问题展开:谁之正义?为何正义?何种正义?如何正义?即生态正义的问题及其根源、论域、标准、本质、路径所在等。概而言之,西方生态正义理论具有以下思想价值与贡献:一是在生态非正义的根源上,批判资本主义制度及其生产方式;二是在生态正义论域上,从环境正义拓展到生态正义,建构生态共同体的主体思维;三是在生态正义本质上,提出将生态正义与社会正义相融合;四是在生态正义标准上,坚持可持续发展的价值指标。

一 在生态非正义的根源上，批判资本主义制度及其生产方式

当代西方生态正义理论对全球性生态危机的根源和危害做出了自身思索，并就如何解决资本主义社会越来越严峻的生态正义问题提出了相应对策和建议，这即，将生态非正义的根源与症结归因于资本主义制度及其生产方式。这是当代西方生态正义理论的重要思想贡献。

（一）反对将生态正义视为"社会分配正义"

他们强烈批判资产阶级将生态正义作为"社会分配正义"的做法。资产阶级的正义属于"分配性正义"，它重点关涉个体的权利和要求，而将社会权利和要求放置次要地位。在资本主义社会中，生态或环境正义由两方面构成："一方面是环境利益（如风景、有河流灌溉的农场土地）的平等分配，另一方面则是环境危害、风险与成本（如靠近有毒废弃物的倾倒场所；受到侵蚀的土壤）的平等分配。"① 按照这种分配正义思路，有毒废弃物的生产者只需要给相应受害者尤其是那些最易受其恶劣影响的被压迫少数民族提供一些经济补偿就行，这种做法在他们看起来是天经地义的，不需要负任何其他责任。当代西方生态正义理论学者认为，这种用金钱来衡量正义的做法非常不可取，因为生态环境问题不可能通过资本主义的市场计算方法得以彻底解决。在资本主义社会，如果奉行这种市场计算式分配环境正义，生态环境不仅得不到真正的保护，其被破坏的程度反而只会越来越严重。

（二）批判四种生态非正义现象

前文已谈到，当代西方生态正义理论学者从四个方面梳理了当今世界范围内广泛存在的生态非正义现象，并展开批判。一是人类非公正对待自然界，自然界已经异化为人类的奴隶；二是代际之间存在生态非正义问题，后代不得不为前代造成的环境破坏付出代价；三是在一个特定社会中不同阶层不平等地承担环境风险，弱势阶层如妇女、儿童、老人受环境污染危害最大；四是国际环境非正

---

① ［美］詹姆斯·奥康纳：《自然的理由——生态学马克思主义研究》，唐正东、臧佩洪译，南京大学出版社2003年版，第535页。

义现象凸显，发达国家对发展中国家实施的生态殖民主义（生态帝国主义）行为盛行，资本宰治社会导致生态难民频生，资本逻辑的空间拓殖产生"空间拜物教""空间剥削"等空间非正义问题。他们深刻剖析当前世界生态非正义现象盛行的根源所在。在他们看来，导致生态非正义现象蔓延的原因有多个方面，制度原因无疑最为重要，资本主义生产方式的非正义性是导致生态非正义的深层原因。资本主义制度在内在本性上是反生态的。受资本逻辑驱使的资本主义生产方式不以满足人们合理的生活需要为目的，而是以利润最大化为直接目的，这样必然会持续削弱生态系统，不断制造社会不公。

（三）生态女性主义批判资本主义二元论思维方式

作为当代西方生态正义理论的重要派别，生态女性主义则对资本主义父权制进行了深度批判。它们认为，暴力、控制和残酷竞争是资本主义父权制的典型特征，现代科学知识的发展则奠定了现代父权制的基础，资本主义不得不依靠持续殖民妇女、外国人及其土地、自然等以维持自身的运转。① 资本主义父权制统治逻辑（即价值高的一方统合和压迫价值低的一方）并不具有正当性与合法性。生态女性主义进一步批驳当前资本主义社会人们头脑中流行的二元论思维方式，"力图取消环境哲学框架基础的欧洲权力概念的中心地位，以较少的二元论色彩的概念，如尊重、同情、关心、责任等为基础来建立新的环境哲学观念……认为要发展环境哲学，必须要肃清这种二元式思维方式的源头"。② 在生态女性主义看来，这种二分法思维方式缺乏对自然界的全面理解，必然会形成一种机械论的自然观。应以非二元论式的整体性思维方式取而代之，在有机整体世界观视域下，人类只是地球生命的一部分，自然界中的一切事物与人一样具有其存在的内在价值，人类应公正对待自然界，而不是仅仅将其视为实现其利益的一个工具。在实践中，生态女性主义积极倡导反抗环境压迫和环境不公正。许多生态女性主义者在关注环

---

① 郑湘萍：《范达娜·席瓦的资本主义父权制批判理论研究》，《伦理学研究》2013年第6期。

② 赵媛媛：《生态女性主义研究》，吉林人民出版社2012年版，第164页。

境事件的同时，积极参与当地环境运动和绿党政治。如印度生态女性主义者范达娜·席瓦（Vandana Shiva）亲自参加了在世界产生深远影响的"抱树运动"，创立和发展了"九种种子基金会"，在"生存必需视角"下寻求一种可持续发展模式，强调这是地球上所有人尤其是最贫困的人生存下去的基本保证。① 20世纪90年代中期，印度政府对印度最高法院取缔对虾养殖业之决定消极不作为。席瓦以此为例，认为环境正义在印度的实现还处于漫漫征途之中，实现环境正义的任务非常艰巨。席瓦多次提及印度国内环境正义问题，指出环境正义问题具有明显的阶级性。"印度各阶层人群不仅未能平等分配环境利益，而且未能平等分配环境危害、风险与成本。诸如全球变暖、生物多样性减少、水资源短缺、废弃物造成严重污染等环境恶果，不平等地影响着社会的每一个人……毫无疑问，富人比穷人更容易免受生态破坏和环境污染带来的风险。少数人靠掠夺资源致富，而多数人却为其造成的环境污染买单。"② 席瓦还激烈批判了发达国家实施的生态殖民主义行径，认为这是当今世界国际环境非正义的最典型表现，号召遭受生态殖民的国家、地区和人群奋起反抗。

二 在生态正义论域上，建构生态共同体的主体思维

在生态正义论域上，当代西方生态正义理论诸流派均强调环境正义向生态正义的转向，提出正义的主体论域应拓展到生态领域。这意味着生态共同体成为生态正义的主体论域，也体现了一种系统思维与关系思维。

（一）生态共同体体现了一种系统思维

生态正义的主体论域经历了从环境到生态，从自然环境、生态环境到生态系统，从生态系统到生态共同体的拓展。经过这种拓展和延伸，生态正义的主体论域更加广泛、更加多元与更加深刻。具

---

① 郑湘萍：《范达娜·席瓦的生态女性主义思想研究》，人民出版社2020年版，第139—154页。

② 郑湘萍：《范达娜·席瓦的生态女性主义思想研究》，人民出版社2020年版，第133页。

体而言,生态学马克思主义通过生态系统、生态系统文化、生态联合体等观念,突出了生态系统的系统性、依赖性与完整性等理论特质。生态学马克思主义也深入挖掘历史唯物主义的生态意蕴,试图构建生态历史唯物主义,从而为资本主义社会生态系统的非正义现状提供世界观和方法论指导。生态伦理学也经历了生态论域的拓展。比如从环境正义运动深化环境伦理学到生态伦理学的转向,生态伦理学逐渐实现了践行环境正义的生态正义论域。另外,生态伦理学的对象范畴从自然正义(代内正义)到代内正义、代际正义、种际正义的拓展,也意味着从环境到生态的拓展。从环境经济学到生态经济学的转向,从生态经济系统的研究对象拓展,强调生态经济系统作为有机整体的系统性和完整性。从环境法到生态法的拓展,从注重自然环境、自然资源的环境正义,到注重人文社会环境、循环发展与低碳发展等。生态法哲学也十分强调生态系统的重要性,突出其共同体的特质,正如一位学者指出的,"生态是指一切生物的生存状态,以及它们相互之间和它们与环境之间环环相扣的关系。生态系统作为万有存在的共同体,本身就充满了和谐之美,其各生态集群和谐有序地生活在一起"[1]。另外,生态伦理学更强调生态共同体的伦理价值,"这种善性不仅是对人的、对人类社会的生态协调,体现人的社会生态适应度,更要针对自然生态、生命共同体及其生物多样性"[2]。由此可见,生态共同体不仅突出了人与自然同处一个完整的生态系统之内,更说明人作为生态正义的主体和对象的主客观统一性;也说明了人、自然与人类社会的命运相关性。

(二)生态论域体现了人、自然、社会相互作用的关系思维

生态学马克思主义强调人与自然之间的辩证关系,突出自然的主体性与目的性,同时也突出人对待自然的应然态度。并基于生态历史唯物主义的立场,提出自然的本质是一种社会历史的存在,人与自然之间的辩证关系是相互的、动态的和发展的,是自然的人化

---

[1] 朱伯玉:《生态法哲学与生态环境法律治理》,人民出版社2015年版,第25页。
[2] 宣裕方、王旭烽主编:《生态文化概论》,江西人民出版社2012年版,第88—89页。

和人化的自然相互作用的历史过程。从现实的生态关系来看，生态学马克思主义揭示了资本主义社会存在的不和谐的生态政治关系——生态帝国主义和生态殖民主义，主张通过生态社会主义改变这一关系。生态伦理学提出生态整体主义的观点，主张将人、自然、社会看作一个系统的整体，并强调人、自然与社会之间是共同进化和协同发展的。同时还提出这一和谐关系是生态正义的原初价值。人、自然与社会之间的关系，既不存在时间上的先后顺序，也不存在前后的因果关系，而是相互影响与相互作用的协同关系。从现实层面看，不正当的生态道德关系表现为代内非正义、代际非正义、种际非正义，也体现为环境善物与环境恶物的分配非正义等。生态经济学也提出人与自然之间是对立统一的关系，并通过强调生态经济关系，主张建立"生态—经济—社会"三维复合系统，生态正义就是通过这一三维复合系统促进生态经济系统的平衡或协调。生态法哲学认为人、自然、社会之间是一种辩证统一的关系，强调生态和谐是生态法的重要价值，"生态和谐，是指整个生态系统及其相互之间保持一种融洽、美好、健康的状态。……生态和谐包含了人类社会人与人的和谐、人与自然的和谐以及自然界诸事物间的和谐三个层面"[①]。从现实层面，"从生态法的根本属性上来看，生态立法要求自然、社会和经济的协调发展，在强调生态利益的同时考虑人类的利益，从人与自然的整体机构和价值出发，寻求社会、生态和经济的和谐发展。因此，生态立法诉求的是一种人类利益和生态利益并重的生态和谐观"[②]。总之，生态学马克思主义、生态伦理学、生态经济学、生态法哲学都强调生态共同体的主体论域，共同之处在于体现生态共同体的系统思维和关系思维。

综上所述，当代西方生态正义理论对生态正义主体论域的拓展，是对马克思主义自然与生态思想的拓展性思考，也是对后现代生态理论的批判性继承，体现了生态正义问题域的针对性、现代性和综合性。当代西方正义理论不仅是针对现代资本主义社会存在的生态

[①] 朱伯玉：《生态法哲学与生态环境法律治理》，人民出版社2015年版，第25—26页。

[②] 朱伯玉：《生态法哲学与生态环境法律治理》，人民出版社2015年版，第38页。

危机或生态非正义的现实分析,更是思想流派之间的理论批判与承继。比如人类中心主义与生态中心主义的对抗,生态学马克思主义对生态主义批判性继承。诚如佩珀所言"生态主义(主流以及一个公开的无政府主义的版本),被灌输了大量的无政府主义的因素,而后者与后现代主义有着诸多一致的地方,尽管它是一种旧的政治哲学。生态主义的红色批判是把它推向一个更现代主义视野的尝试:(1)一种人类中心主义的形式;(2)生态危机原因的一种以马克思主义为根据的分析(物质主义和结构主义);(3)社会变革的一个冲突性和集体的方法;(4)关于一个绿色社会主义的处方与视点"①。实质上,当代西方生态非正义问题"既有价值观念层面的问题,也有资本趋利本性的根源,还有现代性社会思潮所带来的一系列社会关系问题。因此,对生态环境问题(危机或非正义)原因的分析必须是系统的、综合的"②。这也正是当代西方生态正义理论综合性的一种体现。

三 在生态正义本质上,将生态正义与社会正义相融合

(一) 生态正义的实质是社会正义

生态学马克思主义对这一点的论述比较详细,其从社会正义出发来考察生态正义,认为社会正义作为生态正义的理论基点和现实表达,是生态正义的本质要求。其揭示资本主义社会的生态非正义是人与自然不正当关系的外在表现,实质上却是人与人之间不正当关系的延伸,并提出只有运用历史唯物主义和阶级分析的方法,才能从根本上破除资本主义社会的生态危机。生态伦理学揭示了生态危机的根源在于社会的不合理架构,生态非正义的实质就是社会的非正义,生态非正义的破解路径是生态革命,尤其是生态道德革命。生态经济学尽管没有直接提出生态正义的实质就是社会正义,但其研究对象从生态与经济的辩证关系,拓展到生态、经济与社会

---

① [英]戴维·佩珀:《生态社会主义:从深层生态学到社会正义》,刘颖译,山东大学出版社2005年版,第83页。
② 廖小明:《生态正义:基于马克思恩格斯生态思想的研究》,人民出版社2016年版,第132页。

的三维复合系统，也能证实社会关系被纳入了生态正义的范畴。生态法哲学则阐释了生态正义问题的本质就是社会正义。其揭示了生态正义问题产生于人类社会现实生活中的非正义现象，生态非正义的根本原因就是社会关系和社会结构的非正义性。社会正义问题与生态环境保护的议题同时被密切关注，生态正义问题不仅把环境问题和社会问题密切联系起来，而且本质上就是一个社会正义的问题。故此，社会正义是法律正义的最终目的。只有通过生态法，建立一个有序的社会，才能更好地实现生态中正义。另外，值得注意的是，当代西方生态正义理论分别侧重于不同的社会关系，比如生态学马克思主义侧重于生态生产关系，生态伦理学侧重于生态道德关系，生态经济学侧重于生态经济关系，生态法哲学侧重于生态法律关系等。

（二）生态正义与社会正义相融合

当代西方生态正义理论突出生态正义与社会正义的关系密切，认为生态危机的根除路径就是生态正义与社会正义相融合。生态学马克思主义主张实现社会正义是生态正义的前提条件，生态社会主义正是生态正义与社会正义融合的解决方案。比如构建生态社会主义的方案包括"生态原则、社会责任感、基层民主和非暴力四大支柱。……生态社会主义的所谓社会责任感等同于社会正义。它要求维护人与自然、人与人之间的平衡和谐关系，以此实施社会正义"[1]。生态伦理学则主张生态正义的社会性，生态正义以社会正义呈现出代内之间、代际之间、种际之间的正义，不仅促进了正义问题向生态领域扩展，也将生态原则嵌入国家治理的社会实践之中，"社会正义必须加入生态正义的规定"[2]。与传统经济学不同，生态经济学不仅强调以公平取代效率，还提出生态正义要以社会正义为中心，处理好生态环境保护与经济增长的关系，最终实现社会正义。生态经济学家豪沃斯、诺加德和阿什海姆认为："虽然减少单位消耗资源的数量会有助于减少对环境的需求，但经济效率并非可持

---

[1] 许尔君、袁凤香：《生态文明建设：美丽中国视域下的生态文明建设现实路径》，甘肃人民出版社2015年版，第24页。

[2] 廖小平：《国家治理与生态伦理》，湖南大学出版社2018年版，第309页。

续发展的条件，在生态经济学领域，可持续发展的目标是公平而不是效率问题。而这种公平既要反映在同代人的公平（代内公平），又要实现不同世代间的公平（代际公平）。"① 生态法哲学以法律正义的手段逐步实现生态领域的社会正义。社会正义是生态法的价值理念，基于生态法哲学的价值考量，"生态法哲学内在地要求确立生态法价值体系，其核心为生态秩序与生态和谐价值、生态安全与生态效率价值以及生态正义价值"②。生态秩序价值是社会正义的基础和前提。生态秩序超越了以往只是注重生物圈的倾向，转向生物圈、技术圈和社会圈这三个系统的辩证统一关系。"人类在社会圈内组织起来并处理技术圈和生物圈之间的关系，人类在这三个系统中生存并与之相互作用。生态秩序就是这三者关系中的一方与其他方之间相互作用而形成的，在这其中，社会圈发挥着关键作用。"③

当代西方正义理论强调生态正义与社会正义相融合，也是一定程度上借鉴和吸收了马克思、恩格斯关于人与自然的关系理论。马克思的两大和解就是关于人与自然的关系、人与人的关系的两大和解，这两大和解意味着生态正义从自然正义向社会正义的延展。生态正义需要通过人与自然的关系、人与人的关系的两大重构来实现，即"这种共产主义，作为完成了的自然主义，等于人道主义，而作为完成了的人道主义，等于自然主义，它是人和自然界之间、人和人之间的矛盾的真正解决，是存在和本质、对象化和自我确证、自由和必然、个体和类之间的斗争的真正解决"④。

四 在生态正义标准上，坚持可持续发展的价值指标

在生态正义标准上，当代西方生态正义理论提出了可持续发展的价值标准，其中，生态学马克思主义注重对生态不可持续性的批判，生态伦理学、生态经济学和生态法哲学注重对可持续发展的建

---

① 转引自王贻志、莫建备主编《国外社会科学前沿》（2006 年第 10 辑），上海人民出版社 2007 年版，第 273 页。
② 朱伯玉：《生态法哲学与生态环境法律治理》，人民出版社 2015 年版，第 21 页。
③ 朱伯玉：《生态法哲学与生态环境法律治理》，人民出版社 2015 年版，第 23 页。
④ 《马克思恩格斯文集》第 1 卷，人民出版社 2009 年版，第 185 页。

构。这是该理论的又一思想贡献。

（一）生态的不可持续性是资本主义社会生态非正义的价值评判标准

生态学马克思主义通过对资本主义反生态性的现实批判与生态社会主义的理想构建，证明资本主义生态非正义的价值标准是生态的不可持续性。一方面，揭示了资本主义生态的不可持续性的主要表现。奥康纳用"不平衡的发展"与"联合的发展"来说明生态的不可持续性。"在当代背景下，很重要的一点是，资本主义积累和危机时以其不平衡和联合的发展为特征。"[①] 具体而言，所谓不平衡的发展，是"历史性生成的工业、农业、矿产业、银行、商业、消费业、健康、劳动关系以及政治结构等在空间分布上的不平衡状况"[②]。可以说，不平衡发展导致了"不同程度的污染"和"不同种类的资源枯竭"。所谓联合的发展"'发展了的'地区的经济、社会及政治形态与'欠发展'地区（城镇和乡村）的经济、社会及政治形态之间的独特结合，是资本为了最大限度地获利而把各种社会经济形式联合起来的结果。……联合的发展有两种表现形式：一是工业资本、金融资本及相关的资本和技术向拥有廉价且受过训练的劳动以及巨大市场潜力的国家输出；二是南部国家农村中无地或少地的农民向城市迁移以及从南部国家向北部国家迁移。迁移会导致迁出地的荒芜及生态恶化，还会导致迁入地的生态破坏加剧；输出会使发达国家出口污染以逃避生态责任，还会使欠发达地区的生态环境问题处于失控状态"[③]。另一方面，生态的不可持续性是资本主义反生态性的必然结果。奥康纳提出资本主义生产存在生态上的不可持续性，比如资本主义生产的反自然性，资本主义发展与尊重生

[①] James O'Connor, *Accumulation Crisis*, New York: Basis Blackwell Inc., 1984, p. 40. 转引自吴宁编著《生态学马克思主义思想简论》，中国环境出版社 2015 年版，第 172 页。

[②] James O'Connor, *Natural Causes: Essays in Ecological Marxism*, New York: The Guilford Press, 2003, p. 181. 转引自吴宁编著《生态学马克思主义思想简论》，中国环境出版社 2015 年版，第 172 页。

[③] 吴宁编著：《生态学马克思主义思想简论》，中国环境出版社 2015 年版，第 173—174 页。

态规律是矛盾的，资本主义的双重矛盾决定了生态的不可持续性。资本主义反生态性的根本原因在于资本主义生态系统存在的两种矛盾，即人的需求的无限性与生态系统的有限性之间的矛盾；资本主义生产的无限性与生态系统的有限性之间的矛盾。生态学马克思主义用"生态限制""增长的极限""稳态经济"来说明这些矛盾。

（二）不同学科视域下的生态正义理论形成了可持续发展的丰富内涵

当代西方生态正义理论不仅强调了可持续发展作为生态正义的评价标准，而且从不同学科对其做出了不同的阐释，形成了丰富的内涵。"可持续发展"一词最早出现在1980年国际自然保护同盟制定的《世界自然保护大纲》的国际文件中，是指对于资源的一种管理战略，这一规定实际上基于生态学的视角。"可持续发展"作为一种理论的概念，于1987年在世界环境与发展委员会提交给联合国大会的报告《我们共同的未来》中首次正式使用，将"可持续发展"界定为"在满足当代人需要的同时，不损害人类后代满足其自身需要的能力"[①]。这一定义蕴含了伦理学内涵。可以说，可持续发展"是将人类放到大的时间尺度代际和大的空间尺度区域乃至整个地球的，关乎人类的生活、生存和发展的，涉及社会学、经济学、生态学、伦理学等领域的综合性理论，具有丰富的内涵"[②]。

第一，可持续发展的社会学意蕴，强调广泛意义上的发展，比如《保护地球——可持续发展生存战略》是关于地球自然承载阈值内实施可持续生存原则、行动和战略的纲领性文件，其中就指出可持续生存的原则包括"建立一个可持续社会""尊重并保护生活社区""改善人类生活质量""保护地球的生命力和多样性""维持在地球的承载能力之内""改变个人的态度和生活习惯""使公民团体能够关心自己的环境""提供协调发展与保护的国家网络""建立全

[①] 世界环境与发展委员会：《我们共同的未来》，王之佳等译，吉林人民出版社1997年版，第52页。

[②] 金钟范、曹俐、赵敏编著：《循环经济论》，上海财经大学出版社2011年版，第44页。

球联盟"① 等内容。

第二,可持续发展的经济学意蕴,强调生产方式与经济增长方式的转变。其"已不是传统意义上的经济增长,而是在不破坏资源、不牺牲环境质量的前提下,实现真正意义上的社会财富的增加。这要求在生产中采取清洁的生产技术、节约资源、减少浪费、少排不排废弃物、保护环境、将环境成本纳入生产成本核算中等,从根本上转变对生产方式和经济增长的认识"②。

第三,可持续发展的生态学意蕴,强调自然资源的有限性与生态系统的完整性。"要求人类对生物圈的作用必须限制在生物圈的承载力之内。资源与环境是人类生存与发展的基础和条件,在发展中一旦破坏了这一基础和条件,发展本身也就衰退了。"③

第四,可持续发展的伦理学内涵,强调不同主体间的生态继承性。生态伦理学基于发展的三重维度,分别阐释了不同主体间的正义,发展的空间维度——代内正义;发展的时间维度——代际正义;发展的耦合维度——种际正义。"伦理学内涵体现在可持续发展中就是所追求的公平性原则,包括本代人、代际间、空间上的三个层次的含义。"④

(三) 通过可持续发展的多元模式实现生态正义

生态学马克思主义从生态的可持续性,思考生态社会主义的可持续性发展,比如萨卡和岩佐茂都认为生态社会主义是建立可持续社会的唯一路径。萨卡强调不可持续的社会导致了生态非正义,生态社会主义必须建立在社会的可持续发展基础之上,"社会主义所关心的本质就是物质与社会的平等、民族间的合作与和平。所有这些在资本主义制度下和传统的社会主义中不可能实现的愿景,将在

---

① 世界自然保护同盟、世界野生生物基金会等:《保护地球——可持续发展生存战略》,中国环境科学出版社1992年版,目录页。
② 金钟范、曹俐、赵敏编著:《循环经济论》,上海财经大学出版社2011年版,第45页。
③ 金钟范、曹俐、赵敏编著:《循环经济论》,上海财经大学出版社2011年版,第45页。
④ 金钟范、曹俐、赵敏编著:《循环经济论》,上海财经大学出版社2011年版,第45页。

生态社会主义社会中成为可能"①。岩佐茂认为："'可持续发展'这个概念很暧昧。因为这个概念虽然提出应该怎样开发，但却还未对此做系统展开，对如何使现在的破坏环境的开发方式转移到'可持续开发'上去也未作具体说明。"② 他认为可持续社会是通过可持续开发实行环境优先的生产体制的社会，其必须具备三个条件："环境优先""决策过程民主化""明确环境容量的有限性"。伯格特从"'资本主义的可持续发展'和'人类的可持续发展'出发，剖析了马克思所区分的'资本积累的环境危机'和'人类社会发展的环境危机'两种类型的环境危机"③。柏格特批判了生态经济学所提出的可持续发展模式的局限性，阐释了共产主义的可持续发展意蕴。柏格特将生态经济学主张可持续发展模式归结为三个维度："公共池塘""协同进化""共同所有"。柏格特认为只有共产主义的自由联合体才能真正实现可持续发展，这是因为共产主义具备丰富的生态内涵，包括"承担管理自然的责任""生态科学高度发展并获得广泛传播""合理地控制自然并规避生态风险""用合作的方式调节人类对生态的影响""倡导生活方式的多样性和差异性""共享的生态伦理""建立新的财富观和消费观"。生态伦理学从生态道德和生态伦理建设的角度，提出可持续发展的伦理路径。比如《我们共同的未来》的全球性生态伦理建构的方式，提出："我们已试图说明人类生存和福利，是如何地有赖于把可持续发展提高到全球性伦理道德的成功。"④ 还强调通过贯穿所有科目的环境教育，增强学生的环境责任感，并传授相应的环境保护的知识和方法。生态经济学强调生态可持续性，认为只有承认自然环境资源的生物物理限制，将其运用到生态—经济—社会的三维复合系统之中，从而提出循环经

---

① ［印］萨拉萨卡：《资本主义还是生态社会主义——可持续社会的路径选择》，《绿叶》2008年第6期。
② ［日］岩佐茂：《环境的思想——环境保护与马克思主义的结合处》，韩立新、张桂权、刘荣华等译，中央编译出版社2006年版，第54页。
③ 吴宁编著：《生态学马克思主义思想简论》，中国环境出版社2015年版，第294页。
④ 世界环境与发展委员会：《我们共同的未来》，王之佳等译，吉林人民出版社1997年版，第52页。

济体系、生态补偿与生态税收的制度，才能真正实现生态正义。正如罗伯特·科斯坦萨指出，所谓生态可持续性，即"建造资本和人力资本（知识和体力劳动）不能无限地替代自然和社会资本，而且市场经济的扩张存在着真正的生物物理学限制"①。由此，这种新的、可持续发展的生态经济学模型不同于传统经济模型，其"把自然资本、社会资本以及金融资本作为衡量 GDP 的因素（自然资本是我们生态系统的资源资产，社会资本是个人之间的信任关系的价值）。它建议，我们从承认人类福祉、社会公平、生态可持续发展和真实的经济效益等方面来衡量发展"，这种模型体现为"非市场化的自然资产与社会资产及其服务的分配制度""共同财产权制度（共同财产信托）""强大的民主"等。② 生态法哲学则包括生态法律化与法律生态化的两种模式，生态法律化代表了生态法以及生态法学（生态法理学、生态法哲学等学科）的建立，比这个范畴更广的是法律生态化，分为"三个不同的层面：一是法哲学的生态化，二是法学方法的生态化，三是部门法的生态化"③。从狭义层面讲，可持续发展理念融入了生态法的具体规定，从而促进了生态法律治理体系的建构和完善；从广义层面讲，可持续发展理念促进了人类社会的法律方法和法律部门的转型，使得法律的思维和方法、各部门法律都突出了可持续发展的价值理念与运行模式。

第二节　当代西方生态正义理论的内在局限

当代西方生态正义理论也存在着局限性，面临诸多困境。这主要体现在以下三个方面：一是缺乏对人类与自然生态命运共同体和全球生态正义问题的深度思考；二是缺乏科学、有效的生态正义实

---

① ［美］罗伯特·科斯坦萨：《生态经济学》，载克里斯·拉兹洛《可持续发展的商业性》（第 2 卷），上海交通大学出版社 2017 年版，第 184 页。
② ［美］罗伯特·科斯坦萨：《生态经济学》，载克里斯·拉兹洛《可持续发展的商业性》（第 2 卷），上海交通大学出版社 2017 年版，第 184 页。
③ 蒋冬梅：《经济立法的生态化理念研究》，中国法制出版社 2013 年版，第 83 页。

践路径，改良主义革命策略未能突破经济主义窠臼；三是无法找到实现生态变革的主体力量，生态正义目标构想陷入乌托邦幻想。

一 缺乏对人与自然生命共同体和全球生态正义的深度思考

当代西方生态正义理论，主要是从人与自然、人与人两个层面表达正义诉求，缺乏系统、全面的理论建构路径。囿于西方的文化传统和现存的社会制度改良，将其主要关注点放在对生态正义的概念、问题和成因剖析，以及当前资本主义国家内部生态正义问题的表征和后果等方面，对未来理想社会的愿景畅想充满浓厚的生态乌托邦色彩，对人类与自然生态命运共同体构建问题以及全球生态正义问题关注不够，缺乏对生态正义问题整体维度的把握，影响其理论的全面性和科学性。

（一）缺乏对人类和自然存在物之间生态正义问题的关注和探讨

当代西方生态正义理论局限于人类中心主义立场关注和探讨人与人之间的生态正义问题，尤为重视资本主义国家内部的强势群体对弱势群体之间生态权利和义务方面的非公正现象，对人与自然层面的正义诉求关注度比较低，缺乏对人类和自然存在物之间生态正义问题的关注和探讨。生态系统共同体包括自然存在物和人类，二者都是其不可缺少的一部分。进入人类视野的自然界，人在自然界中的主体性地位突出，这种自然界也可以说是属人的自然界，生态问题实质上是关于人的问题，生态正义问题解决关键在"人"。因此，只有在尊重自然存在物的前提下，通过充分发挥人的主观能动性，实现人与自然关系的和谐，才能使人类社会保持一种生态正义状态。整个地球生物圈是一个不可分割的有机整体，作为地球上生态的一个组成部分的人类，必须主动融入生态系统之中，积极履行爱护其他生物的义务和责任，尊重自然界中具有内在价值的任何事物。当代西方生态正义理论应充分重视生态学中的整体性思想，将自然存在物真正纳入生态系统共同体之中，深度考虑自然存在物的切实生存和持续发展的权益。[①]

---

① 郑湘萍：《范达娜·席瓦的生态女性主义思想研究》，人民出版社2020年版，第213页。

(二) 缺乏深度关注生态正义问题的全球向度

当代西方生态正义理论未能通过批判生态殖民主义、生态帝国主义、生态种族主义等现象，对资本逻辑扩张带来的环境危害进行深度剖析，准确把握资本逻辑扩张的本质，揭露发达国家对发展中国家和不发达国家实施生态掠夺和生态殖民行为的本质所在。生态学马克思主义和有机马克思主义等学派"反对资本主义的全球性权力控制及其带来的生态危机的全球扩散，但没有对资本主义的全球扩张特别是资本主义转移环境污染的后果做出深入的分析，更没有提出促成全球生态正义的正确主张，因此它难以实现对人类命运的真正解决，难以赢得第三世界国家的支持"①。全球性生态正义问题的解决需要提高理论站位，转变思路和方法，以历史的必然性、人的类本质的回归、人的全面发展的实现以及人的解放和自然的解放所需要的条件等方面为探究视角，深刻论证全球生态正义问题的产生和根源，以解放全人类的胸怀和巨大勇气积极寻求实现生态正义的解决方案，逐步推进不公正的世界性生态正义难题的解决，加快实现全球性生态正义的实现。直面现阶段全球生态正义实现的重重困境，必须在理论可靠论证的基础上提出相应的可行性对策，指明包括资本主义国家在内的世界各国合作之道以及推进世界各国生态协同发展等。只有这样，才能获得第三世界国家人民的坚定支持，才能准确把握全球生态正义问题的本质，切实提高解决全球生态正义问题的实效性。

二 缺乏科学、有效的生态正义实践路径

当代西方生态正义理论畅想了未来社会人与自然和谐相处、人与人和睦相处的理想蓝图，期望未来人类社会高扬生态正义价值原则，携手实现社会正义。在建构未来理想社会的路径选择上，当代西方生态正义理论的不同流派提出了不尽相同的生态变革的具体模式和应对策略，但是，绝大多数都是主张通过非暴力的方式来建构新的绿色社会，寄希望于道德革命和生态文化的感召力，这实质上

---

① 廖小明：《生态正义——基于马克思恩格斯生态思想的研究》，人民出版社2016年版，第115页。

只是对资本主义社会制度做出一定程度的绿色改良而已，深陷民主社会主义的改良主义泥潭，未能深入挖掘生态正义问题产生的制度根源，无法真正解决全球性生态危机，最终未能提出实现生态正义的有效的、可操作的实践路径。

（一）道德革命无法实现生态正义

当代西方生态正义理论学者试图从资本主义制度的扩张主义逻辑中寻找全球性生态危机的产生原因，这一思路无疑十分正确。但涉及未来生态社会主义理想社会建构方案制订之时，生态学马克思主义者却未继续推进对资本主义社会制度的批判，而是提倡通过非暴力手段来建构新的绿色社会，未能真正触及生态危机产生的资本主义根源，把握不到生态问题的实质，无法从根本上解决生态正义问题。福斯特在《生态危机与资本主义》书中，将新的绿色社会的未来寄托在一场将生态价值与文化融为一体的道德革命之上，他强调"绿色思维"及其本质是这种新的生态道德观的要求。同时，福斯特在书中把资本主义生产方式比喻为"踏轮磨坊生产方式"，这种生产方式具有资本逐利性、当代性、全球性、科技控制性和自我迷失性等特征。福斯特认为只有极少数人可以操纵这种方式，也就是积累了大量财富的资本家们占据主导地位，而小资产者逐步沦为无产阶级的新形态。随着社会竞争的加剧，财富与技术的扩张速度不断加快，资本家的贪欲不断增强，会伴随着物资短缺现象，同时短缺的物资催生了资本家无限的贪欲，政府被迫沦为资本主义经济发展的傀儡，传播与教育为这种生产方式保驾护航。这种生产方式是导致生态危机产生的根本原因，福斯特激烈批判了这种踏轮磨坊生产方式。福斯特认为，地球上每个人都深深地依附在这种全球性踏轮磨坊的生产方式之上，而这种踏轮磨坊生产方式正朝着与地球基本生态循环背道而驰的方向加速前进，其所导致的生态灾难的整体性和严峻性已突破以往人类所能想象的底线，以前是"肆意践踏"生态环境，现在已经发展到"微观毒化"生态环境。全球性踏轮磨坊的生产方式对地球生态环境的健康发展具有极大的破坏性和毁灭性。但如何解决这一问题？福斯特则认为，需要采取道德革命的方式对其进行抵制。对于如何深入实施道德革命来抵制全球性踏轮磨坊生产方式，福斯特借用著名的美国社会学家赖特·米尔斯所说的"更高的不道德"一词，来指称这种生产方式的"结构性不道德"，它已深深融入人们所处的资本主义社会的权力结构之中，对社会以及公众产生了明显的消极影响，例如丧失道德义愤、增加犬儒主义、减少政治参与等，金钱已经成为名副其实的至高无上的客观存在，这些问题严重影响了社会秩序的良性运转。因此，不能低估这种全球性踏轮磨坊生产方式及其更高的不道德侵蚀社会的严重程度，必须积极对此进行抗争并加以改变。

（二）看不到人民群众的巨大作用，缺乏生态革命的主体力量

对于生态正义的实现路径，诸多当代西方生态正义学者均充满浓厚的理想主义色彩，缺乏对生态正义问题整体维度的把握，没有找到实现生态正义革命真正的主体力量。当代西方生态正义学者批判了资本主义生产方式及其制度反生态的本质，但是无法准确找到进行生态革命的主体力量，也看不到人民群众在生态治理和社会改造中能够发挥的巨大力量，因而他们始终都是在生态改良的道路上徘徊，未能提出实现生态正义的切实可行的革命途径。在生态革命的手段选择方面，生态学马克思主义者强调："反对无产阶级革命和无产阶级专政，反对革命变革，只主张社会改良。"① 而有机马克思主义者小约翰·柯布、菲利普·克莱顿等人，"片面拔高从文化层面思考错综复杂的生态问题的意义，过于看重价值观、人生意义和目的重塑等层面的作用，忽视社会结构变革和基本政治制度的重要意义"②。从本质上看，生态学马克思主义者和有机马克思主义者都坚持在不动摇资本主义制度的前提下，主张通过非暴力的手段实行生态变革，寄希望于通过人道主义行为感化资本家，企图通过一些不触及全球性生态危机根源的变革方式来建构一个社会公正、生态和谐的理想社会。这无疑是天方夜谭，不可能实现真正意义上的生态变革，从而也无法彻底解决生态危机。

---

① 郑湘萍：《生态学马克思主义的生态批判理论研究》，中国书籍出版社 2015 年版，第 203 页。
② 郑湘萍：《有机马克思主义的正义观及其当代意义》，《江西社会科学》2019 年第 1 期。

三 生态正义目标构想陷入乌托邦幻想

当代西方生态正义理论者所构想的绿色社会主义社会具有"臆想特征",某种程度上就是一种"绿色乌托邦",根本无法实现。这与他们难以寻找到构建生态理性社会的主体力量有关,也与他们具体的改良主义革命策略有着密切关联。他们没有突破经济主义策略的窠臼,仍然在当前的资本主义制度框架内谋求生态改良而已。生态正义问题的产生,有着深刻的制度根源,即追求无限增殖的资本逻辑的强力控制,在资本主义制度框架之下改造市场以及技术改良的道路是无法彻底解决生态正义问题的,所谓绿色资本主义的前景是非常暗淡的。

生态环境资源具有外部性特征,外部性即环境成本或收益的外溢,其外部性又分为正外部性和负外部性。生态环境资源的正外部性和负外部性之间的平衡影响人类社会的健康发展,全社会帕累托最优的实现,需要采取一定的措施减弱生态环境资源外部性的影响,消除生态环境资源外部性影响或将其内部化。同时,生态环境是一种特殊的公共物品和公共资源,具有不可分割的整体性等特点,加上行政区域的分割性特点影响,极容易导致哈丁所谓的"公地悲剧"。因此,对生态环境的产权进行科学界定比较困难,尤其是对跨区域生态环境的产权界定。不同区域的生态环境资源差异性较大,生态环境资源保护执行的标准不一,即使要对跨区域生态环境进行科学界定,也必然需要投入一定的组织和人员对生态环境资源的价值进行科学评估,并根据评估的生态环境产权价值进行区域生态环境产权的划分,整个评估过程所耗费的综合成本也非常高,不可避免产生资源浪费的现象。生态环境产权界定不明晰在一定程度上阻碍了生态补偿工作的有效进行,阻碍科学完备的生态补偿制度的构建,无法及时有效地进行公平公正的生态补偿,无法为生态环境资源的保护提供强有力的制度保障,难以彻底解决生态正义问题,实现社会公平正义无疑困难重重。

生态正义问题,无论是从国内层面还是从国际层面来看,绝不是一个依靠经济学方法和市场化手段就能彻底解决的问题。试图片面运用市场思路来解决生态难题，或者过高强调生态补偿机制和生态税收政策等，这些做法都未能跳出经济主义的泥潭，已被发达资本主义国家证明这是一条走不通的岔路。西方生态经济学提出的诸如自然资本化、技术改良以及采用自由市场手段进行调节的主要策略，都没有破除资本主义制度这一生态危机产生的根源，本质上是在走以经济效益统摄生态效益的原路，在资本逻辑下维护和强化资本主义制度，始终未能真正突破经济主义窠臼，在实践中无法准确把握生态正义问题的本质所在，难以找到科学有效的策略实现生态正义。①

总之，当代西方生态正义理论者一方面认为，资本主义制度反自然、反生态，在资本的驱使下，生态正义问题在全球范围内必然趋于严峻；另一方面，又主张通过经济主义改良策略和开展生态意识革命改造当前资本主义社会，没有触及资本主义制度的内在根基，这种生态批判只是道德谴责和伦理文化层面的批判，无法完成全面批判资本主义社会的任务。

第三节 当代西方生态正义理论的正确出路

理论是用来指导实践的，理论的强大说服力来自它能正确指导实践；理论的完善是一个没有终点的过程，需要在与具体实践的紧密互动过程中不断走向完善。如前所述，当代西方生态正义理论在理论架构和具体实践中存在着内在矛盾，遭遇到多重困境。如何才能克服上述矛盾、寻求一条可靠的出路？一是需要以唯物史观为指导，厘清生态社会主义与科学社会主义的本质区别；二是摈弃资本主义生产方式和生活方式，建构社会主义生态文明；三是破解资本逻辑与权力逻辑的联合驱动，确立以人民为中心的生态正义动力机制。

---

① 贾学军、彭纪生：《经济主义的生态缺陷及西方生态经济学的理论不足——兼议有机马克思主义的生态经济观》，《经济问题》2016年第11期。

一 坚持唯物史观理论根基，厘清生态社会主义与科学社会主义的本质区别

正确方法论的运用对理论建构、论证以及说服力具有至关重要的作用，前者是后者的前提和基础。生态正义问题非常复杂，其概念的内涵和外延确定、具体表现、产生原因和影响因素分析以及具体策略的制定等，均需要正确的方法论进行指引，才能得到准确而全面的说明，不然就会犯"只见树木而不见森林"的错误。当代西方生态正义理论存在的弊端与面临的困境，究其根源，与其囿于西方传统文化和资本主义制度分析理论框架有关，因此，必须在马克思主义唯物史观视野下全面审视生态正义问题，才能真正走出当代西方生态正义理论的困境。

当年恩格斯在马克思墓前发表讲话时指出，唯物史观和剩余价值是马克思一生当中两个重大发现。马克思主义唯物史观经历了一个由创立到补充、完善并最终走向成熟的发展过程。马克思和恩格斯在《德意志意识形态》中确立了唯物史观，他们从现实的人出发，揭示出物质资料生产在社会生活中的决定作用，并对自己的发现做了在当时条件下最完整的概括。"这种历史观就在于：从直接生活的物质生产出发来考察现实的生产过程，并把与该生产方式相联系的、它所产生的交往形式，即各个不同阶段上的市民社会，理解为整个历史的基础；然后必须在国家生活的范围内描述市民社会的活动，同时从市民社会出发来阐明各种不同的理论产物和意识形式，如宗教、哲学、道德等等，并在这个基础上追溯它们产生的过程。"[①] 后来，马克思在1859年《〈政治经济学批判〉序言》中对唯物史观做了经典表述："人们在自己生活的社会生产中发生一定的、必然的、不以他们的意志为转移的关系，即同他们的物质生产力的一定发展阶段相适合的生产关系。这些生产关系的总和构成社会的经济结构，即有法律的和政治的上层建筑竖立其上并有一定的社会意识形态与之相适应的现实基础。物质生活的生产方式制约着整个社会生活、政治生活和精神生活的过程。不是人们的意识决定

---

① 《马克思恩格斯全集》第3卷，人民出版社1960年版，第42—43页。

人们的存在，相反，是人们的社会存在决定人们的意识。社会的物质生产力发展到一定阶段，便同它们一直在其中运动的现存生产关系或财产关系发生矛盾。于是这些关系便由生产力的发展形式变成生产力的桎梏。那时社会革命的时代就到来了。"①

(一) 马克思主义唯物史观科学界定了资本主义社会的基本矛盾及其运动规律

马克思主义认为，社会根本矛盾是促进社会发展的根本动力，具体是指社会生产力与生产关系之间以及经济基础与上层建筑之间的矛盾。在资本主义社会，其基本矛盾表现为生产社会化与资本主义私有制之间的矛盾，它贯穿资本主义社会发展过程。无论是在资本主义发展的哪一个阶段，资本主义社会基本矛盾的存在，决定了经济危机始终是占据主导地位的危机，经济危机制约着政治危机、生态危机和文化危机等其他危机的发展趋势。20世纪70年代以来，生态危机开始呈现全球性向度，生态正义问题在世界范围内显示出越来越严峻的发展趋势。但生态正义等生态问题只是经济发展过程中的表象，处理经济发展和生态保护之间关系的问题，其关键还是彻底剥离受资本驱使的不可持续的经济发展方式。

生态学马克思主义奥康纳批评马克思主义创始人马克思、恩格斯的生态思想存在自然和文化的理论空场，提出资本主义社会双重矛盾和双重危机理论。他认为，资本主义社会面临两种类型的矛盾及其危机：第一重矛盾是马克思所说的历史唯物主义视域下的生产力与生产关系之间的矛盾，它会引起由于需求不足而产生生产过剩的经济危机；第二重矛盾是资本主义生产力和生产关系与资本主义生产条件之间的矛盾，它会引起生态危机。在当前的资本主义社会，第二重矛盾是其基本矛盾的主要表现，相应的生态危机也已经超越经济危机成为其最为主要的危机形式。生态学马克思主义将资本主义基本矛盾置于资本主义生产与整个生态系统对立的高度，强调有限的生态环境已经成为制约资本主义生产扩张动力的最为关键的因素。奥康纳等人确实看到了当前生态正义问题的严峻性和迫切

---

① 余源培、吴晓明：《马克思主义哲学经典文本导读》（上卷），高等教育出版社2005年版，第276页。

性，也阐明了资本主义制度与生态危机之间的必然性，但是它用生态学重建马克思主义的历史唯物主义的做法是不正确的。马克思本人虽然不是生态学家，但他有着丰富的生态思想，这一点已经由生态学马克思主义者福斯特在《马克思的生态学——唯物主义与自然》一书中进行了详细的阐述。作为马克思主义思想的继承者，当今中国特色社会主义建设极其重视生态文明建设，取得了瞩目的成绩，这是世界人民所明见的。奥康纳把生态问题看得高于其他一切问题，包括经济问题，导致他干脆用人与自然之间的矛盾取代了资本主义社会基本矛盾的重要地位，结果就是生态危机取代了经济危机的地位。这种做法会直接导致生态学马克思主义者不承认资产阶级与无产阶级之间的矛盾是资本主义社会的主要矛盾，看不到生态正义等生态问题的阶级性，转移和混淆人们反对资本主义斗争的视线和方向。在社会革命问题上，生态学马克思主义者把革命原因归结于消费异化和人性异化，把人的期望看成社会革命决定因素，他们期望通过"生态意识"的培育即社会意识的提升来解决社会存在的问题，在马克思主义者看来，这是不可能建成的空中楼阁。实质上，生态正义问题是由资本主义社会基本矛盾所引发或催生出来的社会问题。

（二）社会生产实践是生态正义的现实基础

只有立足于社会生产实践才能对生态正义问题进行科学的审视和思考。现实社会生产实践是唯物史观的出发点。马克思主义唯物史观认为，唯心主义者从意识和主观想象出发，旧唯物主义者如费尔巴哈从人的生理特性和个人饮食消费实践出发，来谈主客体统一问题，结果前者陷入过度拔高人的主观能动性的泥潭，后者这种半截子唯物主义在历史观上也深陷唯心主义困境。要想真正把握实践的科学内涵，必须从现实的人所从事的社会实践出发来谈主体和客体相统一的问题。实践形式多种多样，物质性生产实践是最为基本和最为重要的实践形式。物质性生产实践是人类生存与发展必不可少的基础条件，是人与自然、人与人交流的前提条件，也是生态正义的基础。"以物质性生产实践作为生态正义的基础，是坚持历史唯物主义的必然要求"，"由劳动所具有的物质交换性所决定的"。① 劳动是物质性生产实践最基本的形式,而且物质性生产实践在一定意义上就是人类劳动,也就是说,劳动具有物质交换性的特征,人类可以通过一些自己的劳动活动在人与自然之间展开公平或非公平的物质变换,这就决定了劳动的生态化成为生产正义实现最为关键的途径。劳动的生态化能够促进生态正义的实现,所以需要通过在人类的生态劳动活动不断加强劳动的生态化,促进人与自然之间权利和义务交换的公平合理。在探寻生态正义的实现路径上,奥康纳认为,沿用资产阶级的分配正义方法来解决生态正义问题是没有出路的,需要转变做法,从生产性正义环节入手,逐步加强生态正义各环节的公平合理性,这种思路无疑是极为正确的。但是,生态学马克思主义不承认人类社会历史进步的本质是生产力的发展,并且质疑关于科技和生产力推动社会发展的理论,认为其"稳态化"零增长经济模式以及小规模技术等主张无法从根本上解决生态正义问题。

(三) 以唯物史观为指导,厘清生态社会主义与科学社会主义的本质区别

只有在马克思主义唯物史观视域下,才能厘清生态社会主义与科学社会主义的本质区别。当代西方正义理论正确看到了生态危机产生和加剧的深层根源在于资本逻辑,即资本不断寻求自我增殖、不断往外扩张的本性。如生态学马克思主义者就认为,资本与生态之间存在内在矛盾,资本在本性上就是反生态的,必然引发生态正义问题,在人与自然以及人与人之间制造难以逆转的紧张关系,阻碍人类社会的健康发展。生态学马克思主义将人与自然之间的矛盾拔高为资本主义社会基本矛盾;忽视生态问题成因的各种因素的综合作用,夸大消费异化所产生的社会后果;鼓吹非暴力的社会革命方式,强调生态经济必然产生于现存资本主义经济结构;将社会主义批判仅仅视为价值批判,不主张彻底变革资本主义生产资料私有制,在改良现有资本主义的基础上催生出绿色资本主义,将绿色资本主义等同于生态社会主义。也就是说,他们没有将资本逻辑是资

---

① 徐海红:《历史唯物主义视野下的生态正义》,《理论学研究》2014 年第 5 期。

本主义社会的本性这一观点坚持到底，在建构其新型绿色社会即所谓生态社会主义社会的时候，无法找到破解资本逻辑的密码，仍然坚持和维护资本主义制度，其所畅想的生态社会主义社会实质上只是在当前资本主义制度范围内的一种改良版，与马克思主义的科学社会主义有着根本区别。相反，科学社会主义从唯物史观出发，辩证分析生态正义等生态问题的成因和危害，将资本主义基本矛盾的辩证运动规律作为客观依据，运用无产阶级暴力革命和其他非暴力革命相结合的社会变革方式来改造资本主义社会，主张最终消灭私有制，建立全面的公有制，在完全超越传统工业文明弊端的基础上建构一种新文明形态即生态文明。[①]

总之，只有依据马克思主义历史唯物主义方法论来辩证分析生态正义问题的各个面向，才能正确把握生态社会主义与科学社会主义的本质区别。当代西方正义理论者大多将生态正义问题单纯地囿于分配正义领域进行探讨，认为在人与人之间公平分配好生态利益和生态责任就可以了，既没有看到生产正义对于分配正义等其他类型或环节正义的优先性，也没有认真对待人与自然之间生态权益的合理分配，这种做法有着前提性错误，没有吸收历史唯物主义视野下将生产正义置于首要位置这一方法的精华，其提出的理论存在极大的局限性，无法全面审视和思考生态正义问题，难以为生态正义的实现找到可靠的出路。

二 摈弃资本主义生产方式和生活方式，建构社会主义生态文明

解决当代西方生态正义理论的内在矛盾冲突，还需要彻底摈弃资本主义生产方式和生活方式，代之以社会主义生产方式和生活方式，大力建设社会主义生态文明，形成人与自然和谐发展的新格局。

（一）资本主义制度具有反生态性

如前文所述，20世纪50年代以来，西方发达国家在发展过程

---

① 郑湘萍：《生态学马克思主义的生态批判理论研究》，中国书籍出版社2015年版，第185—186页。

中开始遭遇愈演愈烈的生态危机，经济发展面临愈来愈趋紧的生态约束。受资本逻辑的支配，这些生态约束难以在发达国家国内得到根本解决，于是资本主义国家利用强大的经济优势和技术门槛等手段，采取生态殖民主义等生态剥削方式，继续殖民发展中国家和不发达国家，抢夺他国宝贵的生态资源。资本主义社会的生态建设具有显著的剥削性，他们靠生态霸权主义行径来改善本国生态环境。当代西方生态正义论者仍是在工业文明的思维范式下思考生态危机问题，没有准确把握资本逻辑对生态危机的实质性影响，也没有从生态文明这一新文明及其思维方式下寻求突破资本积累运行机制所导致的生态难题的解决之道。马克思从理论层面深刻揭示了资本逻辑主导下社会文明的未来——无法实现自然界的解放和人的解放，自然始终被人类控制和奴役，人与人之间不可能公正、和平相处。因此，只有真正站在新型文明即生态文明的高度来思考和探寻自然界的解放和人的解放同时实现的路径，才有可能破解资本逻辑的密码，为生态正义的实现找到"旋转之门"。

（二）社会主义社会开创生态文明新时代

生态文明的诞生和发展是人类文明持续发展的内在要求和必然结果。从人与自然关系的历史演进过程来看，人类文明已经走过农业文明，目前正处于工业文明和生态文明并存的发展阶段，将来必定朝着生态文明这一新的方向前行。黄色的农业文明主要依赖土地资源，黑色的工业文明主要依赖自然资源，绿色的生态文明则强调人与自然和谐共生。人与自然关系和谐是生态文明的核心。在文明形态上，生态文明超越了工业文明，它尊重自然的外在价值和内在价值，坚持实践唯物主义思维方式，激烈批评支配资本主义社会运行的资本积累规律的严重后果，主张完全打破资本积累的具体运行机制，通过在生产资料所有制上实现从私有到公有的彻底转变，以及运用生态理性约束经济理性等多种手段，重新建构从本性上有益于生态良好发展的社会主义社会新型制度，从人与自然、人与人和谐相处的双向互动中同时实现自然的解放和人的解放。

生态正义是社会主义生态文明不可或缺的正义之维，也是生态文明建设的题中应有之义。生态正义既保护自然生态系统的价值，又承认人与人之间的正义,强调人与自然、人与人之间的关系和谐,内在契合了生态文明建设的理论内蕴和实践要求。生态文明的建设离不开生态正义的实现,各类反生态正义的行为是生态文明建设的阻力,必须通过建立生态正义协调机制,摈弃资本主义生产方式和生活方式,彻底解决生态正义问题,通过生态正义的实现推动生态文明的发展。同时,生态危机实质上是文明的危机,生态正义问题实质上是人的问题,需要从文明上寻求解决生态正义问题的途径和方法。此外,在社会主义生态文明理论体系和具体建设过程中,生态正义聚焦人与自然之间生态权利、责任和义务等问题,生态正义的实现与社会正义的实现是紧密联系在一起的,是同一过程的两个方面。要以系统论的观点合力解决两者,而不是人为地、片面地将两者分开进行孤立探讨。也就是说,生态正义的实现以社会正义的实现为前提和基础,两者是相互促进的。

三 破解资本逻辑与权力逻辑的联合驱动,确立以人民为中心的生态正义动力机制

当代西方生态正义理论要拨开生态正义实现道路上的重重迷雾,需要在马克思主义唯物史观视野下全面审视生态正义问题,在社会主义生态文明观理论指引下,进一步破解资本逻辑与权力逻辑的联合驱动,确立以人民为中心的生态正义动力机制。

(一) 资本逻辑和权力逻辑联合驱动导致全球生态危机

众所周知,生态危机在20世纪50年代左右开始逐步发生于世界上主要资本主义国家,在20世纪80年代左右扩散至全球。生态危机的形成与加剧不能不归咎于资本逻辑。同时,当前国际国内两个层面的生态利益关系都是错综复杂的,资本逻辑主导下的权力关系往往隐藏在既得生态利益格局的背后,具有隐蔽性的特点。在实践过程中,资本逻辑与权力逻辑通常会相互寻租,发挥出强大的生态破坏力量。"在新的历史条件下,如何突破'政治权力和既得利益合谋'的根本难题,把当代正义实践从形式推到实质。这一问题既是全球环境治理和中国生态文明建设的根本难题和巨大挑战,也应当是今后马克思主义生态正义观自觉建构的理论切入点和基本问

题域。"①

马克思在《资本论》中对资本逻辑做出了淋漓尽致的全方位批判,"资本批判"这条线索非常清晰明了,也深受马克思主义后来者的重视。"资本不是一种物,而是一种以物为媒介的人与人之间的社会关系。"② 追求无限增殖是资本的本性,当人与人之间的社会关系受资本逻辑的强势驱使时,不可避免会导致资本与劳动之间的强烈对抗,加剧资本、自然、人三者之间的矛盾。在资本逻辑大行其道的时代,资本的强大力量不容小觑,它早已不再仅仅是货币的载体,而且能够产生巨大的破坏力,如人与人之间的不公平、生态危机的加剧等。这也让人们意识到亟须合理审视资本逻辑,找寻有效的途径和方法规约资本的力量,降低资本逻辑对人类社会的危害性。

马克思在早期实践中就已开展"权力批判"。青年时期的马克思遭遇了"物质利益背后之谜"的烦恼,他在当年的林木盗窃法的辩论中发现,农民捡枯枝的行为被国家法律污蔑为盗窃行为,资产阶级建立的法律无耻剥夺了农民世世代代形成的正当权利。现实国家本应是普遍利益的代表者,却沦为了私人利益的工具,这让马克思对现实国家存在的合理性产生怀疑。"由此马克思得出一个重要发现:物质利益的冲突无法由国际理性来解决,因为它并非源自理性,而是根源于一种'客观关系的作用'。"③ 马克思后来在历史唯物主义奠基之作《德意志意识形态》一书中,对这种"客观关系"做出了进一步的正确回答,生态利益冲突背后之决定性力量之所以能够发挥"客观关系的作用",就是社会权力体系在物质利益格局背后发挥塑造力量。物质生活关系层面上的"社会权力"是物质利益关系形成的根源。政治层面上由社会权力派生的"政治权力"是巩固物质利益关系的公共机制。社会权力和政治权力相结合组成了

---

① 孙晓艳:《历史唯物主义视域下当代"生态正义问题"新探》,《河南社会科学》2017 年第 12 期。
② 《马克思恩格斯全集》第 23 卷,人民出版社 1972 年版,第 834 页。
③ 孙晓艳:《历史唯物主义视域下当代"生态正义问题"新探》,《河南社会科学》2017 年第 12 期。

整体层面上的社会权力体系。① 社会权力体系催生了不同等级和各种压迫。权力意志凸显统治与被统治、征服与被征服的关系，这种等级分明的关系对人与人、人与自然之间和谐关系的建立具有一定的消极影响，会加剧人类对自然界的压迫以及人类内部不同人群之间的压迫，这就难以发挥权力意志的积极作用，从而降低其对人类社会的积极影响，阻碍生态正义目标的实现。

社会生活在本质上是实践的。资本和权力成为当前处理人与自然关系的两种最为重要的中介。在资本主义社会，资本和权力是天然的同盟者。资本作为社会运行的载体，资本甚至化身成为社会权力和政治权力的代言人，成为社会权力体系最为重要的组成部分，成为社会权力的首要形态。一方面，资本逻辑和权力逻辑联合驱动经济快速发展和社会前进步伐；另一方面，资本逻辑和权力逻辑的压迫趋同成为生态问题最为主要的原因。资本和权力之间相互寻租："权力逻辑追求政绩，需要资本逻辑来提高生产效率和增殖物质财富；资本逻辑奉行利润至上，需要权力逻辑的庇护和支持。权力资本化和资本权力化是这一过程的一体两面。权力逻辑和资本逻辑同时指向自然，权力从自然中获取财富，资本通过自然获取利润，二者的共谋造成目前的生态困境。"②

（二）坚持以人民为中心，实现社会主义生态正义

社会主义制度则与生态正义、生态文明具有内在的一致性、契合性。在社会主义社会，实现生态正义、建设生态文明的最终目标，是满足人日益增长的优美生态环境需要，是实现人的全面发展。中国特色社会主义要建设的生态文明，既重视人与自然的和谐，又重视人与人的和谐。社会主义生态正义的实现、生态文明的建设，其根本动力是人民的根本利益，即以人民的根本利益为中心。习近平提出："环境就是民生，青山就是美丽，蓝天也是幸福"③，"良好生态环境是最

---

① 孙晓艳：《历史唯物主义视域下当代"生态正义问题"新探》，《河南社会科学》2017 年第 12 期。

② 张建辉：《生态正义实践与生态现代化研究》，中国社会科学出版社 2019 年版，第 127 页。

③ 中共中央文献研究室编：《习近平关于社会主义生态文明建设论述摘编》，中央文献出版社 2017 年版，第 8 页。

公平的公共产品,是最普惠的民生福祉"①,"良好的生态环境是人类生存与健康的基础。经过三十多年快速发展,我国经济建设取得了历史性成就,同时也积累了不少生态环境问题,其中不少环境问题影响甚至严重影响群众健康。老百姓长期呼吸污浊的空气、吃带有污染物的农产品、喝不干净的水,怎么会有健康的体魄?"②人民的幸福与健康、人民的美好生活才是实现生态正义、建设生态文明的出发点与落脚点。也只有建立起以人民为中心的动力机制,才能真正克服资本主义社会以资本家利益为中心的痼疾,破解资本逻辑与权力逻辑的联合驱动。

---

① 中共中央文献研究室编:《习近平关于社会主义生态文明建设论述摘编》,中央文献出版社2017年版,第4页。
② 中共中央文献研究室编:《习近平关于社会主义生态文明建设论述摘编》,中央文献出版社2017年版,第90页。

第五章

当代西方生态正义理论对中国社会主义生态文明建设的启示

当代西方生态正义理论,是当代西方学者与其所处时代与社会的对话,是对当代西方社会生存环境特别是生态危机的深切反思。与之相比较,当代中国的社会经济环境无疑存在着较大的差异。21世纪以来,我国生态文明建设步伐逐步加快。党的十八大做出"大力推进生态文明建设"的战略部署,第一次明确"美丽中国"是生态文明建设的总体目标。党的十九大首次将"美丽"纳入社会主义现代化强国目标,要求"加快生态文明体制改革,建设美丽中国"。以习近平同志为核心的党中央加强生态文明建设顶层设计,把生态文明建设纳入统筹推进"五位一体"总体布局和协调推进"四个全面"战略布局的重要内容,深刻回答了"为什么建设生态文明、建设什么样的生态文明、怎样建设生态文明"等重大理论和实践问题,形成了习近平生态文明思想。我国生态文明建设从认识到实践发生了巨大变化,生态环境质量持续改善,生态文明建设取得重大成就和长足进步。但同时,"我国环境容量有限,生态系统脆弱,污染重、损失大、风险高的生态环境状况还没有得到根本扭转"①,生态文明建设还面临着艰巨的任务。本章立足于当代中国生态文明建设与社会发展现实,从如何避免重蹈西方国家"先污染后治理"的覆辙,走经济建设与生态保护协同发展的新路,如何冲破现代性的困厄、持续推进社会主义生态正义,如何完善生态正义保障制度,探讨当代西方生态正义理论对中国社会主义生态文明建设的借

---

① 习近平:《推动我国生态文明建设迈上新台阶》,《求是》2019年第3期。

鉴与启示。

第一节　持续推进社会主义生态正义，引领全球生态文明建设

在世界上，很少有国家将建设"生态文明"作为主要目标，中国是其中之一。中国坚持正义观念对生态文明建设的价值引领作用，既与重视正义价值取向的马克思主义生态文明思想密切相关，也离不开对社会公平正义理念的弘扬，同时也吸收当代西方生态正义理论的有益成分。

一　生态正义是社会主义生态文明建设的重要内容

（一）生态正义和社会正义是社会主义的内在价值

生态正义和社会正义都是中国特色社会主义的内在价值追求，两者相辅相成，互相促进。在社会主义社会，无产阶级和广大劳动人民获得了历史上其他任何时期都没有过的社会公平正义。目前，我国仍处于并将长期处于社会主义初级阶段，生产力相对来说仍比较落后，社会正义的应然和实然之间存在较大的差距。因此，必须继续坚持社会主义根本制度，不断完善基本制度，持续改进具体制度，将生态正义和社会正义放在整个社会主义制度体系的构建过程之中，用制度保障和维护生态正义和社会正义。与此同时，生态正义和社会正义的实现也是一个持续、动态的过程，在短时间内将难以达到最终目标。因而，具有稳定性、长期性和持久性的社会主义制度能够为生态正义和社会正义的实现提供稳定的社会环境和基本条件。

（二）坚持人与自然和谐共生，大力推进社会主义生态正义

世界各国在推进生态文明建设的过程中，生态非正义问题也伴随而来并阻碍生态文明建设的顺利推进。正如当代西方生态正义理论所揭示的，生态非正义问题出现于20世纪中叶，凸显于20世纪80年代，生态非正义问题的产生主要受经济方式、政治制度以及价

值观念等方面的因素影响，但导致生态非正义问题的根本原因是本质上非正义的资本主义生产方式。资本逻辑作为资本主义生产方式的内在本质，在不断追求利润最大化的过程中必然会逐渐削弱生态系统，不断制造生态非正义和社会不公。为了获得最大的剩余价值，资本家会穷尽一切手段来奴役和剥削劳动者，对劳动的剥削程度不断升级，使得社会不公现象逐渐加剧，在一定程度上劳动异化促发了生态异化，一系列的生态非正义问题随之而来，把人类社会推向危险的边缘。一方面，这使劳动者与劳动产品、人与人之间的关系严重异化，劳动者无法实现自身的价值，人与人之间的关系严重被金钱操纵。另一方面，为谋取更高的利润价值，资本家不顾客观存在的自然规律，肆意毁坏自然资源，导致生态系统失衡，人与自然物质变换的裂缝逐渐扩大，自然界被异化成人类谋取利益的一个工具，最终引发生态危机，威胁人类社会的健康发展。所以，马克思认为资本主义具有二重性，虽然资本主义在一定程度上推动了人类文明的发展，但从资本逻辑角度出发，它忽视自然界的价值以及人类的整体价值，盲目追求利润增长，却是反自然和非正义的。这种反自然和非正义现象随着资本主义的扩张更加凸显。通过生态殖民主义、资源战争等手段，资本主义国家迅速将生态危机扩张到整个世界。在这场生态灾难中，首当其冲的是发展中国家以及世界上的弱势群体。在我国，环境强势群体和环境弱势群体承担着不对等的生态责任。环境强势群体能够占据更多的自然资源和生态利益，而环境弱势群体在生态权益中处于不利地位。环境弱势群体的环保意识普遍较低，无法正确认识保护生态环境的重要性，忽视生态环境恶化对自身的影响，对出现的生态问题不能及时采取有效措施加以解决，容易受到更多的环境污染，承担更多的环境成本。如何消解生态非正义现象，实现社会主义生态正义，具体需要从以下几方面着力。

第一，坚持"人与自然和谐共生"的生命共同体理念。人与自然是紧密联系、不可分割的关系。习近平总书记提出："我们要建设的现代化是人与自然和谐共生的现代化"，"人与自然是生命共同体，人类必须尊重自然、顺应自然、保护自然。人类只有遵循自然规律才能有效防止在开发利用自然上走弯路，人类对大自然的伤害最终会伤及人类自身，这是无法抗拒的规律"。① 坚持"人与自然和谐共生"的生命共同体理念，深刻阐明了人与自然的应然关系，构成了习近平生态文明思想的核心要义，是对马克思主义唯物史观关于人与自然关系理论的丰富与创新。

在此基础上，习近平总书记进一步提出："生态兴则文明兴，生态衰则文明衰。"② 他还列举中国楼兰古城、河西走廊、黄土高原、渭河流域等地以及引用恩格斯关于希腊、美索不达米亚、小亚细亚等国家或地区均大规模毁林造地而导致的后果，对生态文明建设与文明发展的内在关系给予了剖析。这是对社会发展、生态环境与社会文明之间一般性、普遍性和历史性规律的科学总结，体现了人类文明发展、世界历史发展的必然趋势。③

第二，坚持"绿水青山就是金山银山"的发展理念。习近平总书记指出："绿水青山就是金山银山；保护环境就是保护生产力，改善环境就是发展生产力。"④ 这不仅阐明了发展与保护之间、经济建设与生态文明建设之间的辩证统一关系，也表明了中国坚决保护生态的态度。当"绿水青山"与"金山银山"发生冲突不可兼得的时候，我们宁要绿水青山而放弃金山银山。

如何看待和处理经济建设与生态文明建设之间的关系，存在着两种极端思想。要么认为经济的发展必然以破坏生态环境为代价，为了维护生态环境，必须抑制或者放弃经济发展，"回到农耕时代去"，否则人类的未来将陷入自我毁灭的困境；要么认为未来技术的进步是无止境的，因此可供人类利用的自然资源是无限的，"先污染、后治理"，随着科技进步和经济发展，环境、人口、能源等问题均将自然地得到解决。上述观点都将经济建设与生态文明建设

---

① 习近平：《决胜全面建成小康社会，夺取新时代中国特色社会主义伟大胜利——在中国共产党第十九次全国代表大会上的报告》，人民出版社2017年版，第40页。
② 中共中央文献研究室编：《习近平关于社会主义生态文明建设论述摘编》，中央文献出版社2017年版，第6页。
③ 田启波：《习近平生态文明思想的世界意义》，《北京大学学报》（哲学社会科学版）2021年第3期。
④ 中共中央文献研究室编：《习近平关于社会主义生态文明建设论述摘编》，中央文献出版社2017年版，第12页。

截然对立，割裂了二者之间的辩证关系。①

发展和保护、经济建设与生态文明建设是协同共生、和谐统一的。绿水青山与金山银山并不是"鱼与熊掌不可兼得"的关系，而是经过科学谋划、布局，是可以在保护生态和发展经济之间取得平衡。习近平总书记指出："绿水青山可以源源不断地带来金山银山，绿水青山本身就是金山银山，我们种的常青树就是摇钱树，生态优势变成经济优势，形成了一种浑然一体、和谐统一的关系。这一阶段是一种更高的境界。"②应坚持生态效益与经济效益并重，把生态优势转化成产业和经济优势，推动绿色发展，改变传统的"大量生产、大量消耗、大量排放"的生产模式和消费模式，实现自然生态系统与社会生态系统的整体平衡与和谐。

第三，构建生态文明体系。习近平总书记指出，要"加快构建生态文明体系。加快解决历史交汇期的生态环境问题，必须加快建立健全以生态价值观念为准则的生态文化体系，以产业生态化和生态产业化为主体的生态经济体系，以改善生态环境质量为核心的目标责任体系，以治理体系和治理能力现代化为保障的生态文明制度体系，以生态系统良性循环和环境风险有效防控为重点的生态安全体系"③。这一实践路径，首先根基于"五位一体"总体布局，构建生态文明体系的整体规划，科学把握生态文明建设与其他建设的系统关系。将生态文明建设融入其他建设的各方面和全过程，以生态文明为针，穿针引线、合纵连横，注重其自身的独立性以及与其他方面的融通性和互促性将生态文明建设融入经济建设之中，基于市场机制和生态资源禀赋，全面推动绿色发展；将生态文明建设融入政治建设之中，基于缜密法治和创新体制，构建具备刚性约束的制度体系；将生态文明建设融入文化建设之中，基于生态价值观，实现人与自然的和谐共生；将生态文明建设融入社会建设之中，基于

---

① 田启波：《习近平生态文明思想的世界意义》，《北京大学学报》（哲学社会科学版）2021年第3期。

② 习近平：《干在实处 走在前列——推进浙江新发展的思考与实践》，中共中央党校出版社2016年版，第198页。

③ 《习近平谈治国理政》第3卷，外文出版社2020年版，第366页。

生态环境安全，构建民生优先的防范体系。

生态文明体系是一个具有内在逻辑结构的有机整体，诸要素均具有特定的职能作用，同时又离不开其他要素的交互作用。生态文化的实质在于人类在饱受环境问题困扰和惩罚后展现出的全新文化选择，是人类用以缓解人与自然之间冲突关系而构建的价值观、道德观、经济法则、生产生活方式和社会制度等一系列人类行为的文化总和，不仅为生态文明建设提供价值引领和观念支撑，而且推进人类生产方式、生活方式的生态化。在中华民族的传统文化中，很多先哲已经宣传、践行和谐共生的生态文化，如，道家的"人法地、地法天、天法道、道法自然"；儒家的"天人合一，以人待物"；佛家的"万物一起、众生平等"等，为当代生态文化构建提供了厚重的资源。生态文化体系的构建，要以生态价值观为核心，引导人们树立体现生态文明基本要求的自然观、经济观、政治观、社会观、法治观，提升生态道德意识，推进生活方式从异化消费到生态消费的变革，让生态伦理原则与规范在生态文明建设实践中发挥积极的引导作用。

构建生态经济体系，坚持产业生态化和生态产业化。要发展循环经济、变革生产方式、推动供给侧结构性改革，把握生态系统与经济系统矛盾约束又协调运转的内在规律，实现产业发展与生态资源融合，使生态环境成为经济社会发展的内在要素和内生动力，让生态保护与经济发展形成良性循环。

构建以改善生态环境质量为核心的目标责任体系。构建目标责任体系，是生态文明建设的重要抓手与关键环节。要树立新发展理念、树立生态价值观，就必须建立科学合理的考核评价体系，压实责任、强化担当。习近平总书记指出："我们一定要彻底转变观念，就是再也不能以国内生产总值增长率来论英雄了，一定要把生态环境放在经济社会发展评价体系的突出位置。如果生态环境指标很差，一个地方一个部门的表面成绩再好看也不行，不说一票否决，但这一票一定要占很大的权重。"[①] 只有建立责任追究制度，做到真

[①] 中共中央文献研究室编：《习近平关于社会主义生态文明建设论述摘编》，中央文献出版社2017年版，第100页。

追责、敢追责、严追责，才能真正使社会主义生态正义得以顺利推进。

生态文明制度体系以治理体系和治理能力现代化为发展目标①。一是在政府治理与决策层面，建立体现生态文明要求的目标体系、考核办法、奖惩机制、追责制度和国土空间开发保护制度；深化涵盖能源资源、水资源、土地资源、矿产资源等资源性产品的价格改革和税费改革。二是在企业生产与交易层面，建立生态资源的产权制度（包含所有权、支配权、收益权等）；开展节约资源、碳排放权、排污权和水权交易试点。

生态安全与政治安全、军事安全和经济安全一样，关系人民群众福祉、经济社会可持续发展和社会长久稳定，是国家安全体系的重要组成部分。积极面对新时代生态环境问题的挑战，需要建设以生态系统良性循环和生态风险有效防控为重点的生态安全体系。应发挥现代生物技术、绿色能源与工程技术等先进科学技术在防治污染、改善生态环境等方面的重要作用，大力扶持符合可持续发展理念的绿色技术供给。探索建立生态安全监测预警系统，对生态安全重点领域严密监测，建立有效的监测与应急网络，构建相应的应急预案和管理体系。同时，要加强生态安全国际合作，构建全球生态安全共建机制，贡献中国方案和中国智慧。

二 维护全球生态正义，引领全球生态文明建设

在当代全球化时代，生态问题是全球性问题，保护生态环境是各国家、各民族的共同责任。但在当代全球生态治理过程中，因为国际关系民主化程度不充分、制度建设不健全等原因，一些西方大国在生态治理领域牢牢地掌控着全球生态治理制度的话语权与主导权，其基于自身利益考虑所推行的环境政策，带有浓厚的单边主义、霸权主义色彩，甚至实施"生态殖民主义""生态帝国主义"行为。对此，当代西方生态正义理论均给予批判，也对推动当代全球生态文明建设、化解全球生态风险提供了重要的启示。生态帝国

---

① 习近平：《推动我国生态文明建设迈上新台阶》，《求是》2019年第3期。

主义或生态殖民主义，其背后的根本动因与传统帝国主义的做法是一致的，即都是使资本实现最大化利润增殖的逻辑所驱动。它们不再像传统帝国主义那样主要靠采用军事暴力征服，而是采取非暴力的乃至变相的掠夺资源的方式。它们以到发展中国家开发投资的名义，竭尽可能地拓展对包括石油储备在内的资源的掌控力，从而以最大限度地开掘和榨取他国资源（包括石油掠夺在内）的方式，延长帝国主义国家资本利益集团对发展中国家的统治；或者采用非法和不人道的方式，把极少数贫穷国家和广大发展中国家，变成它们转嫁国内环境污染和转移有毒废料的"输出场"和"垃圾排放地"。生态殖民主义、生态帝国主义行为内在地蕴含着地区与地区、国与国、民族与民族之间，以及代际之间和代际之内的生态权利、生态公平正义问题。共谋全球生态文明、建设地球美好家园，必须破除生态殖民主义、生态帝国主义，构建全球生态治理新秩序，推动实现全球生态正义。

中国不仅大力加强生态文明建设，致力于建成富强民主文明和谐美丽的社会主义现代化强国，同时，也深度参与全球环境治理，成为全球生态文明建设的重要参与者、贡献者、引领者。[①] 2016 年 9 月，在二十国集团领导人杭州峰会讲话中，习近平主席指出，中国是负责任的发展中大国，是全球气候治理的积极参与者，中国将在全球气候治理中做出应有的贡献。[②] 党的十九大报告明确提出："坚定走生产发展、生活富裕、生态良好的文明发展道路，建设美丽中国，为人民创造良好生产生活环境，为全球生态安全作出贡献"，"引导应对气候变化国际合作，成为全球生态文明建设的重要参与者、贡献者、引领者"[③]。在 2018 年 5 月召开的全国生态环境保护大会上，习近平总书记进一步指出："我国已成为全球生态文明建设的重要参与者、贡献者、引领者，主张加快构筑尊崇自然、

[①] 田启波：《习近平生态文明思想的世界意义》，《北京大学学报》（哲学社会科学版）2021 年第 3 期。

[②] 中共中央文献研究室编：《习近平关于社会主义生态文明建设论述摘编》，中央文献出版社 2017 年版，第 142—143 页。

[③] 《习近平谈治国理政》第 3 卷，外文出版社 2020 年版，第 5 页。

绿色发展的生态体系，共建清洁美丽的世界。要深度参与全球环境治理，增强我国在全球环境治理体系中的话语权和影响力，积极引导国际秩序变革方向，形成世界环境保护和可持续发展的解决方案。"① 中国一直是推进全球环境治理、维护全球生态安全的积极实践者。自 1992 年联合国环境与发展大会后，中国政府率先组织制定《中国 21 世纪议程——中国 21 世纪人口、环境与发展白皮书》《21 世纪初可持续发展行动纲要》等，已缔结或参加《联合国气候变化框架公约》《生物多样性公约》《保护世界文化和自然遗产公约》《巴黎协定》等 60 多个有关环境保护和生态安全的国际条约。我国深度参与全球环境协同治理，率先发布《中国落实 2030 年可持续发展议程国别方案》，实施《国家应对气候变化规划（2014—2020 年）》，倡议二十国集团发表首份气候变化问题主席声明，率先签署《巴黎协定》并向联合国交存《巴黎协定》批准文书。我国是世界上第一个大规模开展 PM2.5 治理的发展中大国，形成全世界最大的污水处理能力。我国消耗臭氧层物质的淘汰量占发展中国家总量的 50% 以上，成为对全球臭氧层保护贡献最大的国家。2017 年，同联合国环境署等国际机构一道发起建立"一带一路"绿色发展国际联盟。中国是最早批准《生物多样性公约》的国家之一，自 2019 年以来，中国一直是《公约》及其各项议定书核心预算的最大捐助国。中国积极推动南北合作与南南合作，打造多边生态环境合作平台。2016 年，中国成功举办二十国集团杭州峰会，并通过《二十国集团落实 2030 年可持续发展议程行动计划》，这是国际社会第一次就落实联合国 2030 可持续发展议程制订行动计划。我国发起《二十国集团支持非洲和最不发达国家工业化倡议》，推动 G20 成员开展合作，通过能力建设、增加投资、改善基础设施等举措，帮助非洲和最不发达国家加速工业化发展，实现减贫和可持续发展目标。"南南合作"也是中国加强全球生态协同治理的重要内容。② 习近平主席指出："中国政府认真落实气候变化领域南南合作

---

① 《习近平谈治国理政》第 3 卷，外文出版社 2020 年版，第 364 页。
② 田启波：《习近平生态文明思想的世界意义》，《北京大学学报》（哲学社会科学版）2021 年第 3 期。

政策承诺,支持发展中国家特别是最不发达国家、内陆发展中国家、小岛屿发展中国家应对气候变化挑战。"① 为此,中国设立了和平与发展基金、南南合作援助基金等基金,增强发展中国家可持续发展能力。中国为全球生态文明建设所做出的巨大贡献、发挥的引领作用,展现出了一个负责任大国的担当,也得到了国际社会的肯定和积极评价。②

维护全球生态正义、共建全球生态文明,必须建构和依托人类命运共同体。党的十八大报告中首次提出倡导人类命运共同体意识。2015 年 9 月,习近平主席在第七十届联合国大会上的讲话中指出要"构建以合作共赢为核心的新型国际关系,打造人类命运共同体"③。构建人类命运共同体,是习近平基于"治理赤字、信任赤字、和平赤字、发展赤字"④ 等人类面前的严峻挑战而提出的重大理念。以"建设持久和平、普遍安全、共同繁荣、开放包容、清洁美丽的世界"为目标,以"从伙伴关系、安全格局、经济发展、文明交流、生态建设等方面作出努力"为路径⑤。这一理念已载入联合国多项决议,获得了广泛的国际认同,赢得国际社会广泛赞誉。如何才能构建起人类命运共同体?需要从如下方面努力。

第一,维护共同利益,夯实保障全球生态安全的坚实基础。习近平总书记指出:"地球是人类的共同家园,也是人类到目前为止唯一的家园。……我们应该共同呵护好地球家园,为了我们自己,也为了子孙后代。"⑥ 维护好人们赖以生存与发展的自然生态系统、

---

① 中共中央文献研究室编:《习近平关于社会主义生态文明建设论述摘编》,中央文献出版社 2017 年版,第 136 页。
② 联合国前秘书长潘基文提出:"中国是可持续发展议程的带头人。"(《中国为全球环境治理作贡献》,《人民日报海外版》2020 年 11 月 24 日)联合国环境规划署驻华代表处首席代表涂瑞和提出:"中国以切实行动支持区域和全球环境保护,已经从过去的参与者、贡献者,逐渐转变为引领者,尤其在应对气候变化方面发挥了全球引领作用,得到国际社会高度评价。"(《中国为全球环境治理作出重要贡献》,《人民日报》2019 年 12 月 5 日)
③ 《习近平谈治国理政》第 2 卷,外文出版社 2017 年版,第 22 页。
④ 习近平:《为建设更加美好的地球家园贡献智慧和力量——在中法全球治理论坛闭幕式上的讲话》,2019 年 3 月 26 日,新华网。
⑤ 《习近平谈治国理政》第 2 卷,外文出版社 2017 年版,第 541—542 页。
⑥ 《习近平谈治国理政》第 3 卷,外文出版社 2020 年版,第 434—435 页。

人与自然生命共同体的良性运行，是人类的共同目标和共同利益。在全球生态危机面前，没有任何一个国家、民族可以置身事外，也没有哪个国家能够独自应对人类所面临的各种挑战。生态环境问题的全球性和非排他性特征，要求人们抛开短期利益、局部利益，从人类的共同利益和长远利益来思考环境问题，共迎全球生态挑战，这必须且只能以人类命运共同体为组织载体来化解危机。

第二，倡导全人类共同价值，为共谋生态文明建设提供重要的理念支撑。① 共同价值是主体间为满足共同的需求、实现共同的利益而达成的价值共识，反映和代表了所有成员的价值理想、价值愿望和价值追求。2015年9月28日，习近平主席在第七十届联合国大会上提出："和平、发展、公平、正义、民主、自由，是全人类的共同价值，也是联合国的崇高目标。当今世界，各国相互依存、休戚与共。我们要继承和弘扬联合国宪章的宗旨和原则，构建以合作共赢为核心的新型国际关系，打造人类命运共同体。"② 上述共同价值是维系"人类命运共同体"的精神文化纽带，没有"共同价值"的引导，人类各个行为体就不可能普遍地相互认同并在这一基础上按着共同生存和发展的原则相互协调，共同解决所面临的愈演愈烈的全球性问题。在当代全球治理过程中，追求持久和平，倡导"合作共赢"，实现国际关系民主化、国际公平正义，遏制逆全球化、民粹主义、保守主义、单边主义，彻底打破"国强必霸"的逻辑，是当代全球治理亟须解决的问题。依托以"和平、发展、公平、正义、民主、自由"为基本内涵的人类共同价值，从而进一步确立人与自然共生共在的价值观，积极建构人与自然生命共同体，则将成为人类命运共同体的重要支撑。

第三，打造绿色"一带一路"，拓展全球绿色发展新平台。"一带一路"倡议，是习近平总书记在新的历史条件下，为我国构建更全面、更深入、更多元的对外开放格局，推行互利共赢而提出的重大倡议，是"人类命运共同体"构想落地生根的重大举措，旨在促

---

① 田启波：《习近平生态文明思想的世界意义》，《北京大学学报》（哲学社会科学版）2021年第3期。

② 《习近平谈治国理政》第2卷，外文出版社2017年版，第522页。

进沿线各国经济繁荣与区域经济合作，加强不同文明交流互鉴，促进世界和平发展。建设"一带一路"，也是打造"绿色发展之路"，是共谋全球生态文明、推动全球绿色发展的重要平台。2016年6月，习近平主席在出访乌兹别克斯坦时提出，"要着力深化环保合作，践行绿色发展理念，加大生态环境保护力度，携手打造绿色丝绸之路"的重要主张。"2019年4月28日，习近平总书记在北京世界园艺博览会开幕式上的讲话中指出：'共建一带一路就是要建设一条开放发展之路，同时也必须是一条绿色发展之路。这是与会各方达成的重要共识。'作为倡议者，中国率先发布了《关于推进绿色'一带一路'建设的指导意见》、《'一带一路'生态环境保护合作规划》等重要政策。"①

推进绿色"一带一路"建设，将有利于促进沿线众多国家分享我国生态文明和绿色发展理念与实践，提高生态环境保护能力，共同实现2030年可持续发展目标。这具体体现在以下两个方面：一是在共同体中不断深化绿色发展理念。"绿色发展和可持续发展是当今世界的时代潮流"，其"根本目的是改善人民生存环境和生活水平，推动人的全面发展"②。共建绿色"一带一路"，贯穿于"政策沟通、设施联通、贸易畅通、资金融通、民心相通"各个方面，均体现绿色发展理念。习近平主席在第二届"一带一路"国际合作高峰论坛开幕式上的主旨演讲中指出："我们要坚持开放、绿色、廉洁理念，不搞封闭排他的小圈子，把绿色作为底色，推动绿色基础设施建设、绿色投资、绿色金融，保护好我们赖以生存的共同家园。"③ 中国与各方共建"一带一路"可持续城市联盟，制定《"一带一路"绿色投资原则》，发起"关爱儿童、共享发展，促进可持续发展目标实现"合作倡议，启动共建"一带一路"生态环保大数据服务平台，继续实施绿色丝路使者计划等。④

---

① 田启波：《习近平生态文明思想的世界意义》，《北京大学学报》（哲学社会科学版）2021年第3期。

② 习近平：《携手推进亚洲绿色发展和可持续发展》，《光明日报》2010年4月11日。

③ 《习近平谈治国理政》第3卷，外文出版社2020年版，第491页。

④ 《习近平谈治国理政》第3卷，外文出版社2020年版，第493页。

二是倡导和构建绿色生产方式和生活方式。绿色发展理念的逐步深化，必然同步推进生产方式和生活方式的变革，形成绿色生产方式和绿色生活方式。习近平总书记指出，要"加快建立绿色生产和消费的法律制度和政策导向，建立健全绿色低碳循环发展的经济体系。构建市场导向的绿色技术创新体系，发展绿色金融，壮大节能环保产业、清洁生产产业、清洁能源产业。推进能源生产和消费革命，构建清洁低碳、安全高效的能源体系"[1]。要通过大力发展以"低能耗、低污染、高效率"为特征的生态经济建立绿色产业体系，带动沿线国家实现绿色生产方式，同时要反对奢侈浪费和不合理消费，倡导简约适度、绿色低碳的生活方式。世界各国、各民族只有立足于人类整体利益，加快生产方式转变和经济结构调整，倡导绿色生产、绿色消费，正确处理好经济发展和生态环境保护的关系，担负起呵护地球家园的共同责任，美丽世界的愿景才能成为可能。[2]

第四，坚持共商共建共享全球治理观，构建全球生态治理新秩序。[3] 一是改革全球生态治理制度，保障发展中国家全球生态治理话语权和影响力。"中国秉持共商共建共享的全球治理观，倡导国际关系民主化，坚持国家不分大小、强弱、贫富一律平等，支持联合国发挥积极作用，支持扩大发展中国家在国际事务中的代表性和发言权。中国将继续发挥负责任大国作用，积极参与全球治理体系改革和建设，不断贡献中国智慧和力量。"[4] 改变不公正、不公平、不透明的全球生态治理格局，保障发展中国家的参与权、话语权和决策权，是全球生态文明建设亟须解决的问题。在2018年全国生态环境保护大会上，习近平总书记指出，要"增强我国在全球环境

---

[1] 习近平：《决胜全面建成小康社会，夺取新时代中国特色社会主义伟大胜利——在中国共产党第十九次全国代表大会上的报告》，人民出版社2017年版，第41页。
[2] 田启波：《习近平生态文明思想的世界意义》，《北京大学学报》（哲学社会科学版）2021年第3期。
[3] 田启波：《习近平生态文明思想的世界意义》，《北京大学学报》（哲学社会科学版）2021年第3期。
[4] 习近平：《决胜全面建成小康社会，夺取新时代中国特色社会主义伟大胜利——在中国共产党第十九次全国代表大会上的报告》，人民出版社2017年版，第48—49页。

治理体系中的话语权和影响力,积极引导国际秩序变革方向,形成世界环境保护和可持续发展的解决方案"。① 2021年7月6日,在中国共产党与世界政党领导人峰会上的主旨讲话中,习近平总书记进一步强调:"中国共产党将积极推动完善全球治理,为人类社会携手应对共同挑战作出新贡献。现行国际体系和国际秩序的核心理念是多边主义。多边主义践行得好一点,人类面临的共同问题就会解决得好一点。国际规则应该是世界各国共同认可的规则,而不应由少数人来制定。国家间的合作应该以服务全人类为宗旨,而不应以小集团政治谋求世界霸权。我们要共同反对以多边主义之名行单边主义之实的各种行为,共同反对霸权主义和强权政治。"② 只有坚持正确的国际义利观,构建以互惠共赢、共同发展为核心的新型国际关系,充分发挥各方面作用,特别是提升发展中国家在全球生态环境治理体系中的话语权和影响力,才能使构建人类命运共同体、共谋全球生态文明建设真正取得成效。

二是建设国际法治,推动全球生态治理的法治化、制度化。习近平总书记强调指出:"要提高国际法在全球治理中的地位和作用,确保国际规则有效遵守和实施,坚持民主、平等、正义,建设国际法治。"③ 必须用最严格的法治和制度来治理全球生态环境,达成一系列全面、均衡、有力度、有约束力的国际协议,探索人类可持续的发展路径和治理模式。应大力支持发挥联合国在全球生态环境治理中的核心作用,积极落实《联合国气候变化框架公约》《2030年可持续发展议程》和《巴黎协定》等有关国际生态环境制度安排,推动全球生态治理的民主化、法治化和制度化。

三是坚持"共同但有区别的责任"原则,确保公平公正。④ 全球生态治理,涉及发达国家与发展中国家的生态利益和责任问题。如何确定每个国家的生态利益和责任问题,这既要考虑环境问题产

---

① 《习近平谈治国理政》第3卷,外文出版社2020年版,第364页。
② 习近平:《加强政党合作 共谋人民幸福——在中国共产党与世界政党领导人峰会上的主旨讲话》,《人民日报》2021年7月7日。
③ 《习近平谈治国理政》第2卷,外文出版社2017年版,第529页。
④ 田启波:《习近平生态文明思想的世界意义》,《北京大学学报》(哲学社会科学版)2021年第3期。

生的历史根源，又要考虑各民族国家经济社会发展程度不同的现实因素。发达国家与发展中国家的历史责任、发展阶段和应对能力等方面均不同，所以，联合国1992年发布并生效的《联合国气候变化框架公约》，确立了"共同但有区别的责任"原则，要求发达国家应率先采取措施，应对气候变化。对此，习近平主席指出："发达国家和发展中国家对造成气候变化的历史责任不同，发展需求和能力也存在差异……发达国家在应对气候变化方面多作表率，符合《联合国气候变化框架公约》所确立的共同但有区别的责任、公平、各自能力等重要原则，也是广大发展中国家的共同心愿。"[①] 与应对气候变化一样，推进全球生态环境治理也是如此：发达国家应多作表率履行其历史责任，提供更多、更优质的国际公共产品，在绿色技术转移、资金支持、教育等方面积极扶持发展中国家，增强发展中国家应对生态危机、维护生态安全的能力。

第二节　以生态理性规约经济理性，实现经济发展和生态保护内在平衡

正如德国哲学家汉斯·萨克塞所强调的，人与自然之间不是一种静止关系，而是一种历史动态关系，它经历了"从敌人到榜样，从榜样到对象，从对象到伙伴"[②]的过程，从人与自然关系的历史演进过程来看，人类文明经历了农业文明，正处于工业文明和生态文明共存的阶段。在生态文明新阶段，人类将高扬生态理性旗帜，在各方面规约经济理性，防止其过度泛滥，准确把握生态理性和经济理性之间的关系，积极寻求经济发展和生态保护的双赢之道。

---

① 中共中央文献研究室编：《习近平关于社会主义生态文明建设论述摘编》，中央文献出版社2017年版，第132页。
② ［德］汉斯·萨克塞：《生态哲学》，文韬等译，东方出版社1991年版，第33页。

一 生态理性体现了生态文明的价值观念

"生态文明建设是一场涉及价值观、生产方式、生活方式以及发展模式的全方位变革,是复杂的系统工程。"① 生态文明意识、生态文明行为和生态文明制度等方面的建设是生态文明建设的主要内容,也是实现生态正义的重要内容。

正确的价值观能够引领生态文明建设的发展,具有偏差的价值观会阻碍生态文明建设的顺利开展。现实社会中资源分配问题和生态危机问题,在一定程度上可以归因到文化观念和价值取向出现的偏差,而资源的分配不合理问题和生态危机问题则导致各种生态非正义问题的频频出现。在传统工业社会里,基于主客二分的思维方式和工具理性的价值观念,人类把自然当作客体,企图利用科技手段来征服自然,成为自然的主人。为了个人或群体特殊的、眼前的利益,无节制消费和肆意开发自然资源,必然会破坏生态系统的平衡,给社会发展带来严峻的挑战。作为以公平、公正的理念处理人与自然关系的思维方式,生态理性要求人类在对待自然态度上,转变主客二分的思维方式,树立整体的生态思维方式,以整个生态系统的利益为出发点,公平合理地处理好人与自然之间的关系。

生态理性是人类在正确认识人与自然的辩证统一关系后进行生态行为自我约束的基础上反思形成的理性。实现生态效益最大化是生态理性的基本动机,即通过张扬生态理性促进生产的高效节能,建立一个人与自然和谐共生的社会。正如高兹所指出的,"生态理性旨在用这样一种最好的方式来满足人的物质需要,尽可能提供最低限度的、具有最大使用价值和最耐用的东西,以少量的劳动、资本和能源的花费来生产这些东西"②,即坚持"更少但更好"的理念,倡导在生产活动中通过提高效率、节约资源,避免造成过度的自然资源浪费。在实践当中,遵循生态理性的指导,就要在处理人

---

① 廖小明:《生态正义——基于马克思恩格斯生态思想的研究》,人民出版社 2016 年版,第 172 页。

② Andre Gorz, *Capitalism, Socialism, Ecology*, London and New York:Verso, 1994, p. 32.

与自然的关系时尊重自然规律，通过不断革新思想观念和价值取向，努力塑造生态理性人格，将生态理性内化到实践活动过程中，从而加强生态文明建设的自觉性，促进人与自然和谐共生。

二 明晰经济理性内涵及其危害

工业文明在思维范式上坚持经济理性的优先性。"经济理性"最早是由亚当·斯密在1776年出版的《国富论》书中提出。他认为，追求经济获利和效用最大化是"经济人"或"理性经济人"的唯一目的。在主体层面，经济理性的主体是坚持利己主义的个人；在目的合理性层面，经济理性本质上是一种工具理性，不强调手段的合理性，只强调支配目的的合理性；在价值层面，经济理性最为看重交换价值，主张交换的利润最大化。经济理性主张人是至高无上的，自然只有外在价值，那就是满足人类生存和发展需要。这种价值体现为：自然界是人的手段，具有工具的价值。也即说，自然界的价值通过人的需要来界定，当人与自然之间产生密切关系的时候自然的外在价值会显现出来。虽然人的需要是自然物外在价值评判的关键因素，但是自然物的外在价值形成并不是只受人的需要这一个因素的影响，人的需要与自然物的外在价值是无法等同的。在经济理性看来，人作为唯一的主体，人能主宰自然，自然理应成为人类统治的对象。在人与自然的关系之中，拥有理性的人处于中心地位，自然处于边缘地位，一切以人的利益为出发点，自然界就不可避免地成为人类谋利的工具。从历史发展过程来看，尽管经济理性在一定程度上、一定时期内推动了人类社会经济的发展，但也带来了一系列不合理问题：经济理性将自然界视为人类生存发展的工具，赋予其鲜明的工具性，人类可以无偿享受和利用自然界的资源，肆意掠夺自然资源谋取自身利益，完全忽视了自然界的内在价值和客观规律；经济理性忽视人类的整体价值，在追求经济增长过程中为谋取个人利益而牺牲大多数人的利益，违背了人与人的公平原则；经济理性以经济增长为唯一目的，导致对环境的无情榨取，这是一种机械主义的世界观。正由于此，经济理性不能跨过经济领域，一旦越界到政治、文化、社会和生态等其他领域，就会带来无穷尽的严重后果。高兹从四个方面详细论证了越界的经济理性所带来的严重恶果：一是它使人与人的关系完全变为纯金钱关系；二是它将人与自然的关系沦为纯粹的工具关系；三是生活世界逐步沦为"殖民化"状态；四是新奴隶主义必然会出现，部分职业精英始终占据着高端工作岗位，其他一部分人逐渐沦为职业精英奴隶的悲惨境地。总而言之，经济理性在多个方面产生了严重的恶果，它会陡然增加社会风险，使得人的异化程度以及生活殖民化程度不断加深，导致人与自然之间的失衡，引发全球性的生态危机。进入工业文明时代以来，人们在经济理性的驱使下，机械主义世界观和自然观统治了全世界。经济理性由抽象思辨的理性一跃转型成为具体实证的理性，"经济人"只关注经济利益的最大化，人的道德关怀以及自然界的价值被忽视。因此，经济理性的合理性有自身的内在限度，它只适用于经济领域，过度倡导纯粹的经济理性就会威胁人类社会的发展。

三　运用生态理性匡正经济理性的负面性

经济理性在一定程度上推动了经济的发展，但它在发展过程中忽视了自然界的价值，给生态环境带来了破坏，导致生态系统失衡，威胁人们的生命健康。在严峻的环境危机现实面前，人们逐渐意识到当前片面推崇经济理性的思维范式需要进行适时转换，应对其进行适度的约束，这一重任将由新的理性即生态理性来承担，在生态理性的指引下开启生态文明建设。

生态理性不同于经济理性。生态理性更注重环境保护，奉行"更少的是更好的"理念，主张通过提升效率实现投入更少的资源产生具有更高价值的产品来满足人们的生活需要，反对无止境地扩大自身需求。从生态伦理学层面来看，生态理性始终坚持平衡整体、协调共生的原则追求生态系统整体利益，强调社会效益、经济效益和生态效益的协同发展。从关注人类认知系统的整体结构出发看问题和解决问题，生态理性与可持续发展的要求是相统一的。一个具有生态理性的人，不仅考虑个人利益，而且将综合考虑整个生态环境和社会发展，积极、合理地评估所有与环境有关的方面，自觉运用生态意识，保护生态系统，维护人类共同利益。[①] 所以说，工业文明时代思维范式大多缺乏生态要素，而生态文明时代占主导地位的生态理性则有效弥补了这一缺陷，它不断强化个体的自我生态意识，高扬生态伦理的精神旗帜，彻底矫正经济理性对人的控制和压抑，从根本上彻底克服经济理性造成的诸多弊端。

作为一种价值理性，生态理性认为人是价值主体，具有内在价值和生存权利；同样，所有生命与自然界亦是价值主体，都具有内在价值和生存权利。一般来说，人们把价值区分为外在价值（或工具价值）和内在价值。外在价值是指用来达到特定目的所需的手段的事情。内在价值是指那些可以在不借助其他参考对象的情况下能够发现自身价值的事物。自然的内在价值是它本身所固有的，不依赖于人的需要和评价而存在，自然物作为有生命的主体具有追求生存的目的性。英国伦理学家约翰·奥尼尔从三个方面界定了内在价值的含义：一是内在价值是一种非工具价值，对象本身就是某种目的，它的存在是一种内在的善。二是事物本身具有的内在属性或特性产生了内在价值，该事物与其他事物之所以能够区别开来，关键在于此。三是内在价值是一种客观价值，它是客观存在的，并不依赖评价者的主观评价。[②] 生态理性认为，外在价值与内在价值的有机统一，构成了自然价值。内在价值与外在价值是一种相互依存、相互转化的密切关系。

生态文明并不主张完全摒弃经济理性，而是主张用生态理性规约经济理性，使两者的积极效应都得以充分发挥。经济理性的存在不是一无是处的，它给社会带来了许多物质财富，但纯粹的经济理性使人们在经济社会中忽视自然界和人类整体的价值，威胁生态系统的健康循环。建设中国特色社会主义生态文明不能完全摒弃经济理性，而是通过生态理性来规范经济理性，充分发挥双方的积极效应。因此，要贯彻唯物辩证法，既重视经济理性，又强调生态理性，推动二者实现完美结合，促进人与自然和谐共生，使生态正义

[①] 韩文辉、曹利军、李晓明：《可持续发展的生态伦理与生态理性》，《科学技术与辩证法》2002年第3期。

[②] 参见傅华《生态伦理学探究》，华夏出版社2002年版，第196页。

真正得以实现。

第三节　明晰制度维度，构建
　　　　生态正义保障体系

　　制度是社会最基本的规则。不同学科的学者对制度给出了不同的定义。政治哲学家罗尔斯把"制度理解为一种公开的规范体系，这一体系确定职务和地位以及它们的权利、义务、权力、豁免等"①。美国社会心理学家米德认为"社会制度就是有组织的社会活动形式或群体活动形式"②。我国社会伦理学者高兆明"从政治—伦理学的角度将'制度'理解为规范化、定型化了的正式行为方式与交往关系结构，这种规范化、定型化了的正式行为方式与交往关系结构，受到一定权力机构的强力保障，它表现于外则体现为具有管束、支配、调节作用的行为规则、程序"③。总的来看，大多数学者都是把制度视为规范、准则体系或某种行为模式。从表面上看，制度直接表现为人们社会关系和行为方式的规范体系，但实质上，制度其实是一系列权利与义务的集合。在制度安排下，规定了人们的具体的权利和义务。同时，制度总是和正义紧密联系在一起的。一方面，制度是正义的载体。正义作为人类追求的价值目标，它的实现必须以制度为载体，需将正义内含于制度设计和运行之中，使之在社会生活实践中真正得以实现。另一方面，正义是制度的首要价值。制度作为公开的规范体系，正义是其应有之义。制度是实现生态正义的可靠保障。制度保障是硬性的约束，不以各类主体的不同意见为转移。建设生态文明制度体系的目的非常明确，即以制度来保护和建设生态环境，保障每个公民平等的生态权益，实现社会主

---

① ［美］罗尔斯：《正义论》，何怀宏、何包钢、廖申白译，中国社会科学出版社1988年版，第50页。
② ［美］乔治·赫伯特·米德：《心灵、自我与社会》，霍桂恒译，华夏出版社1999年版，第282页。
③ 高兆明：《制度公正论：变革时期道德失范研究》，上海文艺出版社2001年版，第27页。

义生态正义。同时，生态文明制度必须是公平正义的，只有在公平正义的生态制度体系下，才能维护公民基本的生态权益。因此，生态文明制度应把生态正义作为首要原则以及目标追求，在生态文明制度设计和制定过程中贯穿生态正义原则。

生态文明建设制度体系是一个庞大的系统，其中生态正义保障制度是该系统中的重要组成部分。西方生态正义理论的最大理论价值在于它是一种制度批判理论，它正确地看到了生态正义实现的最大阻碍在于资本逻辑，资本主义制度在其本性上是反生态的，绿色资本主义社会没有存在的可能性。人们只有从制度上进行持续革命，建设一个全新的社会主义社会，人与自然、人与人才有可能获得真正意义上的可持续发展。中国社会主义生态文明建设非常注重理论探索和实践成效，主张从整体上进行顶层设计，努力建构全面、系统的制度体系。习近平总书记指出："保护生态环境必须依靠制度、依靠法治。只有实行最严格的制度、最严密的法治，才能为生态文明建设提供可靠保障"[1]，"要深化生态文明体制改革，尽快把生态文明制度的'四梁八柱'建立起来，把生态文明建设纳入制度化、法治化轨道"[2]。同样，作为生态文明制度体系重要内容的生态正义保障制度，也应逐步建立健全和完善起来。当前中国正处于加快生态文明制度体系建设的关键期，应充分发挥中国特色社会主义制度的优越性，在着力贯彻《生态文明体制改革总体方案》等制度的基础上，大力建构生态正义保障制度，针对当前生态正义保障制度建设面临的问题，加强改革创新，实现社会主义生态文明建设制度化、法治化。

一 充分发挥社会主义制度在实现生态正义进程中的优越性

生态文明具有一定的社会制度属性，人类生态文明发展道路可分为资本主义生态文明建设道路和社会主义生态文明建设道路。资

---

[1] 中共中央文献研究室编：《习近平关于社会主义生态文明建设论述摘编》，中央文献出版社2017年版，第99页。

[2] 中共中央文献研究室编：《习近平关于社会主义生态文明建设论述摘编》，中央文献出版社2017年版，第109页。

本主义生态建设虽已达到一定水平，但是以掠夺发展中国家和不发达国家生态资源和生态利益为前提的，它具有浓厚的资本主义特征即外在的剥削性。生态学马克思主义者福斯特强调，资本主义制度在本质上是反生态的，其资本逻辑与生态逻辑相互冲突、无法融合。① 有机马克思主义激烈批判资本主义生产方式及其政治模式的不可持续性，认为奉行经济可无限增长的世界观的资本主义社会没有办法合理解决当前严峻的生态危机。其代表人物约翰·柯布强调，具有尚和传统、中道文化以及与生俱来包容心的中国，是世界上最可能实现生态文明方案即一种能够促进环境平衡、共同福祉和可持续发展的新文明形态的国家，它正努力挖掘社会主义制度内在的亲生态的优越性，大刀阔斧地进行彻底的生态变革。②

在推进现代化的进程中，西方国家遭遇严重的生态"瓶颈"，这些约束在资本逻辑框架内难以破解。为了不断突破生态限制，资本主义国家不惜采取多种生态剥削方式，对其他发展中国家和不发达国家实施较为隐性的生态剥削行为，以此提升国内生态环境质量。具体来说，资本主义国家的生态建设具有内在的显著的剥削性，具体表现为转嫁生态包袱、超额消耗全球生态资源以及生态欠债这三种形式。中国生态文明建设在社会主义制度框架下进行，与具有明显的外在剥削性的资本主义国家生态文明建设相比，具有自身的制度内生性，在制度上有着生态优越性。

首先，社会主义制度在本质上是亲生态的。生态正义和社会主义在目标追求、价值观遵循以及生产要求等方面具有内在统一性。在社会主义制度下，人与自然和谐共生是生态正义的核心内容，生态正义要求的是人在生活实践中合理调节人与自然、人与人之间的矛盾。因此，追求生态正义、建设生态文明是社会主义制度的内生要求。正如中国大力宣扬"人与自然是一个生命共同体"等理念，将生态文明建设纳入"五位一体"的战略布局，强调用最严格的环

---

① ［美］约翰·贝拉米·福斯特：《生态危机与资本主义》，上海译文出版社 2006 年版，第 3—4 页。
② 郑湘萍：《有机马克思主义的正义观及其当代意义》，《江西社会科学》2019 年第 1 期。

境法治来推进生态保护等，社会主义社会坚持以人为本，在本质上是亲生态的社会主义制度，从制度规约上彻底摒弃资本逻辑的消极影响，比资本主义制度更能维护好生态平衡。

其次，中国实现生态正义的制度保障在于中国特色社会主义制度。中国特色社会主义坚持以人民为中心，而不是以物为中心。"以人民为中心"是中国社会主义生态文明建设的根本立场和价值标准。在中国特色社会主义制度下，社会生产的基本目的在于实现人的全面发展，而非从量上聚集物质财富，广大人民的根本利益是社会主义生态文明建设的出发点。资本主义生态文明建设在很大程度上是以满足资本扩张利益为出发点，所以说资本主义制度是反生态的。中国特色社会主义制度完全遵循了生态文明建设的内在逻辑，为实现生态正义提供了制度保障。

最后，中国特色社会主义生态文明建设具有内生性，而非依赖外在剥削。在资本主义制度下，西方发达国家主要通过生态剥削和生态嫁接掠夺资源，突破生态对经济社会的约束，在生态文明建设过程中呈现出鲜明的剥削性。在社会主义制度下，中国特色社会主义生态文明建设反对任何形式的生态遏制行为，积极承担相应的大国责任，始终坚持以自身责任和能力为基础，在与其他发展中国家和不发达国家交往中遵循互惠互利原则，让更多国家、更多民众共享发展成果。

二 明确生态正义保障制度的基本原则

生态正义理论的出现和发展是对人类工业文明的反思，是对科技崇拜和技术工具理性的深层次思考。人类不能再以自身的利益标准去衡量世间万物的价值，不能再傲娇地认为自身的科技力量可以任意产生"人定胜天"的力量，人类开始渐渐发现自身的渺小和自然界的伟大，开始重新审视人与自然界、生态圈、其他物种之间的关系，开始反思自己在快速的经济发展和全球化浪潮中对这个蓝色星球所造成的影响。同时，人类也开始重新审视经济社会发展过程中，资本运行和跨国企业的发展、政府权力的运行给国家和地区间，种群间所造成的生存权和发展权之间的障碍。

建立生态正义的保障制度，需要将生态正义的理论进行法律的形塑。人类利益的实现是以不破坏生态价值和生态平衡为限度的。生态价值不依附于人类的利益和价值而独立存在。不仅应赋予生态价值的主体地位，还将后世代和其他生物的权利纳入法律调整范围。① 建构生态正义保障制度应遵循以下四个原则：公平原则、生态优先原则、预防原则以及生态补偿原则。

（一）公平原则

公平原则主要体现在对生态环境利益的享有和对生态环境损害的负担双方面的公平，在具体制度建设中需要从种际、时间和空间公平三个方面把握公平原则。首先，种际公平是人与自然界、生态圈之间的公平关系。这强调人类不再以自身的利益作为衡量价值的唯一标准，人类的利益同自然界和生态圈的价值需要衡量考虑，生态圈拥有自身的独立存在价值。人类行使自身权益的时候，不应破坏生态圈的平衡。其次，这种种际间的公平体现在物种之间的公平。即人类同其他物种之间在享有自然资源和承担自然负担方面享有平等的权利。虽然物种公平的原则在实践中很难被立法全面接受，但是物种公平的原则已经推动了诸如生物多样性、濒危物种保护法等立法的实践。再次，在同世代之间，生态正义的制度建设需要遵循代内公平的原则。这种代内的公平主要是针对群体、种族、肤色、性别等而言的。如典型的美国的环境正义运动，就是代内公平原则在社会运动中的体现。代内公平的实现，要求不同肤色、职业、性别、年龄的人享有平等的环境资源并承担同等的环境义务。在不同时代之间，生态正义的制度建设需要遵循代际公平的原则。代际公平的核心思想是现世代的人在行使自身的权利和享有相应的环境资源时不能损害后世代人的环境利益。虽然在法理上，很多学者对尚未出现的这些权利行使的主体产生了质疑，但是代际公平的理论在推动可持续发展方面做出了卓越的贡献。目前，有关气候变化方面的相关政策和制度实践，就很大程度上体现了代际正义和代内正义的基本原则。发达国家对气候变化减排义务的承担，源于其

---

① 文正邦、曹明德：《生态文明建设的法哲学思考》，《东方法学》2013年第6期。

卓越的经济地位和财政能力,同时也源于其在工业革命初期对环境污染排放所应担负的责任和义务。最后,在空间上谈生态正义的问题,主要是针对不同的地区和国家之间的生态正义而言的。具体又可分为国际间和国内各地区、各流域之间、各行政区划之间的公平问题。其内涵是生活在不同地区和国家的人,都应该平等地享有生态资源的权益,并承担平等合理的生态义务。在现实生活中,随着经济全球化的发展和国际产业价值链的不合理结构,空间上的生态正义正遭受着重创。发达国家的重污染产业转移、垃圾废弃物的转嫁污染等问题深深影响着发展中国家的生态环境保护。

(二)生态优先原则

生态优先原则是指在面对经济发展和生态保护的关系问题上确立生态保护优先的法律地位。[①] 经济发展与生态环境的保护并不是完全对立的关系,虽然经济的发展会导致污染的排放和生态的损害,但是可持续的经济发展从一定程度上也可以反哺环境。这里所指的生态优先原则,并不是绝对以生态利益为中心,为了保护生态环境而制约一切人类经济活动。这里所指的生态优先原则是对"协调发展原则"更进一步的考量,是对可持续发展原则的深化。在满足人类发展权的基础上,适当减缓经济发展的速度,摒除消费主义和资本主义的疯狂增长逻辑,在可持续发展的基础上发展经济。当生态利益与人类经济增长的利益出现严重冲突和矛盾时,以生态为优先是一种尊重生态和自然规律,也是尊重社会经济发展规律的体现,而生态优先原则其内核的逻辑是尊重自然发展规律、尊重生态和人类的和谐发展关系。

(三)预防原则

预防原则是针对现代社会的风险而言的,又称为风险预防原则。现代社会的风险是工业文明进程中所难以逃避和自我消化的一种风险。风险具有复杂性、不确定性和系统性,其很可能牵一发而动全身,从第一次工业革命到目前人类社会逐步进入的第四次工业革命,每一次工业革命都深刻影响着人类的社会发展进程

---

① 文正邦、曹明德:《生态文明建设的法哲学思考——生态法治构建刍议》,《东方法学》2013年第6期。

和社会结构，也带来了更多的不可控甚至无法预期的风险，如从第一次工业革命期间的霍乱流行，"八大公害事件"的发生，再到原苏联的切尔诺贝利核事故和日本福岛核外泄事故等。面对现代科技、城市化进程所产生的新型风险，人类唯有以更为谨慎、审慎的态度通过"预防原则"来降低风险发生的强度和烈度。简单言之，在生态环境层面的预防原则指的是，即使并不存在不安全的科学证据，人们也必须对环境问题（也可以推及其他形式的风险）采取措施。① 以第四次工业革命的核心技术——基因工程技术为例，人类已具有编辑基因的能力和技术，但是由于无法预期基因编辑会造成的社会风险和伦理危机，即使在没有确定的风险证据的前提下，也应禁止基因编辑运用于人类基因。风险预防原则近年来也一直是国际组织、各国政府所遵循的环境保护的基本原则之一。

（四）生态补偿原则

生态补偿原则即"污染者付费、受益者补偿"原则，这也是生态环境保护相关法律和制度所遵循的基本原则之一。生态补偿原则是指通过制度规制将环境问题的负外部性问题内部化，对生态环境造成污染的一方，应对其污染和生态破坏行为担负责任，开展生态修复和治理工作；对生态环境进行开发利用并从中获益的一方，应对自然资源所有权人或者为生态效益付出代价者进行补偿。相较于对生态环境造成损害后的惩戒机制，受益者补偿原则更为重视以"增益性"手段实现生态环境保护的目标。② 人与人之间的补偿原则，其实质是生态环境的受益者对权益损失者的一种补偿，这种补偿具体分为利益补偿、能力补偿和机会补偿等。

利益补偿是针对经济利益而言的，是对自然资源和生态环境进行开发和获益的一方对于受损一方的经济上的补偿。机会补偿主要是运用于被限制发展的区域，通过给予其政策创造更多的发展机

---

① [英] 安东尼·吉登斯：《失控的世界》，周红云译，江西人民出版社 2001 年版，第 28 页。实际上，吉登斯认为，作为解决风险和责任问题的方式，预防原则并不总是有用的甚至是可以应用的。其认为在支持科学创新或者其他种类的变革中，应该表现得更为积极，而不是过于谨慎。对于科技创新和风险榆枋之见，应该找到一个平衡点。

② 于文轩：《生态法基本原则体系之建构》，《吉首大学学报》（社会科学版）2019 年第 5 期。

会，激活区域经济活力，推进后进地区和群体的发展，促进经济补偿的公平。以我国的主体功能区制度为例，有一些地区因为生态环境优良，属于水源地或自然保护区，被限制开发利用，这些被限制的开发区一定程度上也制约了经济社会的全面发展。单纯依靠财政转移支付这类经济补偿并不能实现限制开发区的综合发展，而带有机会补偿功能的"政策性项目"能够提供更多的发展空间和机会福利给限制开发区以及群体，完善基础设施的建设，激活限制开发区的经济活力，有效提高限制开发区的经济发展水平。能力补偿的概念来源于阿马蒂亚·森所提出的"可行能力"的概念。[①] 能力补偿意味着通过开展一些社会福利项目，加强社会成员的能力，让社会成员有更多自由选择的机会。能力补偿相较于经济补偿更具有可持续性，其重视群体的教育和培训的问题，让这些被补偿的群体可以掌握相应的工作技能，以便适应日常的工作需求。

三 明确中国生态正义保障制度建设面临的主要问题及其对策

生态正义的实现需要制度的系统性保障，而制度建设是一个宏观而复杂的工程，其不仅需要精良严密的制度设计，明晰的生态环境法律关系、明确的生态环境法律责任，还需要在制度执行、司法和守法等各制度运行环节形成制度合力。同时，基于生态环境问题的复杂性和特殊性，单纯利用"命令—控制"的制度规制方式难以实现生态正义，需要结合市场经济刺激、公众参与等各类调整手段共同发力，才能有效解决复杂多样的生态环境问题。特别是在现代科技文明的大背景下，应积极倡导和推广现代化的生态环境智慧治理技术，充分发挥科技在生态文明建设中的引领和支撑作用，提高生态环境治理现代化能力和水平。在生态环境治理的过程中，从源头的生态规划，到环境影响评价，到自然资源的权属制度、环境信

---

① 参见［印］阿马蒂亚·森《正义的理念》，中国人民大学出版社 2012 年版。其提出了"可行能力"的概念，指的是此人有可能实现的、各种可能的功能性活动组合。可行能力因此是一种自由，是实现各种可能的功能性活动组合的实质自由（或者用日常语言说，就是实现各种不同的生活方式的自由）。可行能力意味着分配正义的实现要促进人们在获取资源时的能力相当。

息公开等各项制度也都需要与时俱进地调整。应该说,生态正义保障制度建设任重而道远。

从党的十八大以来,党和政府高度重视生态文明制度建设,在生态文明制度体系建设方面做出了许多努力。从生态正义保障制度建设来看,也已经取得一些成绩,如以生态正义理念为指引,根据现实需要选取基本的制度指标建设内容,在构建基本制度框架的基础上不断完善和加强相应配套制度的建设。与此同时,我国生态正义保障制度建设还面临一些突出问题,如生态补偿机制市场化建设不足,生态环境损害救治机制运行不畅,危险废物跨境转移制度统筹性较弱以及生物多样性保护制度落实不到位等,亟须结合国际和国内相关实际情况变化进行不断调整和完善,以建构更加成熟、更加定型的生态正义保障制度体系。

(一) 大力推进中国生态补偿机制市场化建设

生态补偿机制在制度层面有两层含义:一是人类对生态环境的补偿;二是人类群体之间的一种利益协调机制,表现在对生存利益和发展利益的协调,对生态利益和经济利益的协调,对区际利益的协调。这种协调机制,可以带来生态安全和稳定的生态秩序。[①] 而生态补偿之于中国,是一系列潜在的生态环境管理政策和方法。自1993年起,我国就开始利用生态补偿机制来获取环保治理的相关费用,1999年,我国启动了世界上最大的生态系统服务付费方式,即退耕还林计划。2007年,国务院编制了全国主体功能区划,将国土空间划分为优化开发、重点开发、限制开发和禁止开发四类。2016年我国于云南省昆明市举行的第五届生态补偿国际研讨会中,委员会将生态补偿描述为:奖励保护生态系统和自然资源,赔偿环境损害,以及向污染环境的人收取的费用。生态补偿机制在制度层面可以有多种划分,从自然资源的类别上可以分为森林资源、水资源、湿地资源、草地资源等方面的生态补偿。从生态补偿的空间角度可以分为国际生态补偿和国内生态补偿,国内可以分为流域、区域、跨流域的生态补偿等。从生态补偿的主体角度看可以分为政府主导

---

① 王清军、蔡守秋:《生态补偿机制的法律研究》,《南京社会科学》2016年第7期。

的生态补偿和市场主导的生态补偿。

我国经济发展水平地区之间不平衡，特别是东部和中西部，沿海和内陆，南方到北方之间存在着较大的差异，这一方面同地理位置、自然资源的禀赋等因素有关，另一方面也同我国国家层面的经济发展战略相关。比如西电东送、西气东输、三峡水坝等大型工程，都是从国家战略部署的角度优先了东部的经济发展，那么从某种意义而言，东部地区理应对发展受限的中西部地区给予补偿。[①] 但是在实践中，我国的生态补偿方式主要还是依托纵向的财政转移支付，在区域之间、上下流域之间以及不同社群之间的转移支付很少。相关的补偿的主体、受偿的主体、补偿的方式都不够完善，大大制约了生态补偿机制的有效运行。应建立更为明确的规范制度，将散落在各个环境资源保护单行法中的生态补偿制度统筹起来，形成系统全面的生态补偿制度规范标准，对各个领域相应补偿的主体、补偿的标准、受偿的主体进行更为明确和细化的规定。

当前，我国生态补偿领域改革的突出问题是生态补偿机制市场化建设的不足。主要由政府主导建设生态补偿机制，生态补偿主要依靠财政资金作为重要支撑，将生态补偿纳入市场化运作模式中的探索和实践较少，没有正确厘清政府和市场在生态补偿过程中的关系，现有的生态补偿市场化工具不健全，容易出现生态补偿资金筹集渠道单一和覆盖面较小等窘状。因此，亟须重视发挥市场对生态资源配置的决定性作用，在政府的宏观调控下，将市场化机制引入生态补偿机制建设当中，发挥市场调节价格的杠杆作用，平衡生态补偿参与者的供需关系，提高生态资源配置效率，使生态环境得到更加有效的保护和修复，推进生态文明建设。

为推进我国生态补偿机制的市场化发展，应从政府角色的转变、宏观政策的完善和稳固的法律制度保障的建构以及市场调节等方面采取有效对策。一是在我国生态补偿机制建设中，政府的角色应从绝对主导转变为能动主导，重点从政策的科学制定、资金的稳定支持以及参与主体的权责界定等方面下功夫。二是在宏观政策的完善

[①] 文正邦、曹明德：《生态文明建设的法哲学思考》，《东方法学》2013年第6期。

方面，需要健全和完善排污收费制度，如进一步合理规定排污费的征收数额，鼓励排污企业适时进行产业转型升级，加强对排污费的科学管理；实施有效的生态税收政策，如扩大消费税的影响范围、合理减免增值税、适当扩大资源税征收范围以及制定并实施税收优惠政策等。三是在建构稳固的法律制度保障方面，我国应适时推进资源环境领域立法工作，构建起系统规范的生态补偿法律体系，特别是对市场化生态补偿做出专项的法律规定，界定好单项法规和地方法规之间的关系，将生态补偿的形式和标准从政策层面变为硬性法律规章等，对违反生态正义的行为进行严厉惩处，切实维护生态安全和生态正义。四是在市场调节层面，应在政府的宏观指导下，充分发挥市场配置生态资源的决定作用，规范市场竞争和交易的规则，积极发挥市场调节价格的杠杆作用，平衡市场的有效供给；同时，政府也要扶持环保科学技术和环保平台的发展，加快完善竞争激励机制，充分调动社会资本参与生态文明建设的积极性和主动性，不断增强生态资产的价值，推动生态补偿的公平正义。

（二）进一步完善中国生态环境损害救治机制，确保其运行通畅

在传统的环境侵权损害赔偿制度当中，侵权赔偿主要是针对侵权人和被侵权人而言的，而赔偿的途径主要是民事责任，包括了财产责任和人身侵权的责任。虽然传统的环境侵权的民事赔偿方式中也有"恢复原状"之说，很多学者也认为此"恢复原状"包含了要恢复生态环境原有的生态价值的内涵，但是在实践当中仍存在很多障碍。相当一部分学者仍然认为，传统的环境侵权的损害赔偿仅仅局限于肇事者和受害人之间，并不涉及环境系统损害的修复问题。[①] 即使存在修复生态的情况，由于生态损害的修复和完善需要强有力的资金支持、技术支持、人力支持的长期和系统性的工程，也并不是传统的民事责任的当事人可以解决的。基于此，生态损害赔偿的相关救济机制不断出台，这实际上既是对生态环境独立价值的承认，也是生态正义保障制度建设的重要组成部分。

---

① 侯佳儒：《生态环境损害的赔偿、转移与预防：从私法到公法》，《法学论坛》2017年第6期。

我国有关生态环境损害的救济机制主要有环境公益诉讼制度和生态环境损害赔偿制度。这都是近年来学者们关注的重点，也是在实践中不断前行，最终走向立法的实际运行的制度。这两个制度的主要施行，标志着生态环境的损害救济逐步从私法救济走向了公法救济，从一般的预防原则走向了风险预防原则，生态环境损害救济机制得到不断完善。

生态环境损害赔偿制度是一种为了恢复生态系统功能所设立的制度，此制度中的"损害"同传统的环境侵权损害中的损害有着极大的差异。传统的环境侵权中的损害，虽然有对生态环境的生态损害内容，但更多计算和评估的是对被侵权人的利益损害，而生态环境损害赔偿制度中的损害，是一种纯粹的生态损害，是对生态系统功能的损害，不掺杂人类利益于其中。[①] 生态环境损害赔偿制度的建立，充分体现了环境伦理的转向，这种伦理转向不仅是在思想层面承认了生态环境自身的独立价值，强调人应该对自然生态持有敬畏的态度，生态环境的自身价值和生态系统的价值不以人类意志为转移，同时也在制度上审视了传统环境保护制度对生态环境自身价值救济的不足，落实了对生态环境价值的保护。

无论是环境公益诉讼制度还是生态环境损害赔偿的相关制度的建立和发展，在我国都是新鲜事物，处在试点、探索、讨论实施的初步阶段。对于环境公益诉讼制度而言，虽然其提升了司法的能动效用，为相关环境案件的起诉和审理起到了革命性的作用，但是在实践中怎样保障司法的公平公正性，怎样评估环境损害的代价，怎样降低环境案件的司法成本，怎样真正代表公众利益而非少部分人的资本利益去提起诉讼等问题，都还值得我们进行深入探讨。对于生态环境损害案件而言，无论是污染行为还是生态损害行为，其所造成的风险往往是不可预计，所需付出的代价也是十分巨大的。如著名的康菲渤海湾漏油事故，英国石油公司的墨西哥湾漏油事故，日本福岛核电站泄漏事故等，不仅给相关的利益群体造成了不可估量的经济和精神损害，也给生态环境造成了难以估量的损害。而生

---

① 汪劲：《环境法学》（第三版），北京大学出版社2014年版，第306页。

态环境损害的相关赔偿制度建立,其初衷不仅是要修复生态环境,还要将生态风险予以分散和分担。因此,怎样全面健全损害赔偿的制度体系,需要重点考虑环境社会保险制度应怎样健全,相关的环境生态修复和损害赔偿基金制度怎样建立。①

(三) 深化统筹中国危险废物跨境转移制度的建构和实施

随着贸易全球一体化和国际物流行业的发展,危险废物跨境转移问题逐渐出现。发达国家的企业在追寻自己利益最大化的同时,想方设法地规避高昂的环境成本,而将污染转嫁给了环境成本低廉的发展中国家,而其中,危险废物的跨境转移就是其中重要的组成部分。而这些被转移的发展中国家,限于废物处理技术条件和人们的环保意识,使得自身并没有在这一场国际贸易中获得利益,反而付出了沉重的健康和环境的代价。从尼日利亚科科港危险废物投弃事件②到几内亚海岛事件③,再到科特迪瓦事件④,足可见危险废物的跨境转移对被转移国家危害的严峻性和深刻性。

随着改革开放和国门的打开,我国深受"洋垃圾"之苦。一方面,由于早期国内的相关环境标准较低,人们对环境生态保护和自我健康权保护的防范意识薄弱,加之当时人们的物质生活水平较低,局限于眼前的发展需求而不考虑长远的发展前景,因此引进了大量的"洋垃圾"以获得短期的利益。单以塑料为例,我国整个东北沿海地区几乎每个省份都有一些大型的相对集中的废塑料产区,其中有来自美国、德国、澳大利亚、法国等多个国家的塑料垃圾。

---

① 侯佳儒:《生态环境损害的赔偿、移转与预防:从私法到公法》,《法学论坛》2017年第3期。

② 1988年,意大利一家公司将大约3800吨危险废物运进了尼日利亚的科科港并以每月100美金的租金堆放在附近一家农民的土地上。后经检验发现这些危险废物当中含有一种致癌性极高的化学物——聚氯丁烯苯基。这些危险废物导致码头工人及其家属瘫痪或灼伤,有19人因食用被污染了的食物中毒死亡。

③ 1988年挪威一家公司将15000吨垃圾灰运至几内亚一个无人居住的小岛上,垃圾灰中包含铅、铬等多种有毒物质,导致岛上森林树木死去,生态破坏严重。

④ 2006年,荷兰托克有限公司租借一艘巴拿马船将工业垃圾运往阿姆斯特丹,由APS公司处理。后APS公司发现这些工业垃圾并不是合同上所称的汽油、水和腐蚀性洗涤液的混合物,而含有大量硫化氢,因此拒绝对其进行处理。后装有工业垃圾的货船来到科特迪瓦的阿比让,在居民区附近的十多处地点倾倒了580吨有毒工业垃圾,导致至少10人死亡,数万人就诊。

而分拣工人多为农民，分拣塑料的程序简单，没有任何防护措施，给工人的健康带来了极大的威胁。而在焚烧这些洋垃圾的过程中，造成的大气、水、土壤污染是持续而长久的。① 此外，除了这些以合法名义入关的境外危险废物，还有很多不法分子瞄准废物入境监管模式的漏洞，将危险废物改头换面或者借代其他组织机构运输产品的契机，偷运国家禁止进口的废物到国内，威胁人民的生命健康。因此，加强对危险废物跨境转移的有效规制，不仅是关乎一国一地的重要议题，更是维护世界生态正义，维护相关弱势群体环境健康权益的重要举措。

为了遏制危险废物转移的生态非正义现象，打击这种"垃圾殖民"的非法行径，国际上目前已经形成了以《控制危险废物跨境转移及其处置巴塞尔公约》为核心，由全球性、区域性公约、双边协定及国内立法等组成的多层次的控制危险废物跨境转移的法律框架。② 危险废物的主要特征是严重危害人类健康和生态环境。危险废物越境转移是指违反有关国际公约规定的危险废物处置规定，通过相应的运输方式将本国的危险废物运到其他国家的领土管辖范围内进行危害环境的处置。《巴塞尔公约》明确规定了越境危险废物处置的时间和标准等内容，进口国在规定的时间内无法完成危险废物环境无害化处置，出口国有责任将危险废物运回原出口地，出口国和过境国不得阻碍或反对将废物运回出口国。

我国于1991年加入《巴塞尔公约》，1995年颁布《固体废物污染环境防治法》，通过积极履行国际公约规定的义务以及结合本国实际进行立法规范，逐渐完善控制危险废物转移的法律法规。经过长期以来的努力，我国在控制危险废物越境转移方面取得了一定的成绩，如制定了国家危险废物名录，明确废物进出口的管理标准，对危险废物的进口和出口进行严格控制，对违反规定进行危险废物非法转移的行为进行严厉惩治，引导人们树立正确的环保意

---

① 《我国遭大量剧毒洋垃圾"围城"》，详见 http://news.qq.com/a/20150104/036570.htm。

② 郑婷：《危险废物跨境转移及其处置的法律控制研究》，硕士学位论文，复旦大学，2012年，第1页。

识；建立了危险废物培训和技术转让中心，为危险废物进行环境无害化处置提供技术支撑和服务咨询，不断提高危险废物环境无害化处置水平，维护生态安全和人们安康。以上这些举措既体现了我国主动承担国际公约缔约国的积极担当，也为规制我国的危险废物进出口问题开辟新道路。

但我国自加入《巴塞尔公约》后的20多年，发达国家向我国倾倒废物的现象屡禁不止，还呈上升趋势。这其中存在诸多的原因：第一，我国相应的危险废物跨境转移的环境监管不严。相关的监管力度较弱，对法律的执行力度弱，地方政府的预防和防范意识较差。第二，我国在较长的时间内缺乏相应的环境标准。各个地方的环境标准宽严不一，有些产业领域缺乏可执行的统一的标准。①第三，有关危险废物跨境转移管理的法律体系不够完善。我国现有的有关危险废物管理的规定较多，但是散落在各法律、法规、规章和规范性文件当中，缺乏统筹管理，尚未构建起统一规范的危险废物跨境管理法律体系，控制危险废物越境转移的制度保障尚且不足。

近几年来，随着国家产业结构逐步升级，人们对环境保护的意识逐步提高，对环境质量的要求也逐渐提升。《固体废物污染防治法》几经修正，使得我国基本形成了以固废法为基础，相关行政法规、部门规章和环境标准等为配套的危险废物管理框架。特别是在2016年11月新修正的《固体废物污染环境防治法》中，规定了"禁止经中华人民共和国过境转移危险废物"，并将固体废物分为限制进口、禁止进口和非限制进口三类，对"进口的固体废物必须符合国家环境保护标准"，"禁止进口列入禁止进口目录的固体废物"，这一系列法条的修正，为加强我国危险废物跨境转移的管理提供了有效的法律依据以及制度保障。

2017年7月18日，国家出台《关于禁止洋垃圾入境 推进固体废物进口管理制度改革实施方案》（以下简称《实施方案》），这是国务院完善进口危险废物管理制度，加强危险废物回收利用管

---

① 李琴等：《我国危险废物环境管理的法律法规和标准现状及建议》，《环境工程技术学报》2015年第4期。

理，大力发展循环经济，切实改善环境质量、维护国家生态环境安全和人民群众身体健康而制定的法规。《实施方案》对洋垃圾走私、实现危险废物全过程管理、落实企业责任、建立国际合作、提高国内的危险废物处理技术等方面也提出了具体的目标和方案。同时，中国环保部更新了进口固体废物的目录，对禁止进口、限制进口和非限制进口的三大类别固体废物分别做出了明确的规定，细化了各类进口固体废物的标准。在实践中，《实施方案》的出台对我国危险废物跨境转移管理效果的提升起到了全面的引领作用。2018年3月，我国海关总署在系统内展开打击洋垃圾的"蓝天2018"专项行动，同时对取得《固体废物进口许可证》的全部302家废五金企业开展稽查，取得了较好的成效。

随着"洋垃圾"的危害日益加剧，我国针对"洋垃圾"的法律机制建设不断完善，但相关法律机制建设仍滞后于现实的需要，亟须进一步完善"洋垃圾"治理的法律机制，以进一步依法打击"洋垃圾"走私的违法行为，维护生态安全。

首先，完善针对"洋垃圾"的相关法律规制，与环保法规相结合，建立针对"洋垃圾"出卖方、中间商、垃圾处理商的整套体系的法律规范。立法环节要力争全面有效，确保每一个非法参与者都受到法律的制裁。如果出卖方是国外企业无法制裁，应将其加入黑名单，取消与我国进行贸易往来的资格。参考发达国家垃圾处理的有关法律规定，使"洋垃圾"在我国无处"容身"。

其次，加强"洋垃圾"治理的执法协同机制建设。"洋垃圾"污染的治理过程中环保部门的合法监察起着重要作用。因此，应赋予环保部门一定的行政权力。此外，环保部门作为主管部门，仅仅依靠其自身的力量也是不够的，应该明确其与海关、工商、质检等部门在执法过程中的合作，建设执法过程中的信息共享机制，畅通信息共享和交流渠道，确保"洋垃圾"在入境前、入境之后各个环节的执法合作。在此过程中，各部门要加大技术支撑力度，环保部门及时更新固体废弃物禁止名录、限制名录和许可名录，不因缺乏前瞻性而造成工作上的失误。

最后，积极完善"洋垃圾"治理司法机制建设。全国范围内

"洋垃圾"司法判决的案例较少,这与我国"洋垃圾"走私量大、走私"洋垃圾"持续时间长、带来的环境危害严重的现实不符合。必须着力在全国范围内尤其是"洋垃圾"污染严重的地区设立环境法庭,专门处理环境案件,及时解决走私"洋垃圾"问题,减少其对环境的危害。

(四) 严格贯彻和实施生物多样性保护制度

生物多样性 (biodiversity), 表现为不同种类的生命体相互交替、繁衍不息,这种遗传基因的变化和生命变化共同促进地球生态系统的平衡。生物多样性的保护是人类共同关切的议题,其不仅关乎物种本身的生存和繁衍,还会直接影响到人类的生存发展和整个生态系统的可持续发展。当代西方生态正义理论十分重视生物多样性问题,如生态学马克思主义、生态女性主义、有机马克思主义等流派都将生物多样性问题置于关键位置,认为人类只是生态系统的一员,有义务和责任维护生态系统的动态平衡。生物多样性本身有着多层次的价值,其既具有工具性的价值,包括医用价值、产业价值、生态价值等,也具有本身独立存在的伦理价值。长久以来,国际相关生物多样性保护的规则已经确立,相应的国际保护框架也已逐步建构,但是人类社会依然没有破除生物多样性日益减少的威胁。因此,必须从国际和国内层面完善和优化生物多样性保护制度,充分发挥国际整体优势为生物多样性保护增添动力,促进生态系统的多样性物质循环。

目前全球生物多样性保护主要制度涉及四个方面:生物的安全问题、外来物种的入侵、遗传资源的获取与惠益分享和生物多样性的保育。一是在维护生物安全方面,生物安全问题一般与现代生物技术相关联,其具体指的是现代生物技术在研发、应用的过程中可能会对生物多样性产生的潜在的不利影响。简而言之,生物安全是指由生物技术引发的转基因生物对于生态和健康带来的安全性问题。[1]进入 21 世纪以来,特别是近些年来,转基因技术、基因编辑工程成了推动经济和社会发展的重要动力,也成为人类探索自身和

---

[1] 秦天宝:《生物多样性保护的法律与实践》,高等教育出版社 2012 年版,第 25 页。

走向未来的重要途径之一，但其引发的对生态环境、生物多样性、人类命运的现实损害和潜在威胁都存在。[①] 在国际层面，目前的《卡塔赫纳生物安全议定书》是专门针对转基因生物安全保护领域的，我国于2005年9月批准了该议定书，并通过设立国家生物安全办公室，监控转基因林木对生物多样性的影响等方式开展对生物安全的工作。

二是在防止外来物种入侵方面，外来物种入侵并不是一个新鲜的话题，我们耳熟能详的美国五大湖的鲤鱼问题，德国多瑙河流域的螃蟹问题，中国内湖的水葫芦问题均属于外来物种入侵的问题。随着国际贸易的开展和全球化进程，外来物种入侵问题已成为严重威胁各国生态环境和生物多样性的重大问题。在国际层面上，目前针对外来物种入侵防治的公约主要有：《生物多样性公约》《野生动物迁徙公约》《国际植物保护公约》和《拉姆萨尔湿地公约》等，但其中的《生物多样性公约》是对外来入侵物种管理最为重要的公约。其规定了针对外来物种的预防、引进和减轻影响的指导原则，并要求各国将解决外来物种问题放在国家战略层面上进行统筹。我国从国家层面上成立了外来物种入侵防治协作组以及跨部门的动植物检疫风险分析委员会，将外来物种入侵的监测预警及应急系统建设作为"国家生物多样性保护有限项目"之一，同时在相关法律中对外来物种入侵的应急、防治等均有涉及。

三是在惠益与分享遗传基因方面，遗传资源主要包括植物、动物和微生物这三类遗传资源。随着生物科技的快速发展，国际社会普遍关注的"遗传资源"也成为生物多样性资源中非常重要的资源。在全世界范围内，大部分的遗传资源却分布在生物科技并不发达的发展中国家，作为"传统知识"而出现。比如中医、藏医中对很多植物、动物入药的利用，其实质都是遗传资源知识产权的一部分，但由于大部分发展中国家对保护遗传资源并不敏感，缺乏经验以及相应的制度保障，使得发达国家利用自身的技术优势对遗传资

[①] 于文轩：《生物安全法之效率价值探析——兼评盖斯福德生物技术经济学的效率观》，《清华法学》2009年第3期。

源进行"生物剽窃"（bio-piracy）①，却没有相应地对给予被利用资源方以惠益分享。1992年的《生物多样性公约》明确规定了遗传资源的国家主权原则，同时就专门设置了"遗传基因惠益分享"的原则性规范，旨在公平分配生物多样性资源。其中，惠益强调的是遗传资源利用者必须同提供者共享利用其资源而获取的各种回报和成果。② 2010年，《生物多样性公约关于获取遗传资源和公平公正地分享其利用所产生惠益的名古屋议定书》获得通过，进一步规范和约束了遗传资源利用者的行为。目前，遗传资源获取与惠益分享的国际规则主要包括事先知情同意、共同协商条件、公平合理的惠益分享和遗传资源来源披露。我国是世界上生物遗传资源最为丰富的国家之一，相当重视对遗传资源获取与惠益分享的制度建设：目前已初步建立了遗传资源所有权制度、遗传资源信息采集制度、遗传资源合作与交易制度、遗传资源信息管理与保存备份制度。③

四是在就地保育生物多样性方面，生物多样性的就地保育是一项最为有效的有关生物多样性保护的措施，通过设置自然保护区和公园等载体，将野生动植物和其所栖息的生态环境保护起来，维护生态系统内部能量流动。在国际层面上，针对生物多样性就地保育的公约主要有《生物多样性公约》《拉姆萨尔湿地公约》等。目前，中国在生物多样性的就地保育工作方面，经过长期的探索和实践，已经规划建立了一批以自然保育为目的的各类保护区，基本形成以自然保护区为主体的生物多样性就地保育网络，建立了综合监管与分级、分部门管理相结合的监管体制，出台了一系列法律和规范性文件，不断完善具有中国特色的生物多样性就地保育与管理体系。

---

① 生物剽窃，指的是现代技术公司、生物产业及研究机构等凭借资金和技术优势，未经遗传资源拥有方许可和同意，商业化开发遗传资源，并以此获取的信息申报专利，不考虑遗传资源拥有方利益而独自获利的行为。详见斜晓东《遗传资源知识产权问题研究》，法律出版社2016年版，第19页。
② 马旭：《遗传资源获取与惠益分享国际规则研究》，博士学位论文，吉林大学，2016年，第27页。
③ 秦天宝：《遗传资源获取与惠益分享的法律问题研究》，武汉大学出版社2006年版，第598—607页。

我国幅员辽阔，生物多样性资源极其丰富。近年来，我国在生物多样性保育方面取得了一定的成效，如生态功能区的划分、国家公园的建立、相关物种保育区的建立均为我国的生物多样性保护立下了汗马功劳。但是，我国也是生物多样性受威胁最为严重的国家之一。生态的退化、城市化、工业化的快速发展，气候变化的影响，不合理的规划和经济至上的发展理念等都使得我国的生物多样性下降趋势明显。如何完善和严格实施我国生物多样性保护的相关制度，是一个需要解决的迫在眉睫的问题。

目前，我国生物多样性保护制度建设主要面临以下几个方面的困境：一是我国生物多样性保护体制机制不顺。与我国的环境监管体系雷同，我国的生物多样性保护的主要工作也是按要素划分，形式上完美的多部门合作、分级分部门进行细化的管理，实际上导致了相关职能分散化，不可避免存在"九龙治水"权力分割的问题，缺乏整体、系统的生物多样性保护体系，导致保护效率较为低下。二是我国生物多样性保护法律政策体系不够完善。虽然我国多部法律看似涉及了生物多样性的保护，但在实际生活中我国的生物多样性保护的相关法律条款仍主要依靠自然资源保护法律，其虽然突出了生物多样性的自然资源属性，却忽视了其生态功能，导致相关的保护理念存在缺位。同时，还存在大量的生物多样性保护立法空白。而且，我国的自然资源的相关法律在资源的开发、利用和监管方面缺乏严格的法律责任设置、有效的财政保障，相应的生态补偿机制也并不完善，这都直接导致了我国生物多样性保护的法律偏软。① 另外，相关的生物多样性保护的制度笼统模糊，有些制度的原则性较强，但是针对性和可操作性不够强，无法真正发挥制度刚性进行有效的生物多样性保护。

因此，为了完善我国的生物多样性的制度体系，首先，要深入推进行政管理体制改革，优化职能部门分工合作，加强生物多样性的统一管理。其次，要转变生物多样性保护理念，加强立法保护，重视生态功能的保护与修复，针对生态保护各个环节制定专门的法

---

① 柏成寿、崔鹏：《我国生物多样性保护现状与发展方向》，《环境保护》2015年第5期。

律进行规范，不断完善生物多样性保护法律政策体系。最后，必须重视对制度执行机构和人才队伍的建设，提升制度的执行力，筑牢生态安全屏障。

参考文献

一　经典著作和国家领导人论著

《马克思恩格斯全集》第1卷，人民出版社1957年版。
《马克思恩格斯全集》第4卷，人民出版社1958年版。
《马克思恩格斯全集》第30卷，人民出版社1995年版。
《马克思恩格斯全集》第46卷（上、下卷），人民出版社1979年版。
《马克思恩格斯全集》第3卷，人民出版社2002年版。
《马克思恩格斯文集》第5卷，人民出版社2009年版。
《马克思恩格斯选集》第1—4卷，人民出版社1995年版。
马克思:《资本论》第1卷，人民出版社1975年版。
马克思:《资本论》第3卷，人民出版社2004年版。
胡锦涛:《高举中国特色社会主义伟大旗帜　为夺取全面建设小康社会新胜利而奋斗——在中国共产党第十七次全面代表大会上的报告》，人民出版社2007年版。
胡锦涛:《坚定不移沿着中国特色社会主义道路前进　为全面建成小康社会而奋斗——在中国共产党第十八次全面代表大会上的报告》，人民出版社2012年版。
习近平:《决胜全面建成小康社会　夺取新时代中国特色社会主义伟大胜利——在中国共产党第十九次全国代表大会上的报告》，人民出版社2017年版。
《习近平谈治国理政》第1卷，外文出版社2018年版。
《习近平谈治国理政》第2卷，外文出版社2017年版。
《习近平谈治国理政》第3卷，外文出版社2020年版。

习近平:《干在实处　走在前列——推进浙江新发展的思考与实践》,中共中央党校出版社 2016 年版。

习近平:《推动我国生态文明建设迈上新台阶》,《求是》2019 年第 3 期。

习近平:《携手推进亚洲绿色发展和可持续发展》,《光明日报》2010 年 4 月 11 日。

习近平:《为建设更加美好的地球家园贡献智慧和力量——在中法全球治理论坛闭幕式上的讲话》,新华网 2019 年 3 月 26 日。

中共中央文献研究室编:《习近平关于社会主义生态文明建设论述摘编》,中央文献出版社 2017 年版。

二　中文专著

陈宗兴、刘燕华:《循环经济面面观》,辽宁科学技术出版社 2007 年版。

傅华:《生态伦理学探究》,华夏出版社 2002 年版。

黄辉:《生态法律责任——法律责任的新阶段》,载《环境资源与能源法评论》(第 3 辑),中国政法大学出版社 2018 年版。

鲁枢元:《生态批评的空间》,华东师范大学出版社 2006 年版。

陆扬:《后现代性的文本阐释》,上海三联书店 2000 年版。

任政:《空间正义论:正义重构与空间生产的批判》,上海社会科学院出版社 2018 年版。

汪劲:《环境法学》(第三版),北京大学出版社 2014 年版。

汪天骥主编:《法兰克福学派:批判的理论》,上海人民出版社 1981 年版。

王诺:《生态与心态:当代欧美文学研究》,南京大学出版社 2007 年版。

王伟光、郑国光主编:《应对气候变化报告(2016)》,社会科学文献出版社 2016 年版。

吴宁编著:《生态学马克思主义思想简论》,中国环境出版社 2015 年版。

许健:《国际环境法学》,中国环境科学出版社 2004 年版。

杨通进：《环境伦理：全球话语 中国视野》，重庆出版社2007年版。

尤明青：《危险废物法律问题研究》，北京大学出版社2015年版。

余谋昌：《环境伦理学》，高等教育出版社2004年版。

曾建平：《环境正义：发展中国家环境伦理问题探究》，山东人民出版社2007年版。

曾文革等：《应对全球气候变化能力建设法制保障研究》，重庆大学出版社2012年版。

张一兵、蒙木桂：《神会马克思》，中国人民大学出版社2004年版。

钟筱红等：《绿色贸易壁垒法律问题及其对策研究》，中国社会科学出版社2006年版。

周德藩主编：《世纪大突破》，江苏人民出版社2000年版。

周冯琦：《生态经济学国际理论前沿》，上海社会科学院出版社2017年版。

周冯琦、陈宁等编著：《生态经济学理论前沿》，上海社会科学院出版社2016年版。

三 中文论文

博衍：《生物多样性丧失：危及人类存亡的无形杀手》，《世界科学》2019年第1期。

曹霞、张路蓬：《企业绿色技术创新扩散的演化博弈分析》，《中国人口·资源与环境》2015年第7期。

陈培永：《论生态学马克思主义生态正义论的建构》，《华中科技大学学报》2010年第1期。

陈学明：《资本逻辑与生态危机》，《中国社会科学》2012年第11期。

陈志荣：《论生态法的界定——环境法从广义向狭义的回归》，《东南学术》2012年第4期。

陈忠：《批判理论的空间转向与城市社会的正义建构》，《学习与探索》2016年第11期。

邓海峰：《生态法治的整体主义自新进路》，《清华法学》2014年第

4期。

邓贤峰等：《基于大数据的智慧城市环境气候图》，《上海城市管理》2014年第4期。

丁开杰等：《生态文明建设：伦理、经济与治理》，《马克思主义与现实》2006年第4期。

董慧：《生态帝国主义：一个初步考察》，《江海学刊》2014年第4期。

董燕燕：《关于生态补偿与生态正义》，《改革与开放》2010年第14期。

樊浩：《德—法整合的法哲学原理》，《东南大学学报》（哲学社会科学版）2002年第3期。

冯昊青、李建华：《核伦理学论纲》，《江西社会科学》2006年第4期。

郭少青：《基于大数据治理对气候变化背景下城市可持续发展的对策研究》，《西南民族大学学报》（人文社科版）2018年第3期。

郭少青：《论我国环境基本公共服务的合理分配》，博士学位论文，武汉大学，2014年。

韩立新：《环境问题上的代内正义原则》，《江汉大学学报》（人文科学版）2004年第5期。

韩文辉、曹利军、李晓明：《可持续发展的生态伦理与生态理性》，《科学技术与辩证法》2002年第3期。

侯佳儒：《生态环境损害的赔偿、转移与预防：从私法到公法》，《法学论坛》2017年第3期。

胡帮达等：《中国核安全法律制度的构建与完善：初步分析》，《中国科学》2014年第3期。

胡永强：《从清洁生产方式视角管窥中国的生态文明》，《北京交通大学学报》（社会科学版）2010年第9期。

郇庆治：《生态马克思主义的中国化：意涵、进路及其限度》，《中国地质大学学报》（社会科学版）2019年第7期。

贾学军、彭纪生：《经济主义的生态缺陷及西方生态经济学的理论不足——兼议有机马克思主义的生态经济观》，《经济问题》2016年第 11 期。

江必新:《生态法治元论》,《现代法学》2013 年第 3 期。

江博伶:《绿色贸易壁垒及其法律范畴探析》,《江西社会科学》2014 年第 1 期。

巨乃岐:《试论生态危机的实质和根源》,《科学技术与辩证法》1997 年第 6 期。

郎廷建:《生态正义概念考辨》,《中国地质大学学报》(社会科学版)2019 年第 6 期。

李建华、冯昊青:《和伦理学研究的转型与走向》,《哲学研究》2008 年第 4 期。

李晶晶等:《中国核安全监管体制改革建议》,《中国能源》2012 年第 4 期。

李培超:《论生态伦理学的基本原则》,《湖南师范大学社会科学学报》1999 年第 5 期。

李晓明等:《污染转移分析及对策》,《重庆环境科学》2003 年第 3 期。

李哲、冒泗农、张淑英:《世界石油资源现状、供需状况预测分析和对策》,《经济技术与管理研究》2007 年第 6 期。

李宗才:《发展生态农业与制度创新研究》,《科学社会主义》2013 年第 2 期。

廖小平:《代际伦理刍议》,《哲学动态》2002 年第 1 期。

廖小平、成海鹰:《论代际正义》,《伦理学研究》2004 年第 4 期。

刘久:《〈核安全法〉背景下我国核损害赔偿制度立法研究》,《法学杂志》2018 年第 4 期。

刘顺:《资本逻辑与生态正义——对生态帝国主义的批判与超越》,《中国地质大学学报》(社会科学版)2017 年第 1 期。

刘湘溶、曾建平:《作为生态伦理的正义观》,《吉首大学学报》(社会科学版)2000 年第 3 期。

刘钊:《从西方正义模式看马克思主义正义观》,《西部学刊》2016 年第 9 期。

罗文东、刘晓辉:《美国学者大卫·科兹谈"新帝国主义"》,《高校理论战线》2007 年第 3 期。

齐红倩、王志涛：《生态经济学发展的逻辑及其趋势特征》，《中国人口·资源与环境》2016 年第 7 期。

曲如晓：《论碳关税的复利效应》，《中国人口·资源与环境》2011 年第 4 期。

荣开明：《努力走向社会主义生态文明新时代——略论习近平推进生态文明建设的新论述》，《学习论坛》2017 年第 1 期。

沈满洪：《生态经济学的定义、范畴与规律》，《生态经济》2009 年第 1 期。

陶欣欣：《生态法治制度建设的相关思考》，《法制与社会》2014 年第 2 期。

王嘉振：《转变生产方式建设生态文明》，《人民日报海外版》2013 年 1 月 18 日。

王木林：《生态伦理问题及其对策》，《理论探索》2008 年第 2 期。

王清军、蔡守秋：《生态补偿机制的法律研究》，《南京社会科学》2016 年第 7 期。

王树义：《论俄罗斯生态法的概念》，《外国法制》2001 年第 3 期。

王苏春、徐峰：《气候正义：何以可能，何种原则》，《江海学刊》2011 年第 3 期。

王韬洋：《有差异的主体和不一样的环境"想象"》，《哲学研究》2003 年第 2 期。

王云霞：《分配、承认、参与和能力：环境正义的四重维度》，《自然辩证法研究》2017 年第 4 期。

吴晓明：《论马克思对现代性的双重批判》，《学术月刊》2006 年第 2 期。

杨梅云、文青：《关于生态伦理学若干问题的述评》，《社会科学动态》1997 年第 11 期。

伊媛媛：《跨流域调水生态补偿的利益平衡分析》，《法学评论》2011 年第 3 期。

易小明：《论种际正义及其生态限度》，《道德与文明》2009 年第 5 期。

殷鑫:《论生态正义的法律化》,《河南师范大学学报》(哲学社会科学版)2012 年第 3 期。

余谋昌:《自然内在价值的哲学论证》,《伦理学研究》2004 年第 4 期。

俞可平:《科学发展观与生态文明》,《马克思主义与现实》2004 年第 4 期。

张长虹.《〈老子〉生态伦理思想的现代启示录》,《道德与文明》2004 年第 4 期。

张晓:《21 世纪以来西方生态马克思主义的发展格局、理论形态与当代反思》,《马克思主义与现实》2018 年第 4 期。

张德昭、韩梦婕:《生态经济学的价值蕴涵》,《重庆大学学报》(社会科学版)2015 年第 4 期。

赵海鸥:《国际贸易中的环境保护与绿色贸易壁垒问题》,《国际商务研究》2002 年第 1 期。

赵凌云、常静:《历史视角中的中国生态文明发展道路》,《江汉论坛》2011 年第 2 期。

赵卿:《"生态正义"何以可能:两种形而上学辩护》,《文艺理论研究》2019 年第 5 期。

郑湘萍、田启波:《生态学马克思主义与马克思主义关系辨析》,《贵州社会科学》2009 年第 12 期。

周立华:《生态经济与生态经济学》,《自然杂志》2004 年第 5 期。

周生贤:《进一步提高可持续发展能力》,《经济日报》2009 年 11 月 12 日。

周小玲:《道德正义、政治正义和法律正义——兼析哈贝马斯的正义论及其价值》,《求索》2008 年第 10 期。

朱京安:《我国绿色壁垒的制度缺失及其危害初探》,《河北法学》2005 年第 10 期。

朱京安:《我国绿色贸易壁垒的制度缺陷及法律对策初探》,《法学杂志》2006 年第 3 期。

诸大建:《作为可持续发展的科学与管理的生态经济学——与主流经济学的区别和对中国科学发展的意义》,《经济学动态》2009 年第

11 期。

四　中文译著

［德］阿多尔诺:《否定辩证法》,王凤才译,商务印书馆 2019 年版。

［德］弗里德里希·席勒:《审美教育书简》,上海人民出版社 2003 年版。

［德］哈贝马斯:《新的模糊性》,剑桥政治出版社 1992 年英文版。

［德］汉斯·萨克塞:《生态哲学》,文韬、佩云译,东方出版社 1991 年版。

［德］霍克海默、阿多诺:《启蒙辩证法》,曹卫东译,上海人民出版社 2005 年版。

［德］马丁·海德格尔:《海德格尔选集》(下卷),上海三联书店 1996 年版。

［德］马丁·海德格尔:《尼采》(下卷),孙周兴译,商务印书馆 2010 年版。

［德］马丁·海德格尔:《形而上学导论》,熊伟等译,商务印书馆 1996 年版。

［德］叔本华:《作为意志和表象的世界》,石冲白译,商务印书馆 1982 年版。

［德］乌尔里希·布兰德、马尔库斯·威森:《资本主义自然的限度:帝国式生活方式的理论阐释及其超越》,郁庆治等编译,环境科学出版社 2019 年版。

［法］安德烈·高兹:《资本主义,社会主义,生态:迷失与方向》,彭姝祎译,商务印书馆 2018 年版。

［加］本·阿格尔:《西方马克思主义概论》,慎之等译,中国人民大学出版社 1991 年版。

［加］威廉·莱斯:《自然的控制》,重庆出版社 1993 年版。

［美］阿尔弗雷德·克罗:《生态帝国主义:欧洲的生物扩张,900—1900》,商务印书馆 2017 年版。

［美］艾尔弗雷德·W.克罗斯比:《生态扩张主义》,许友民等译,

辽宁教育出版社2001年版。

［美］爱德华·W.苏贾：《后现代地理学》，王文斌译，商务印书馆2004年版。

［美］爱德华·W.索亚：《后大都市》，李均译，上海教育出版社2006年版。

［美］彼得·圣吉：《必要的革命》，李晨晔、张成林译，中信出版社2010年版。

［美］戴维·哈维：《后现代状况》，布莱克威尔出版社1990年英文版。

［美］戴维·哈维：《希望的空间》，胡大平译，南京大学出版社2006年版。

［美］戴维·哈维：《新帝国主义》，初立忠、沈晓雷译，社会科学文献出版社2009年版。

［美］戴维·哈维：《正义、自然和差异地理学》，胡大平译，上海人民出版社2015年版。

［美］戴维·哈维：《资本的空间》，王志宏等译，群学出版社2010年版。

［美］霍尔姆斯·罗尔斯顿：《环境伦理学》，杨通进译，中国社会科学出版社2000年版。

［美］霍尔姆斯·罗尔斯顿：《哲学走向荒野》，刘耳等译，吉林人民出版社2000年版。

［美］坎宁安：《美国环境百科全书》，张坤民等译，湖南科学技术出版社2003年版。

［美］蕾切尔·卡逊：《寂静的春天》，吕瑞兰、李长生译，上海译文出版社2008年版。

［美］利奥波德：《沙乡的沉思》，侯文蕙译，经济科学出版社1992年版。

［美］罗德里克·弗雷泽·纳什：《大自然的权利：环境伦理学》，杨通进译，青岛出版社1999年版。

［美］马尔库塞：《单向度的人》，刘继译，上海译文出版社1989年版。

［美］马尔库塞:《文化的肯定性质》,生活·读书·新知三联书店1989年版。

［美］马尔库塞:《现代文明与人的困境》,生活·读书·新知三联书店1989年版。

［美］马尔库塞等:《工业社会和新左派》,任立译,商务印书馆1982年版。

［美］美克尔·哈特等:《帝国》,杨建国等译,江苏人民出版社2003年版。

［美］彭慕兰:《大分流》,史建云译,江苏教育出版社2003年版。

［美］魏伊丝:《公平地对待未来人类:国际法、共同遗产与世代间的公平》,汪劲等译,法律出版社2000年版。

［美］伊曼纽尔·沃勒斯坦:《现代世界体系》第1卷,罗荣渠译,高等教育出版社1998年版。

［美］约翰·贝拉米·福斯特:《生态危机与资本主义》,耿建新、宋兴无译,上海译文出版社2006年版。

［美］约翰·罗尔斯:《正义论》,何怀宏译,中国社会科学出版社1988年版。

［美］詹姆斯·奥康纳:《自然的理由——生态学马克思主义研究》,唐正东、臧佩洪译,南京大学出版社2003年版。

［日］岩佐茂:《环境的思想——环境保护与马克思主义的结合处》,韩立新、张桂权、刘荣华等译,中央编译出版社2006年版。

［瑞士］克里斯托弗·司徒博:《环境与发展:一种社会伦理学的考量》,邓安庆译,人民出版社2008年版。

世界环境与发展委员会:《我们共同的未来》,王之佳等译,吉林人民出版社1997年版。

世界银行:《2005年世界发展报告》,清华大学出版社2005年版。

［意］马塞罗·默斯托主编:《马克思的〈大纲〉——〈政治经济学批判大纲〉150年》,闫月梅等译,中国人民大学出版社2011年版。

［印］阿马蒂亚·森:《正义的理念》,中国人民大学出版社2012年版。

［印］萨拉·萨卡：《生态社会主义还是生态资本主义》，张淑兰译，山东大学出版社 2008 年版。

［英］安东尼·吉登斯：《失控的世界》，周红云译，江西人民出版社 2001 年版。

［英］戴维·佩珀：《生态社会主义：从深层生态学到社会正义》，刘颖译，山东大学出版社 2005 年版。

［英］多布森：《绿色政治思想》，郇庆治译，山东大学出版社 2005 年版。

［英］多琳·马西：《劳动的空间分工：社会结构与生产地理学》，梁光严译，北京师范大学出版社 2010 年版。

［英］傅立叶：《傅立叶选集》第 2 卷，赵俊欣、徐知勉、吴模信等译，商务印书馆 1979 年版。

［英］理查德·杜思韦特：《增长的困惑》，李斌等译，中国社会科学出版社 2008 年版。

［英］罗杰·珀曼、马越、詹姆斯·麦吉利夫雷、迈克尔·科蒙等：《自然资源与环境经济学》，侯元兆主编，中国经济出版社 2002 年版。

［英］齐格蒙·鲍曼：《现代性与矛盾性》，邵迎生译，商务印书馆 2003 年版。

五　外文文献

Alfred W. Crosby, *Ecological Imperialism: The Biological Expansion of Europe*, 900 – 1900, Cambrige University Press, 1986.

Amartya Sen, *The Quality of Life*, New York: Clarendon Press Oxford University Press, 1993.

B. Baxter, *A Theory of Ecological Justice*, New York: Routledge, 2005.

Brian Baxter, *A Theory of Ecological Justice*, Willan, 2008.

Charles Handy, *The Age of Unreason*, Harvard Business Bchool Press, 1991.

David Harvey, *The New Imperialism*, Oxford Univerisity Press, 2013.

David Schlosberg, *Defining Environmental Justice: Theories, Movements, and Nature*, Oxford: Oxford University Press, 2009.

Dinah Shelton, "Environmental Rights", in Philip Alston, ed., *Peoples' Rights*, Oxford: Oxford University Press, 2001.

Iris Marizon Young, *Justice and the Politics of Difference*, Princeton: Princeton University Press, 1990.

James O'Connor, *Natural Causes: Essays in Ecological Marxism*, New York: The Guilford Press, 2003.

J. A. Rawls, *Theory of Justice*, The Belknap Press of Harvard University Press, 1971.

J. B. Foster, *The Ecological Rift: Capitalisms War on The Earth*, Monthly Review Press, 2010.

John Bellamy Foster, *The Vulnerable Planet: A Short Economic History of the Environment*, New York: Monthly Review Press, 1999.

John Bellamy Foster and Paul Burkett, *Marx and the Earth: An Anti-Critique*, Brill, 2016.

J. Passmore, *Man's Responsibility for Nature: Ecological Problems and Western Tradition*, New York, 1979.

J. Roemer, *A General Theory of Exploitaion and Class*, Harvard University Press, 1973.

Kristin Shrader-Frechette, *Environmental Justice: Creating Equity, Reclaiming Democracy*, Routledge, 2002.

Kristin Shrader-Frechette, *Environmental Justice: Creating Equity, Reclaiming Democracy*, Routledge, 2002.

Martha C. Nussbaum, "Capabilities as Fundamental Entitlements: Sen and Social Justice", Thom Brooks., ed., *Global Justice Reader*, MA: Blackwell Publishing Led., 2008.

P. W. Taylor, *Respect for nature*, Princeton University Press, 1986。

Robert. J. C. Young, *Postcolonialism: an Historical Introduction*, Blackwell Publishing Ltd., 2001.

Ronald M. Green, "Intergenerational Distributive Justice and Environmental Responsibility", *Bioscience*, No. 2, 1977.

Ronald Sandler, Phaedra C. Pezzullo, *Environmental Justice and Environmentalism: The Social Justice Challenge to the Environmental Movement*, The MIT Press, 2007.

United Nations Conference on the Human Environment, *African Charter on Human and Peoples' Rights*, 1981.

Wallace Stegner, Wilderness Le Rer' in Lorraine Anderson, ScoR Slovic & John P. O'Grady eds, *Literature and the Environment: a Reader on Nature and Culture*, Addison · Wesley Educational Publisher Inc., 1999.

后 记

本书是国家社科基金项目"当代西方生态正义理论与社会主义生态文明建设研究"(项目编号15BKS079)的主要研究成果,也是我作为首席专家主持的国家社科基金重大项目"习近平生态文明思想研究"(项目编号18ZDA004)的阶段性成果,亦是我和团队成员多年来思考、研究"生态文明与绿色发展"的科研成果之一。著作全面分析当代西方生态正义理论产生的社会背景和思想背景,剖析该理论的思想贡献、内在困境、理论出路,及其对社会主义生态文明建设的借鉴与启示意义。

全书具体分工如下:田启波:总体构思和写作大纲,导论,第一章;郭小说:第一章;刘海娟:第二章,第四章第一节;张守奎:第三章;郑湘萍:第四章第二节、第三节,第五章。最后由田启波、张守奎、郑湘萍、郭少青统稿、定稿。

本书写作过程中,北京大学的丰子义教授,中山大学的钟明华教授,华南师范大学的刘卓红教授慷慨赐教,我谨在此一并表示真挚的感谢。同时,感谢责任编辑李凯凯为本书的出版所付出的辛勤劳动。

感谢深圳市委宣传部、深圳市社会科学院(社会科学联合会)的大力支持,本书是深圳市人文社会科学重点研究基地"深圳大学生态文明与绿色发展研究中心"的研究成果。

由于作者水平有限,定有不足之处,恳请读者不吝赐教。

田启波
2022年7月于深圳